Herbert Goering, Hans-Görg Roos
und Lutz Tobiska

**Die Finite-Elemente-Methode
für Anfänger**

Beachten Sie bitte auch
weitere interessante Titel
zu diesem Thema

Silverberg, L.

Unified Field Theory for the Engineer and the Applied Scientist

2009
ISBN 978-3-527-40788-0

Reichwein, J., Hochheimer, G., Simic, D.

Messen, Regeln und Steuern
Grundoperationen der Prozessleittechnik

2007
ISBN 978-3-527-31658-8

Adam, S.

MATLAB und Mathematik kompetent einsetzen
Eine Einführung für Ingenieure und Naturwissenschaftler

2006
ISBN 978-3-527-40618-0

Kusse, B., Westwig, E. A.

Mathematical Physics
Applied Mathematics for Scientists and Engineers

2006
ISBN 978-3-527-40672-2

Kuypers, F.

Physik für Ingenieure und Naturwissenschaftler
Band 2: Elektrizität, Optik und Wellen

2003
ISBN 978-3-527-40394-3

Herbert Goering, Hans-Görg Roos und Lutz Tobiska

Die Finite-Elemente-Methode für Anfänger

Vierte, überarbeitete und erweiterte Auflage

WILEY-VCH

WILEY-VCH Verlag GmbH & Co. KGaA

Autoren

Prof. Dr. Herbert Goering
Otto-von-Guericke-Universität
Institut für Analysis und Numerik
PF 4120, 39016 Magdeburg

Prof.Dr.Hans-Görg Roos
TU Dresden
Institut für Numerische Mathematik
01062 Dresden
hans-goerg.roos@tu-dresden.de

Prof. Dr. Lutz Tobiska
Otto-von-Guericke-Universität
Institut für Analysis und Numerik
PF 4120, 39016 Magdeburg
lutz.tobiska@mathematik.uni-magdeburg.de

4. wesentlich überarb. u. erw. Auflage 2010

Alle Bücher von Wiley-VCH werden sorgfältig erarbeitet. Dennoch übernehmen Autoren, Herausgeber und Verlag in keinem Fall, einschließlich des vorliegenden Werkes, für die Richtigkeit von Angaben, Hinweisen und Ratschlägen sowie für eventuelle Druckfehler irgendeine Haftung

**Bibliografische Information
der Deutschen Nationalbibliothek**
Die Deutsche Nationalbibliothek verzeichnet diese Publikation in der Deutschen Nationalbibliografie; detaillierte bibliografische Daten sind im Internet über http://dnb.d-nb.de abrufbar.

© 2010 WILEY-VCH Verlag GmbH & Co. KGaA, Weinheim

Umschlaggestaltung   Adam-Design, Weinheim

Gedruckt auf säurefreiem Papier

ISBN 978-3-527-40964-8

Inhaltsverzeichnis

Vorwort *IX*

1 **Einführung** *1*
1.1 Allgemeines zur Methode der finiten Elemente *1*
1.2 Wie überführt man ein Randwertproblem in eine Variationsgleichung? *4*
1.2.1 Beispiel 1 *4*
1.2.2 Beispiel 2 *5*

2 **Grundkonzept** *7*
2.1 Stetiges und diskretes Problem. Beispiele von finiten Elementen *7*
2.1.1 Die Grundzüge der Methode *7*
2.1.2 Ein erstes Beispiel und eine theoretische Schwierigkeit *10*
2.1.3 Die Lösung: Sobolev-Räume *12*
2.1.4 Das erste Beispiel (Fortsetzung) *17*
2.1.5 Präzisierung der Grundzüge der Methode *18*
2.1.6 Beispiele von finiten Elementen *26*
2.2 Der Aufbau des Gleichungssystems *36*
2.2.1 Elementmatrizen *36*
2.2.2 Die Elementmatrix für eine spezielle Bilinearform und Dreieckelemente vom Typ 1 *37*
2.2.3 Die Elementmatrix für Dreieckelemente vom Typ 2 *43*
2.2.4 Die Elementmatrix für Rechteckelemente vom Typ 1 bzw. bilineare Viereckelemente *45*
2.2.5 Die Elementmatrix für den Laplace-Operator mit Tetraederelementen *47*
2.2.6 Elementmatrix für den Laplace-Operator mit trilinearen Quaderelementen *48*

3 **Verfahren zur Lösung von linearen Gleichungssystemen** *51*
3.1 Direkte oder iterative Verfahren? *51*
3.2 Direkte Verfahren *53*
3.2.1 Der Gaußsche Algorithmus *53*
3.2.2 Symmetrische Matrizen. Das Cholesky-Verfahren *58*
3.2.3 Weitere direkte Verfahren *60*
3.3 Iterative Verfahren *65*

Die Finite-Elemente-Methode für Anfänger. Herbert Goering, Hans-Görg Roos und Lutz Tobiska
Copyright © 2010 WILEY-VCH Verlag GmbH & Co. KGaA, Weinheim
ISBN: 978-3-527-40964-8

3.3.1   Allgemeine Bemerkungen   65
3.3.2   Das Jacobi-Verfahren, das Gauß-Seidel-Verfahren
         und das Verfahren der sukzessiven Überrelaxation (SOR)   67
3.3.3   Das Verfahren der konjugierten Gradienten (CG)   71
3.3.4   Vorkonditionierte CG-Verfahren (PCG)   75
3.3.5   Mehrgitterverfahren   80

4   **Konvergenzaussagen**   85
4.1   Allgemeine Bemerkungen zur Konvergenzproblematik   85
4.2   Ein Beweis einer Fehlerabschätzung für Dreieckselemente vom Typ 1   86
4.2.1   Zurückführung des Konvergenzproblems
         auf ein Approximationsproblem   86
4.2.2   Die Approximation durch stückweise lineare Funktionen   87
4.2.3   Fehlerabschätzung für Dreieckelemente vom Typ 1   97
4.3   Zusammenfassung der Resultate   99

5   **Numerische Integration**   107
5.1   Allgemeine Bemerkungen   107
5.2   Der Quadraturfehler für lineare Elemente   108
5.3   Eine Übersicht: passende Integrationsformeln   112

6   **Randapproximation. Isoparametrische Elemente**   121
6.1   Approximation des Gebietes Ω durch ein Polygon   121
6.2   Isoparametrische Elemente   124
6.3   Randapproximation mit Hilfe isoparametrischer quadratischer
         Elemente   128

7   **Gemischte Verfahren**   131
7.1   Ein Strömungsproblem (Stokes-Problem)   131
7.2   Laplace-Gleichung   135
7.3   Biharmonische Gleichung   140
7.3.1   Stetiges und diskretes Problem   140
7.3.2   Formulierung als gemischtes Problem   142
7.4   Lösung der entstehenden Gleichungssysteme   146

8   **Nichtkonforme FEM**   151
8.1   Laplace-Gleichung   151
8.1.1   Diskretes Problem   151
8.1.2   Konvergenzproblem   156
8.1.3   Beispiele nichtkonformer finiter Dreieck- und Rechteckelemente   158
8.2   Biharmonische Gleichung   164
8.2.1   Stetiges und diskretes Problem   164
8.2.2   Beispiele nichtkonformer finiter Dreieck- und Rechteckelemente   166
8.3   Stokes-Problem   172

9   **Nichtstationäre (parabolische) Aufgaben**   177
9.1   Das stetige, das semidiskrete und das diskrete Problem   177
9.2   Numerische Integration von Anfangswertaufgaben: eine Übersicht   179

9.3   Die Diskretisierung des semidiskreten Problems mit dem θ-Schema   *187*
9.4   Eine Gesamtfehlerabschätzung für das θ-Schema   *189*

10   Gittergenerierung und Gittersteuerung   *193*
10.1   Erzeugung und Verfeinerung von Dreiecksgittern   *193*
10.2   Fehlerschätzung und Gittersteuerung   *197*
10.2.1 Residuale und zielorientierte Fehlerschätzer   *198*
10.2.2 Schätzer, basierend auf Superkonvergenz und Mittelung   *201*

Anhang A Hinweise auf Software und ein Beispiel   *205*
A.1   Notwendige Files für das MATLAB-Programm fem2d   *206*
A.2   Einige numerische Ergebnisse   *209*

Literaturnachweis   *213*

Index   *217*

Vorwort

Das vorliegende Buch stellt eine Einführung in die Methode der finiten Elemente dar. Dabei wird versucht, die für die praktische Realisierung des Verfahrens notwendigen Kenntnisse und theoretischen Grundlagen gleichermaßen zu berücksichtigen; es zeigt sich sogar, dass für eine effektive Realisierung des Verfahrens gewisse Kenntnisse über dessen theoretische Eigenschaften unumgänglich sind.

Das Buch wendet sich in erster Linie an Ingenieure, Naturwissenschaftler und Studierende entsprechender Fachrichtungen. Demgemäß wird zum Verständnis der Stoff der üblichen Mathematikausbildung von Ingenieuren vorausgesetzt. Für Fehlerabschätzungen, Konvergenzuntersuchungen u. a. m. werden einige Begriffe der Funktionalanalysis so dargestellt, dass sie für den Anfänger transparent werden. Die dabei z. T. verlorengegangene mathematische Präzision, z. B. bei der Einführung des Raumes der quadratisch integrierbaren Funktionen oder von Sobolev-Räumen, mögen Mathematikstudenten und Mathematiker verzeihen.

Nur einige grundlegende Tatsachen werden als Satz formuliert, Beweise von grundlegenden Aussagen zur Methode der finiten Elemente werden ausgeführt, z.T. aber nur exemplarisch. Der mehr an der praktischen Realisierung des Verfahrens interessierte Leser stösst an den entsprechenden Stellen auf Hinweise, welche Abschnitte er überspringen kann und wo er zusammenfassende Schlussfolgerungen aus den theoretischen Untersuchungen findet.

Es wurde eine den Zielstellungen dieses Buches entsprechende einfache, aber mathematisch fundierte Darstellung gewählt. Natürlich erhebt die gewählte Darstellung keinen Anspruch auf Vollständigkeit.

Im Mittelpunkt des Buches stehen zweidimensionale, elliptische Aufgaben zweiter Ordnung, wobei Erweiterungsmöglichkeiten auf dreidimensionale Probleme aufgezeigt werden. Auf diese Aufgaben zugeschnitten wird im Kapitel 2 erläutert, wie man die diskreten Probleme gewinnt, im Kapitel 3, wie man die diskreten Probleme löst, im Kapitel 4, wie man Fehlerabschätzungen herleitet und in den Kapiteln 5, 6, wie man krummlinige Ränder berücksichtigt und Integrale zweckmäßig numerisch berechnet.

In den Kapiteln 7, 8 werden gemischte und nichtkonforme Methoden vorgestellt, insbesondere auch zur Behandlung des Stokes-Problems und von elliptischen Aufgaben vierter Ordnung. Kapitel 9 ist instationären Aufgaben zweiter Ordung gewidmet, wobei verschiedene Klassen von Zeitdiskretisierungsverfahren vorgestellt

Die Finite-Elemente-Methode für Anfänger. Herbert Goering, Hans-Görg Roos und Lutz Tobiska
Copyright © 2010 WILEY-VCH Verlag GmbH & Co. KGaA, Weinheim
ISBN: 978-3-527-40964-8

werden. Im Kapitel 10 werden Aspekte der Erzeugung von Gittern und deren Verfeinerung diskutiert, wobei auch adaptive Methoden, basierend auf a posteriori Fehlerabschätzungen, eine Rolle spielen.

In einem kurzen Anhang wird erklärt, wie man auf der Basis eines allgemein verfügbaren MATLAB-Programmes sehr schnell selbst erste Testrechnungen zur numerischen Lösung elliptischer Aufgaben mit der Methode der finiten Elemente realisieren kann.

Die erste Version dieses Buches entstand 1983, der Inhalt wurde dann für die dritte Auflage 1993 ein wenig aktualisiert. Für die vorliegende vierte Auflage wurden alle Abschnitte noch einmal gründlich überarbeitet, insbesondere die Kapitel 7–10.

Für zahlreiche Hinweise und interessante Diskussionen danken wir unseren Kollegen A. Felgenhauer, Ch. Großmann, V. John, G. Matthies, U. Risch, F. Schieweck; ferner S. Rajasekaran, M. Schopf und R. Vanselow für die Testrechnungen, das Titelbild und den Vorschlag zur Gestaltung des Anhangs.

Magdeburg/Dresden, November 2009

Herbert Goering
Hans-Görg Roos
Lutz Tobiska

Kapitel 1
Einführung

1.1
Allgemeines zur Methode der finiten Elemente

Die Methode der finiten Elemente (FEM) ist eines der praktisch wichtigsten Näherungsverfahren zur Lösung von Variationsproblemen, Differentialgleichungen und Variationsungleichungen in den Ingenieurwissenschaften und der mathematischen Physik. Die Erfolge der FEM, insbesondere in der Festkörpermechanik, führten zu einer verstärkten Nutzung in der Thermodynamik, in der Strömungsmechanik und in anderen Gebieten. Die Leistungsfähigkeit der Methode liegt darin begründet, dass die FEM die Vorteile besitzt, systematische Regeln für die Erzeugung stabiler numerischer Schemata bereitzustellen, und es relativ einfach ist, kompliziertere zwei- und dreidimensionale Geometrien zu berücksichtigen.

Ursprünglich wurde die Methode in den fünfziger Jahren von Ingenieuren entwickelt, um große Systeme von Flugzeugbauteilen untersuchen zu können. Erst später entdeckte man die enge Verbindung der FEM mit dem bekannten Ritzschen Verfahren und eine Arbeit von Courant hierzu aus dem Jahre 1943. Die ersten mathematisch fundierten Untersuchungen stammen von K.O. Friedrichs (1962) und L.A. Oganesjan (1966), in den darauffolgenden Jahren schuf man eine breite mathematische Theorie der Methode. Zur raschen Verbreitung der FEM trug wesentlich die Monographie von Zienkiewicz (1967) bei. Heute existiert eine Vielzahl von Büchern, die sich den unterschiedlichen Aspekten der FEM – Theorie, Anwendung und Implementierung – widmen, erwähnt seien nur [11, 13, 19, 33, 57].

Wir nehmen an, dass ein gegebenes stationäres technisches Problem durch ein Variationsprinzip oder ein Randwertproblem für eine Differentialgleichung beschrieben werde. Bei der Methode der finiten Elemente wird das z.B. zweidimensionale zugrunde liegende Gebiet in einfache Teilgebiete zerlegt, etwa in Dreiecke, Vierecke usw. Die FEM erzeugt dann ein Gleichungssystem für Näherungswerte der unbekannten Funktion in ausgezeichneten Punkten der Teilgebiete. Nach dem Lösen des Gleichungssystems sind die Werte der Unbekannten in den ausgezeichneten Punkten näherungsweise bekannt.

Es gibt nun verschiedene Möglichkeiten der Erzeugung des Gleichungssystems (des *diskreten Problems*), ausgehend von einem Variationsprinzip oder einem Rand-

Die Finite-Elemente-Methode für Anfänger. Herbert Goering, Hans-Görg Roos und Lutz Tobiska
Copyright © 2010 WILEY-VCH Verlag GmbH & Co. KGaA, Weinheim
ISBN: 978-3-527-40964-8

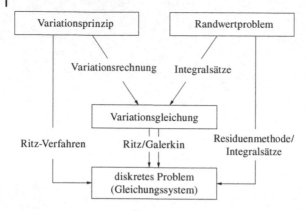

Abbildung 1.1 Verschiedene Varianten zur Erzeugung des diskreten Problems.

wertproblem (s. Abb. 1.1). Einen weiteren Weg, die diskrete Modellierung, möchten wir lediglich erwähnen.

Das Ritzsche Verfahren stellt beim Vorliegen eines Variationsprinzips den einfachsten Weg zum diskreten Problem dar. Es gibt jedoch für ingenieurtechnische Probleme oft kein Variationsprinzip. Dies hängt eng damit zusammen, dass die Lösung eines Randwertproblems nur dann auch Lösung eines zugeordneten Variationsproblems ist, wenn der entsprechende Differentialoperator symmetrisch ist. Deshalb gehen wir in diesem Buch ab Kapitel 2 stets so vor, dass wir als Ausgangspunkt eine *Variationsgleichung* wählen, dann ist nämlich die Erzeugung des diskreten Problems ebenfalls einfach. Im Abschnitt 1.2 demonstrieren wir an typischen Beispielen, wie man ausgehend von einem Variationsprinzip oder einem Randwertproblem die zugeordnete Variationsgleichung gewinnt. In Abschnitt 1.2 findet man eine Übersicht von Randwertproblemen zweiter Ordnung und den zugeordneten Variationsgleichungen.

Wir erläutern nun noch den Begriff *Variationsgleichung*. Sei V eine gegebene Menge von Funktionen mit der Eigenschaft, dass aus $v_1 \in V$, $v_2 \in V$ folgt $\beta_1 v_1 + \beta_2 v_2 \in V$ für reelle β_1, β_2 (man sagt, V ist eine lineare Menge). Als Beispiel halten wir uns die Menge der in einem Gebiet Ω stetig differenzierbaren Funktionen vor Augen. Dann heißt $f(v)$ mit $v \in V$ *Linearform auf V*, wenn $f(v)$ reell ist sowie

$$f(\alpha v) = \alpha f(v) \quad (\alpha \quad \text{beliebige reelle Zahl}) \tag{1.1}$$

und

$$f(v_1 + v_2) = f(v_1) + f(v_2) \tag{1.2}$$

gelten. Ein Beispiel einer Linearform ist etwa

$$f(v) = \int_{\Omega} v \, \mathrm{d}\Omega \, ,$$

ein zweites

$$f(v) = \int_{\Omega} g v \, \mathrm{d}\Omega$$

mit einer beliebig gewählten, festen stetigen Funktion g.

Aus den Eigenschaften (1.1) und (1.2) einer Linearform folgt für beliebige reelle α_1, α_2 unmittelbar

$$f(\alpha_1 v_1 + \alpha_2 v_2) = \alpha_1 f(v_1) + \alpha_2 f(v_2) \, . \tag{1.3}$$

Wird jeweils zwei Funktionen $u, v \in V$ eine reelle Zahl $a(u, v)$ zugeordnet, so heißt diese Abbildung *Bilinearform auf V*, wenn sie für jedes feste u und für jedes feste v eine Linearform in der anderen Variablen ist.

Sei Ω ein zweidimensionales Gebiet in der x-y-Ebene. Dann sind Beispiele von Bilinearformen

$$a(u, v) = \int_{\Omega} u v \, \mathrm{d}\Omega \, ,$$

$$a(u, v) = \int_{\Omega} \left(u v + \frac{\partial u}{\partial x} \frac{\partial v}{\partial x} \right) \mathrm{d}\Omega \, ,$$

$$a(u, v) = \int_{\Omega} \left(g_1 u v + g_2 u \frac{\partial v}{\partial x} \right) \mathrm{d}\Omega \, ;$$

im letzten Beispiel sind g_1 und g_2 beliebig gewählte, feste stetige Funktionen.

Die Eigenschaften von Linearformen übertragen sich auf Bilinearformen, so gilt

$$a(\alpha_1 u_1 + \alpha_2 u_2, v) = \alpha_1 a(u_1, v) + \alpha_2 a(u_2, v) \, . \tag{1.4}$$

In einer *symmetrischen Bilinearform* kann man u und v vertauschen, sie ist also gekennzeichnet durch $a(u, v) = a(v, u)$. Von den drei Beispielen sind die ersten beiden Bilinearformen symmetrisch, die dritte ist es nicht.

Wir nennen nun ein Problem der folgenden Form *Variationsgleichung*:

Gesucht ist ein $u \in V$, so dass für alle $v \in V$ gilt $a(u, v) = f(v)$. (1.5)

Wir bezeichnen den Rand eines beschränkten zwei- oder dreidimensionalen Gebietes Ω mit Γ und die Vereinigung von Ω mit seinem Rand Γ mit $\overline{\Omega}$.

1.2
Wie überführt man ein Randwertproblem in eine Variationsgleichung?

1.2.1
Beispiel 1

Bei Wärmeleitungsproblemen genügt die stationäre Temperaturverteilung T der Differentialgleichung

$$-k\Delta T = Q,$$

wobei k der Wärmeleitfähigkeitskoeffizient und Q die Wärmequellenergiebigkeit sind. Der Einfachheit halber nehmen wir an, die Temperatur am Rand Γ des den Körper beschreibenden Gebietes Ω werde festgehalten, es gelte $T = 0$ auf Γ. Bekanntlich lässt sich die Lösung des Randwertproblems ($q = Q/k$)

$$-\Delta T = q \quad \text{in } \Omega, \quad T = 0 \quad \text{auf } \Gamma, \tag{1.6}$$

dadurch kennzeichnen, dass sie das Funktional

$$F(w) = \int_{\Omega} \left[\left(\frac{\partial w}{\partial x} \right)^2 + \left(\frac{\partial w}{\partial y} \right)^2 + \left(\frac{\partial w}{\partial z} \right)^2 - 2qw \right] d\Omega$$

minimiert. Auf diesem Weg kann man analog wie eben beschrieben die (1.6) zugeordnete Variationsgleichung bestimmen. Entsprechend unserem Schema (s. Abb. 1.1) kann man die Variationsgleichung aber auch direkt aus (1.6) gewinnen.

Sei V die Menge aller in Ω differenzierbaren Funktionen mit $v = 0$ auf Γ. Wir bezeichnen die Lösung des Randwertproblems (1.6) wieder mit u (ersetzen also T durch u), multiplizieren die Differentialgleichung mit einer beliebigen Funktion $v \in V$ und integrieren über Ω. Das liefert

$$-\int_{\Omega} (\Delta u) v \, d\Omega = \int_{\Omega} q v \, d\Omega.$$

Nun benötigen wir den Gaußschen Integralsatz

$$\int_{\Omega} \left(\frac{\partial P}{\partial x} + \frac{\partial Q}{\partial y} + \frac{\partial R}{\partial z} \right) d\Omega = \int_{\Gamma} (P, Q, R) \cdot n \, d\Gamma. \tag{1.7}$$

Hier sind Γ der Rand von Ω und n der äußere Normaleneinheitsvektor bezüglich Γ. Setzt man

$$P = u_x \cdot v, \quad Q = u_y \cdot v, \quad R = u_z \cdot v,$$

so verschwindet das Integral auf der rechten Seite, weil Funktionen $v \in V$ auf dem Rand von Ω gleich Null sind, und man erhält

$$-\int_{\Omega} (\Delta u) v \, d\Omega = \int_{\Omega} \left(\frac{\partial u}{\partial x} \frac{\partial v}{\partial x} + \frac{\partial u}{\partial y} \frac{\partial v}{\partial y} + \frac{\partial u}{\partial z} \frac{\partial v}{\partial z} \right) d\Omega.$$

Setzt man

$$a(u, v) = \int\limits_{\Omega} \left(\frac{\partial u}{\partial x} \frac{\partial v}{\partial x} + \frac{\partial u}{\partial y} \frac{\partial v}{\partial y} + \frac{\partial u}{\partial z} \frac{\partial v}{\partial z} \right) \mathrm{d}\Omega \ ,$$

$$f(v) = \int\limits_{\Omega} q v \mathrm{d}\Omega \ ,$$

so haben wir das Randwertproblem (1.6) in die Variationsgleichung

Gesucht ist ein $u \in V$ mit $a(u, v) = f(v)$ für alle $v \in V$

mit einer symmetrischen Bilinearform überführt.

Bei der Herleitung ist es belanglos, ob Ω ein zweidimensionales oder ein dreidimensionales Gebiet ist, im zweidimensionalen Fall fällt lediglich der letzte Summand in dem die Bilinearform definierenden Integral weg.

Andere technische Problemstellungen führen ebenfalls auf die Randwertaufgabe (1.6). Betrachtet man z.B. einen geraden Stab mit Vollquerschnitt, der durch ein konstantes Moment, dessen Wirkungsebene senkrecht zur Stabachse liegt, auf Torsion beansprucht wird, so genügt die Torsionsfunktion $F(x, y)$ dem System

$$-\Delta F = 2 G \vartheta \quad \text{in } \Omega, \quad F = 0 \quad \text{auf } \Gamma \ ,$$

dabei sind G der Schubmodul und ϑ die spezifische Verdrehung des tordierten Stabes.

1.2.2
Beispiel 2

Untersucht man die Strömung diffundierender Substanzen, so genügt die Konzentrationsverteilung infolge Diffusion und Konvektion im stationären, zweidimensionalen Fall einem Randwertproblem vom Typ

$$-\Delta c + w_1 \frac{\partial c}{\partial x} + w_2 \frac{\partial c}{\partial y} = g \quad \text{in } \Omega \ , \quad \frac{\partial c}{\partial n} = 0 \quad \text{auf } \Gamma \ , \tag{1.8}$$

$w = (w_1, w_2)$ ist die Konvektionsgeschwindigkeit.

Jetzt ist es i. allg. nicht möglich, eine zugeordnete Minimierungsaufgabe anzugeben. Man kann das Randwertproblem (1.8) aber fast analog wie die eben untersuchte Randwertaufgabe in eine Variationsgleichung überführen. Ein wesentlicher Unterschied ist die Art der Berücksichtigung der Randbedingung. Während man bei der Randbedingung $T - 0$ auf Γ (Dirichletsche Randbedingung oder Bedingung 1. Art) den Raum V so definiert, dass Funktionen aus V dieser Bedingung genügen, ist das jetzt nicht notwendig, denn bei der Randbedingung $\frac{\partial c}{\partial n} = 0$ auf Γ (Neumannsche Randbedingung oder Bedingung 2. Art) verschwindet das Integral über Γ im Integralsatz (1.7) automatisch.

Sei also V die Menge aller in Ω differenzierbaren Funktionen. Setzt man

$$a(u, v) = \int\limits_{\Omega} \left(\frac{\partial u}{\partial x} \frac{\partial v}{\partial x} + \frac{\partial u}{\partial y} \frac{\partial v}{\partial y} + w_1 \frac{\partial u}{\partial x} v + w_2 \frac{\partial u}{\partial y} v \right) d\Omega \ ,$$

$$f(v) = \int\limits_{\Omega} gv d\Omega \ ,$$

so hat man (1.8) in eine Variationsgleichung mit einer nicht symmetrischen Bilinearform überführt.

Man nennt manchmal eine Dirichletsche Randbedingung für Probleme vom Typ (1.6) *wesentliche Randbedingung*, da sie den Raum V mit kennzeichnet, eine Neumannsche Randbedingung *natürliche Randbedingung*, weil sie die Definition von V nicht beeinflusst.

Eine Randbedingung vom Typ $\frac{\partial c}{\partial n} + \sigma c = 0$ (Robinsche Bedingung oder Bedingung 3. Art) ist auch in dem Sinne natürlich, dass sie zur Charakterisierung von V nicht beiträgt. Entsprechend dem Gaußschen Integralsatz (1.7) erhält man aber einen zusätzlichen, die Bilinearform definierenden Summanden mit

$$a^*(u, v) := a(u, v) + \int\limits_{\Gamma} \sigma u v d\Gamma \ .$$

Weitere Beispiele von Randwertaufgaben und zugeordneten Variationsgleichungen findet der Leser in Abschnitt 2.1.

Kapitel 2
Grundkonzept

2.1
Stetiges und diskretes Problem. Beispiele von finiten Elementen

2.1.1
Die Grundzüge der Methode

V sei eine gegebene Menge von Funktionen, wir sagen auch: ein gegebener *Funktionenraum*. Gesucht ist nun eine Funktion $u \in V$, die die Variationsgleichung (das stetige Problem)

$$a(u, v) = f(v) \quad \text{für alle } v \in V \tag{2.1}$$

erfüllt.

Als Standardbeispiel benutzen wir die dem Dirichlet-Problem mit homogenen Randbedingungen für die Laplacesche Differentialgleichung (DGL) entsprechende Aufgabe (vgl. Abschnitt 1.2): Dort war V die Menge aller in einem Gebiet Ω stetig differenzierbaren Funktionen, die auf dem Rand von Ω verschwinden, weiter

$$a(u, v) = \int\limits_{\Omega} \left(\frac{\partial u}{\partial x} \frac{\partial v}{\partial x} + \frac{\partial u}{\partial y} \frac{\partial v}{\partial y} \right) d\Omega \,, \quad f(v) = \int\limits_{\Omega} g v \, d\Omega$$

mit einer gegebenen stetigen Funktion g.

Wir setzen grundsätzlich voraus, dass Ω ein *zulässiges Gebiet* ist. Das bedeutet, dass man einen Randpunkt $(x, y) \in \Gamma$ des Gebietes so in den Punkt $(0, 0)$ bewegen kann (durch Verschiebungen und Drehungen), dass der verschobene Rand in der Umgebung von $(0, 0)$ beschrieben werden kann durch $y = f(x)$ mit $|x| < R$, das verschobene Gebiet durch $|x| < R$, $f(x) < y < 2LR$. Dabei genügt die Funktion $f(x)$ der Bedingung (Lipschitz-Bedingung)

$$|f(x_1) - f(x_2)| \leq L|x_1 - x_2| \,.$$

Oft genügt es zu wissen, dass alle weiteren Darlegungen für beschränkte konvexe Gebiete und für polygonal berandete Gebiete gelten.

Die Finite-Elemente-Methode für Anfänger. Herbert Goering, Hans-Görg Roos und Lutz Tobiska
Copyright © 2010 WILEY-VCH Verlag GmbH & Co. KGaA, Weinheim
ISBN: 978-3-527-40964-8

k Funktionen $w_1, \ldots, w_k$ heißen *linear unabhängig*, wenn jede der Funktionen, etwa w_l, nicht durch die anderen Funktionen dargestellt werden kann als

$$w_l = c_1^l w_1 + \cdots + c_{l-1}^l w_{l-1} + c_{l+1}^l w_{l+1} + \cdots + c_k^l w_k$$

mit Konstanten $c_1^l, \ldots, c_k^l$, $l = 1, \ldots, k$. Man sagt, w_l ist nicht Linearkombination von $w_1, \ldots, w_{l-1}, w_{l+1}, \ldots, w_k$.

Es seien N linear unabhängige Funktionen $w_1, \ldots, w_N$ aus V gegeben und V_h sei die Menge aller Linearkombinationen

$$\sum_{i=1}^{N} c_i w_i \quad (c_i \text{ Konstanten}) \, .$$

Man bezeichnet V_h als einen *N-dimensionalen Teilraum* von V. Die w_i heißen *Basisfunktionen* von V_h, in einigen Büchern findet man auch die Bezeichnung *globale Formfunktionen*.

Eine Näherungslösung von (2.1) sei nun eine Funktion $u_h \in V_h$. Man kann auch sagen, man sucht eine Näherung u_h mit dem *Ansatz*

$$u_h = \sum_{i=1}^{N} u_i w_i$$

mit den unbekannten Konstanten u_i. Es kann jetzt (u_h ist eine Näherungslösung) sicherlich i. allg. nicht für alle $v \in V$ gelten

$$a(u_h, v) = f(v) \, .$$

Natürlich scheint aber die Forderung

$$a(u_h, v_h) = f(v_h) \quad \text{für alle } v_h \in V_h \, , \tag{2.2}$$

sie projiziert gewissermaßen das Problem (2.1) in V auf ein Problem in V_h. Wenn (2.2) für alle $v_h \in V_h$ gilt, so gilt speziell auch für $w_j \in V_h$:

$$a(u_h, w_j) = f(w_j) \, , \quad j = 1, \ldots, N \, . \tag{2.3}$$

Umgekehrt: Wenn (2.3) richtig ist, so folgt durch Multiplikation mit Konstanten c_j und Summation

$$\sum_{j=1}^{N} c_j a(u_h, w_j) = \sum_{j=1}^{N} c_j f(w_j) \, .$$

Die bekannten Eigenschaften von Bilinearformen bzw. Linearformen sichern

$$a(u_h, v_h) = f(v_h) \quad \text{für alle } v_h \in V_h \, .$$

Die Forderungen (2.2) und (2.3) sind also äquivalent. Wir nennen (2.2) oder (2.3) das *diskrete Problem*.

Gleichung (2.2) ist Ausgangspunkt theoretischer Überlegungen, (2.3) Ausgangspunkt zur praktischen Berechnung der Näherung u_h. Setzt man nämlich in (2.3) für u_h den Ansatz ein, so folgt

$$a\left(\sum_{i=1}^{N} u_i w_i, w_j\right) = f(w_j) , \quad j = 1, \dots, N ,$$

bzw. (a ist Bilinearform)

$$\sum_{i=1}^{N} a(w_i, w_j) u_i = f_j , \quad j = 1, \dots, N . \tag{2.4}$$

Dies ist ein Gleichungssystem mit N Gleichungen für die N Unbekannten u_i; für die Koeffizientenmatrix A_h gilt

$$A_h = [a_{ij}]_{i,j=1,\dots,N}, \qquad a_{ij} = a(w_j, w_i) .$$

Der diskreten Aufgabe entspricht also ein Gleichungssystem. Man löst die diskrete Aufgabe, indem man aus den Basisfunktionen w_i die Größen

$$a_{ij} = a(w_j, w_i) , \quad f_j = f(w_j)$$

berechnet, dann die u_i aus dem Gleichungssystem (2.4) ermittelt, letztlich ist

$$u_h = \sum_{i=1}^{N} u_i w_i .$$

Entscheidend für die praktische Realisierbarkeit des Verfahrens ist die Wahl der Basisfunktionen w_i.

Zunächst erwachsen aus der Forderung, dass V_h Teilraum von V sein soll, gewisse Forderungen an die w_i. Dies sind einmal Glattheitsforderungen, zum anderen die Forderung der Erfüllung gewisser Zusatzbedingungen. Hat man z.B. ein Randwertproblem für eine Differentialgleichung in eine Variationsgleichung überführt, so geht ein Teil der Randbedingungen in die Bilinearform bzw. die Linearform ein, ein anderer Teil geht ein in die Festlegung des Raumes V, genau diesen Teil der Randbedingungen müssen die w_i erfüllen (man erinnere sich an die Beispiele in Abschnitt 1.2).

Glattheitsforderungen und Zusatzbedingungen lassen für die Bestimmung der w_i noch viel Spielraum. Deswegen versucht man die w_i nun so zu wählen, dass das diskrete Problem möglichst einfach wird.

Wenn die Näherung u_h von u gut sein soll (wir gehen später genauer darauf ein, wie man das misst), muss oft die Anzahl N der Basisfunktionen groß sein. Man hat dann ein Gleichungssystem mit relativ vielen Unbekannten zu lösen. Daher ist es wünschenswert, dass die Matrix A_h möglichst viele Nullelemente enthält. Am günstigsten wäre, wenn die Matrix A_h die Einheitsmatrix ist. Dies lässt sich aber praktisch nicht realisieren, weil es schwierig ist, die Basisfunktionen so zu wählen, dass die Einheitsmatrix entsteht. Nun ist a_{ij} i. allg. ein Integral über das Gebiet Ω von Summen von Produkten von w_i und w_j und deren Ableitungen. Wählt man die Basisfunktion w_i nun so, dass sie nur in einem kleinen Teilgebiet Ω_i von Ω von Null verschieden ist und sonst identisch Null, so werden z.B. Produkte $w_i w_j$ $(i = 1, \ldots, N, j = 1, \ldots, N)$ nur für einige i und j von Null verschieden sein.

Nun können wir die Grundzüge der Methode der finiten Elemente formulieren:

(G 1) Man wähle N Basisfunktionen w_i so, dass w_i nur in einem kleinen Teilgebiet Ω_i von Ω von Null verschieden ist und Ω_i und Ω_j für möglichst viele i und j keinen Punkt gemeinsam haben.

(G 2) Man berechne a_{ij}, f_j und löse das Gleichungssystem

$$\sum_{i=1}^{N} a_{ji} u_i = f_j , \quad j = 1, \ldots, N .$$

(G 3) Die Näherungslösung u_h von (2.1) ist

$$u_h = \sum_{i=1}^{N} u_i w_i .$$

2.1.2
Ein erstes Beispiel und eine theoretische Schwierigkeit

Wir betrachten das Standardbeispiel

$$-\Delta u = g \quad \text{in } \Omega , \quad u = 0 \quad \text{auf } \Gamma$$

im Einheitsquadrat $\Omega = (0, 1) \times (0, 1)$. Die entsprechende Variationsgleichung ist

$$a(u, v) = f(v)$$

mit

$$a(u, v) = \int_{\Omega} \left(\frac{\partial u}{\partial x} \frac{\partial v}{\partial x} + \frac{\partial u}{\partial y} \frac{\partial v}{\partial y} \right) \mathrm{d}\Omega , \quad f(v) = \int_{\Omega} gv \mathrm{d}\Omega .$$

V bestehe vorerst aus den in Ω stetig differenzierbaren Funktionen, die auf Γ verschwinden.

Zur Konstruktion geeigneter Basisfunktionen zerlegen wir das Quadrat zunächst in Teilquadrate durch $x_\nu = \nu h$, $y_\mu = \mu h$ ($\nu, \mu = 1, 2, \ldots, M - 1$; $Mh = 1$), jedes Quadrat in zwei Teildreiecke (s. Abb. 2.1). V_h sei der $(M-1)^2 = N$-dimensionale Raum, der dadurch gekennzeichnet ist, dass jede Funktion in jedem Dreieck eine lineare Funktion in x und y ist. Basisfunktionen in V_h sind Funktionen $\varphi_{\nu\mu}(x, y)$, $(\nu, \mu = 1, \ldots, M - 1)$ mit der Eigenschaft

$$\varphi_{\nu\mu}(x_k, y_l) = \begin{cases} 1 & \text{für } k = \nu, \ l = \mu \\ 0 & \text{sonst.} \end{cases}$$

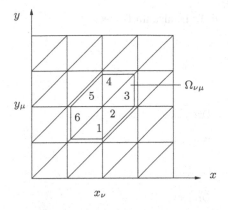

Abbildung 2.1 Träger $\Omega_{\nu\mu}$ einer Basisfunktion $\varphi_{\nu\mu}$.

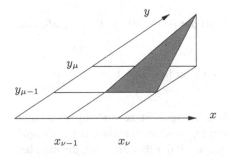

Abbildung 2.2 Basisfunktion im Teildreieck 1.

Es gilt dann

$$\varphi_{\nu\mu}(x,y) \equiv 0 , \quad \text{wenn } (x,y) \notin \Omega_{\nu\mu} .$$

$\Omega_{\nu\mu}$ (s. Abb. 2.1) ist also das „kleine" Teilgebiet, in dem $\varphi_{\nu\mu}$ von Null verschieden ist, man nennt es auch Träger der Funktion $\varphi_{\nu\mu}$.

Wir berechnen nun $\varphi_{\nu\mu}$ in den Dreiecken $1, 2, \ldots, 6$. Betrachten wir beispielsweise das Dreieck 1. Es muss gelten (s. Abb. 2.2)

$$\varphi_{\nu\mu} = \begin{cases} 1, & x = x_\nu, & y = y_\mu , \\ 0, & x = x_{\nu-1}, & y = y_{\mu-1} , \\ 0, & x = x_\nu, & y = y_{\mu-1} . \end{cases}$$

Sei

$$\varphi_{\nu\mu} = d_0 + d_1 x + d_2 y .$$

Dann liefern die obigen Forderungen

$$1 = d_0 + d_1 x_\nu + d_2 y_\mu ,$$
$$0 = d_0 + d_1 x_{\nu-1} + d_2 y_{\mu-1} ,$$
$$0 = d_0 + d_1 x_\nu + d_2 y_{\mu-1} .$$

Das ergibt $d_1 = 0$, $d_2 = 1/h$ und $d_0 = 1 - \mu$. Es ist also im Dreieck 1

$$\varphi_{\nu\mu} = 1 + \left(\frac{y}{h} - \mu\right) .$$

Analog erhält man

$$\varphi_{\nu\mu} = \begin{cases} 1 - \left(\dfrac{x}{h} - \nu\right) + \left(\dfrac{y}{h} - \mu\right), & \text{Dreieck 2}, \\[2mm] 1 - \left(\dfrac{x}{h} - \nu\right), & \text{Dreieck 3}, \\[2mm] 1 - \left(\dfrac{y}{h} - \mu\right), & \text{Dreieck 4}, \\[2mm] 1 + \left(\dfrac{x}{h} - \nu\right) - \left(\dfrac{y}{h} - \mu\right), & \text{Dreieck 5}, \\[2mm] 1 + \left(\dfrac{x}{h} - \nu\right), & \text{Dreieck 6}. \end{cases}$$

Wir haben jetzt einfache Basisfunktionen mit der gewünschten Eigenschaft, z.B. gilt

$$\int_{\Omega} \varphi_{\nu\mu}\varphi_{kl}\,\mathrm{d}\Omega = 0 , \quad \text{wenn } |\nu - k| > 1 \text{ oder } |\mu - l| > 1 .$$

Jedoch tritt für diese Wahl $\varphi_{\nu\mu}$ ein Problem auf. $\varphi_{\nu\mu}$ ist zwar stetig, aber nicht stetig differenzierbar, etwa auf dem Rand von $\Omega_{\nu\mu}$ oder auch entlang der „inneren" Dreieckskanten. Da dies eine generelle Eigenschaft der Räume V_h ist, die man bei der FEM wählt, sind unsere bisherigen Überlegungen in bezug auf den Raum V nicht ausreichend.

2.1.3
Die Lösung: Sobolev-Räume

Eine Funktion g gehört zum Funktionenraum $L^2(\Omega)$, wenn das Integral

$$\int_{\Omega} g^2\,\mathrm{d}\Omega$$

existiert und endlich ist. Jede stückweise stetige Funktion g gehört zum $L^2(\Omega)$. Dabei ist eine *stückweise stetige Funktion* eine Funktion, für die es eine Zerlegung von Ω in endlich viele zulässige Gebiete Ω_i gibt, so dass g in $\bar{\Omega}_i$ stetig ist. Hat man solch eine stückweise stetige Funktion g, so gilt

$$\int_{\Omega} g\,\mathrm{d}\Omega = \sum_{i=1}^{M} \int_{\Omega_i} g\,\mathrm{d}\Omega_i ,$$

und die Integrale auf der rechten Seite dieser Beziehung kann man mit den bekannten Integrationsmethoden ausrechnen.

Gehören Funktionen zum Raum $L^2(\Omega)$, so gehört auch jede Linearkombination von ihnen zu diesem Raum. Zum Nachweis verwendet man` die *Ungleichung von Schwarz*

$$\left| \int_\Omega f g \mathrm{d}\Omega \right| \leq \sqrt{\int_\Omega f^2 \mathrm{d}\Omega} \sqrt{\int_\Omega g^2 \mathrm{d}\Omega} \ , \tag{2.5}$$

die auch *Cauchy-Schwarz-Ungleichung* genannt wird. Jeder Funktion aus dem $L^2(\Omega)$ kann man ein Maß dafür zuordnen, inwieweit sich diese Funktion von der Funktion unterscheidet, die in Ω identisch Null ist. Man nennt dieses Maß eine *Norm* und setzt

$$\| g \|_0 = \sqrt{\int_\Omega g^2 \mathrm{d}\Omega} \ .$$

Der Index Null zeigt dabei an, dass bei der Definition der Norm keine Ableitungen der Funktion g verwendet werden. Ein Maß für die Abweichung zweier Funktionen g_1, g_2 voneinander ist $\| g_1 - g_2 \|_0$. Das ist z.B. von Bedeutung für Fehlerabschätzungen im FEM-Verfahren (s. Kapitel 4). Eine Folgerung aus (2.5) ist die *Dreiecksungleichung*

$$\| g_1 + g_2 \|_0 \leq \| g_1 \|_0 + \| g_2 \|_0 \ . \tag{2.6}$$

Die Zuordnungsvorschrift, die zwei Funktionen f und g die Zahl

$$\int_\Omega f g \mathrm{d}\Omega$$

zuordnet wird *Skalarprodukt von f und g* genannt und durch

$$(f, g) = \int_\Omega f g \mathrm{d}\Omega$$

bezeichnet. Die Schwarzsche Ungleichung (2.5) kann man dann formulieren als

$$|(f, g)| \leq \| f \|_0 \| g \|_0 \quad \text{oder} \quad |(f, g)|^2 \leq (f, f)(g, g) \ . \tag{2.7}$$

Als nächstes skizzieren wir, was man unter sogenannten „verallgemeinerten" Ableitungen versteht: diese erweisen sich dann als extrem hilfreich. Besitzt eine Funktion g eine stetige Ableitung $\frac{\partial g}{\partial x}$, so gilt nach der Formel der partiellen Integration (man setze in (1.7) $P = g\psi$, $Q = 0$, $R = 0$) für jede differenzierbare Funktion ψ, die auf dem Rand von Ω verschwindet,

$$\int_\Omega g \frac{\partial \psi}{\partial x} \mathrm{d}\Omega = - \int_\Omega \frac{\partial g}{\partial x} \psi \mathrm{d}\Omega \ .$$

Mit Hilfe dieser Formel kann man nun Ableitungen für Funktionen definieren, die im üblichen Sinn nicht differenzierbar sind. Ist g eine integrierbare Funktion und h eine integrierbare Funktion mit

$$\int\limits_{\Omega} g \frac{\partial \psi}{\partial x} d\Omega = - \int\limits_{\Omega} h\psi d\Omega$$

für alle differenzierbaren ψ, die in Umgebung des Randes $\partial \Omega$ verschwinden, so wird $h = \frac{\partial g}{\partial x}$ die verallgemeinerte *Ableitung* von g nach x genannt

Zunächst ein eindimensionales Beispiel. Sei g definiert durch

$$g(x) = \begin{cases} 2x\,, & 0 \le x \le \frac{1}{2}\,, \\ 2 - 2x\,, & \frac{1}{2} \le x \le 1\,. \end{cases}$$

Eigentlich ist diese Funktion g in $[0, 1]$ (wegen des „Knicks" bei $x = \frac{1}{2}$) nicht differenzierbar (s. Abb. 2.3). Für differenzierbare ψ mit $\psi(0) = \psi(1) = 0$ liefert aber partielle Integration

$$\int\limits_0^1 g\psi' dx = \int\limits_0^{1/2} 2x\psi' dx + \int\limits_{1/2}^1 (2 - 2x)\psi' dx$$

$$= \psi\left(\frac{1}{2}\right) - \int\limits_0^{1/2} 2\psi dx - \psi\left(\frac{1}{2}\right) + \int\limits_{1/2}^1 2\psi dx$$

$$= - \left[\int\limits_0^{1/2} 2\psi dx + \int\limits_{1/2}^1 (-2)\psi dx \right]\,.$$

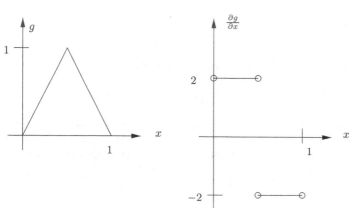

Abbildung 2.3 Funktion g und deren verallgemeinerte Ableitung $\frac{\partial g}{\partial x}$.

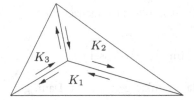

Abbildung 2.4 Gegenseitiges Aufheben der Randintegrale über innere Dreieckskanten.

Also ist im obigen Sinn

$$\frac{\mathrm{d}g}{\mathrm{d}x} = \begin{cases} +2, & 0 \leq x < \frac{1}{2}, \\ -2, & \frac{1}{2} < x \leq 1; \end{cases}$$

das entspricht dem, was man erwartet. Im Punkt $x = \frac{1}{2}$ kann g' beliebig festgesetzt werden.

Nun ein zweidimensionales Beispiel, das wichtig ist für die Methode der finiten Elemente. Eine Funktion g sei auf $\bar{\Omega}$ (s. Abb. 2.4) stetig und im Innern der K_i stetig differenzierbar. Solch eine Funktion ist i. allg. im üblichen Sinn nicht differenzierbar, genau wie unser obiges eindimensionales Beispiel. Nun gilt nach dem Gaußschen Integralsatz (1.7)

$$\int_\Omega g \frac{\partial \psi}{\partial x} \mathrm{d}\Omega = \sum_{i=1}^{3} \int_{K_i} g \frac{\partial \psi}{\partial x} \mathrm{d}K_i$$

$$= \sum_{i=1}^{3} \int_{\Gamma(K_i)} (g\psi, 0)^\top n \mathrm{d}\Gamma - \sum_{i=1}^{3} \int_{K_i} \frac{\partial g}{\partial x} \psi \mathrm{d}K_i .$$

Die Randintegrale im Innern heben sich gegenseitig weg, die auf dem Rand von Ω verschwinden, weil ψ dort ja definitionsgemäß verschwindet. Also gilt

$$\int_\Omega g \frac{\partial \psi}{\partial x} \mathrm{d}\Omega = - \sum_{i=1}^{3} \int_{K_i} \frac{\partial g}{\partial x} \psi \mathrm{d}K_i ,$$

dies bedeutet, dass die Ableitung von g im Innern der K_i die übliche Ableitung ist. Was auf den Kanten der K_i geschieht, ist ohne Bedeutung.

Der skizzierte verallgemeinerte Ableitungsbegriff ermöglicht also, insbesondere stückweise differenzierbare Funktionen (die treten gerade bei der FEM auf) stückweise zu differenzieren.

Man sagt nun: Eine Funktion g, die zum $L^2(\Omega)$ gehört, gehört zum *Funktionenraum* $H^1(\Omega)$, wenn die verallgemeinerten Ableitungen $\frac{\partial g}{\partial x}$ und $\frac{\partial g}{\partial y}$ auch zum $L^2(\Omega)$ gehören.

Man kann dann ähnlich wie im gerade behandelten Beispiel zeigen, dass stetige, stückweise differenzierbare Funktionen zum $H^1(\Omega)$ gehören. Man muss aber zunächst präzisieren, welche Zerlegung des Gebietes man zulässt.

Eine Zerlegung von Ω in endlich viele Teile besitze folgende Eigenschaften:

(Z 1) $\bar{\Omega} = \cup_{i=1}^{M} K_i$.

(Z 2) Der Rand von K_i gehört zu K_i, und das Innere von K_i sei ein zulässiges Gebiet.

(Z 3) K_i und K_j $(i \neq j)$ haben höchstens Randpunkte gemeinsam. Dann gilt (s. [19])

Lemma 2.1

Eine in $\bar{\Omega}$ stetige Funktion w, für die auf jedem K_i gilt $w \in H^1(K_i)$, gehört zum $H^1(\Omega)$.

Insbesondere gehört also jede auf $\bar{\Omega}$ stetige Funktion, die auf jedem K_i ein Polynom ist, zum $H^1(\Omega)$. Für die Methode der finiten Elemente benötigen wir gerade Funktionen mit diesen Eigenschaften. Betrachten wir z.B. die Basisfunktion $\varphi_{\nu\mu}$ des vorigen Abschnitts. $\varphi_{\nu\mu}$ ist stetig. Die K_i seien die durch die Zerlegung definierten Teildreiecke. Auf jedem Dreieck ist $\varphi_{\nu\mu}$ ein Polynom, gehört also zum $H^1(K_i)$. Also ist $\varphi_{\nu\mu}$ eine $H^1(\Omega)$-Funktion. Soll man z.B.

$$\int\limits_{\Omega} \left(\frac{\partial \varphi_{\nu\mu}}{\partial x} \right)^2 \mathrm{d}\Omega$$

berechnen, so ist dies jetzt problemlos möglich, denn $\dfrac{\partial \varphi_{\nu\mu}}{\partial x}$ liegt im $L^2(\Omega)$. Also gilt

$$\int\limits_{\Omega} \left(\frac{\partial \varphi_{\nu\mu}}{\partial x} \right)^2 \mathrm{d}\Omega = \sum_{i=1}^{M} \int\limits_{K_i} \left(\frac{\partial \varphi_{\nu\mu}}{\partial x} \right)^2 \mathrm{d}K_i \, ;$$

in jedem Dreieck rechnet man „wie üblich".

Im $H^1(\Omega)$ setzt man als *Norm*

$$\|g\|_1 = \left(\int\limits_{\Omega} g^2 \mathrm{d}\Omega + \int\limits_{\Omega} \left(\frac{\partial g}{\partial x} \right)^2 \mathrm{d}\Omega + \int\limits_{\Omega} \left(\frac{\partial g}{\partial y} \right)^2 \mathrm{d}\Omega \right)^{1/2} .$$

Auch hier gilt die Dreiecksungleichung.

Jede Funktion des $H^1(\Omega)$ kann (gemessen in der Norm des $H^1(\Omega)$) beliebig genau durch glatte Funktionen approximiert werden. Es gibt aber auch unstetige Funktionen, die zum $H^1(\Omega)$ gehören.

Bei Differentialgleichungen ist es üblich, auf dem Rand Γ von Ω Randbedingungen zu stellen. Bei Funktionen, die in Ω und auf dem Rand stetig sind, kommt man gar nicht auf die Idee zu fragen, ob der Wert der Funktion auf dem Rand überhaupt eindeutig definiert ist, dies ist von vornherein klar. Für Funktionen aus dem $L^2(\Omega)$ oder $H^1(\Omega)$ sieht dies anders aus. Ist Ω ein zulässiges Gebiet (also z.B. ein

Polygon), so kann man für $H^1(\Omega)$-Funktionen Randwerte definieren. Man approximiert dabei die gegebene Funktion g durch stetige Funktionen und definiert den Wert von g auf Γ, $g|_\Gamma$, durch den Grenzwert der Folge der Randwerte der stetigen Funktionen, es gilt $g|_\Gamma \in L^2(\Gamma)$.

Der *Funktionenraum* $H_0^1(\Omega)$ ist die Menge aller Funktionen $g \in H^1(\Omega)$ mit $g|_\Gamma = 0$. Dieser Raum spielt eine wichtige Rolle für die Lösung elliptischer Differentialgleichungen 2. Ordnung mit Dirichlet-Bedingungen auf dem Rand.

Die Räume $H^1(\Omega)$ und $H_0^1(\Omega)$ sind die grundlegenden Vertreter der Sobolev-Räume.

Hat man auf Teilen des Randes verschiedene Randbedingungen (gemischte Randwertaufgabe), so benötigt man einen Funktionenraum zwischen dem $H_0^1(\Omega)$ und dem $H^1(\Omega)$. Liegen etwa auf einem Teil Γ_1 von Γ Dirichlet-Bedingungen vor, so benötigt man den Raum aller Funktionen $g \in H^1(\Omega)$ mit $g|_{\Gamma_1} = 0$.

2.1.4
Das erste Beispiel (Fortsetzung)

Wir betrachten erneut das Randwertproblem (RWP)

$$-\Delta u = g \quad \text{in } \Omega, \qquad u|_\Gamma = 0$$

im Einheitsquadrat $\Omega = (0,1) \times (0,1)$. Eine geeignete neue Formulierung dieses Problems ist: Gesucht ist ein $u \in H_0^1(\Omega)$ mit

$$a(u,v) = f(v) \quad \text{für alle } v \in H_0^1(\Omega),$$

dabei ist

$$a(u,v) = \int_\Omega \left(\frac{\partial u}{\partial x} \frac{\partial v}{\partial x} + \frac{\partial u}{\partial y} \frac{\partial v}{\partial y} \right) d\Omega, \qquad f(v) = \int_\Omega g v \, d\Omega \ .$$

Für $H^1(\Omega)$-Funktionen liegt die Ableitung im $L^2(\Omega)$, das $a(u,v)$ definierende Integral hat also einen Sinn. Setzt man $g \in L^2(\Omega)$ voraus, ist auch $f(v)$ definiert.

V_h sei wieder der von den Basisfunktionen $\varphi_{\nu\mu}$ erzeugte Raum. Nach Lemma 2.1 gehören die $\varphi_{\nu\mu}$ zum $H^1(\Omega)$, außerdem sind die $\varphi_{\nu\mu}$ nach Definition auf dem Rand gleich Null. Also gehören die $\varphi_{\nu\mu}$ zum $H_0^1(\Omega)$. Der Raum V_h ist also in $V = H_0^1(\Omega)$ enthalten!

Nun kann man nach dem Grundkonzept der FEM eine Näherungslösung u_h berechnen. Man benötigt zunächst

$$a(\varphi_{\nu\mu}, \varphi_{kl}) = \int_\Omega \left(\frac{\partial \varphi_{\nu\mu}}{\partial x} \frac{\partial \varphi_{kl}}{\partial x} + \frac{\partial \varphi_{\nu\mu}}{\partial y} \frac{\partial \varphi_{kl}}{\partial y} \right) d\Omega \ .$$

Nun gilt

$$a(\varphi_{\nu\mu}, \varphi_{kl}) = 0 \quad \text{für} \quad \Omega_{\nu\mu} \cap \Omega_{kl} = \emptyset \ ;$$

ansonsten erhält man

$$\int\limits_{\Omega} \frac{\partial \varphi_{\nu\mu}}{\partial x} \frac{\partial \varphi_{kl}}{\partial x} \mathrm{d}\Omega = \begin{cases} 2, & k = \nu, & l = \mu, \\ -1, & k = \nu + 1, & l = \mu, \\ 0, & k = \nu + 1, & l = \mu + 1, \\ 0, & k = \nu, & l = \mu + 1, \\ -1, & k = \nu - 1, & l = \mu, \\ 0, & k = \nu - 1, & l = \mu - 1, \\ 0, & k = \nu, & l = \mu - 1, \end{cases}$$

$$\int\limits_{\Omega} \frac{\partial \varphi_{\nu\mu}}{\partial y} \frac{\partial \varphi_{kl}}{\partial y} \mathrm{d}\Omega = \begin{cases} 2, & k = \nu, & l = \mu, \\ 0, & k = \nu + 1, & l = \mu, \\ 0, & k = \nu + 1, & l = \mu + 1, \\ -1, & k = \nu, & l = \mu + 1, \\ 0, & k = \nu - 1, & l = \mu, \\ 0, & k = \nu - 1, & l = \mu - 1, \\ -1, & k = \nu, & l = \mu - 1. \end{cases}$$

Es sei

$$f_{\nu\mu} = \frac{1}{h^2} \int\limits_{\Omega} g\varphi_{\nu\mu}\mathrm{d}\Omega = \frac{1}{h^2} \int\limits_{\Omega_{\nu\mu}} g\varphi_{\nu\mu}\mathrm{d}\Omega_{\nu\mu}.$$

Die Koeffizienten $a_{\nu\mu}$ der Näherungslösung

$$u_h = \sum_{\nu,\mu=1}^{M-1} a_{\nu\mu}\varphi_{\nu\mu}(x,y)$$

genügen dann dem Gleichungssystem

$$\frac{-a_{\nu-1,\mu} + 2a_{\nu\mu} - a_{\nu+1,\mu}}{h^2} + \frac{-a_{\nu,\mu-1} + 2a_{\nu\mu} - a_{\nu,\mu+1}}{h^2} = f_{\nu\mu},$$

$$\nu,\mu = 1,\ldots,M-1.$$

Interessiert man sich nur für die Näherungslösung u_h in den Punkten $x = \nu h$, $y = \mu h$, so genügt es, die $a_{\nu\mu}$ zu bestimmen, denn es gilt

$$u_h(x_\nu, y_\mu) = a_{\nu\mu}$$

nach Konstruktion der Basisfunktionen $\varphi_{\nu\mu}$.

2.1.5
Präzisierung der Grundzüge der Methode

V sei der Funktionenraum $H_0^1(\Omega)$, $H^1(\Omega)$ oder ein Raum zwischen diesen beiden Räumen, $a(u,v)$ eine auf V definierte Bilinearform, $f(v)$ eine Linearform.

☐ Satz 2.1 (Lax, Milgram)

Für a und f mögen Konstanten $\alpha > 0, \beta, \gamma$ existieren mit

$$a(v, v) \geq \alpha \|v\|^2 \quad \text{für alle } v \in V \ (\text{„}a \text{ ist positiv oder } V\text{-elliptisch“})\qquad (2.8)$$

$$|a(u, v)| \leq \beta \|u\| \|v\| \quad \text{für alle } u, v \in V \ (\text{„}a \text{ ist stetig“})\qquad (2.9)$$

$$|f(v)| \leq \gamma \|v\| \quad \text{für alle } v \in V \ (\text{„}f \text{ ist stetig“}) .\qquad (2.10)$$

Dann existiert ein eindeutig bestimmtes $u \in V$ mit

$$a(u, v) = f(v) \text{ für alle } v \in V .$$

Dem mit Grundbegriffen der Funktionalanalysis vertrauten Leser sei gesagt, dass V ein beliebiger Hilbert-Raum sein kann.

Dieser Satz sichert nicht nur die Lösbarkeit des stetigen Problems. Aus ihm folgt auch die Lösbarkeit des diskreten Problems (2.2) für die bisher betrachteten *konformen Methoden*; sie sind dadurch gekennzeichnet, dass V_h *Teilraum von V* ist (nichtkonforme Methoden untersuchen wir in Kapitel 8). Die Koeffizientenmatrix A_h des Gleichungssystems (2.4) ist nämlich positiv definit. Dies folgt aus

$$\sum_{i,j=1}^{N} a(w_i, w_j)\xi_i\xi_j = a\left(\sum_{i=1}^{N} \xi_i w_i, \sum_{j=1}^{N} \xi_j w_j\right) \geq \alpha \left\|\sum_{i=1}^{N} \xi_i w_i\right\|^2 .$$

Ferner ergibt sich aus

$$\alpha \|u_h\|^2 \leq a(u_h, u_h) = f(u_h) \leq \gamma \|u_h\|$$

die Abschätzung

$$\|u_h\| \leq \frac{\gamma}{\alpha} .$$

Unter den Voraussetzungen des Satzes von Lax und Milgram besitzen das stetige und das diskrete Problem also eine eindeutige Lösung. Das dem diskreten Problem entsprechende Gleichungssystem besitzt eine positiv definite Koeffizientenmatrix, die zudem symmetrisch ist, wenn die Bilinearform symmetrisch ist. Die Lösung des diskreten Problems ist gleichmäßig bezüglich h beschränkt.

Hier zeigt sich ein bemerkenswerter Vorzug der Methode der finiten Elemente gegenüber anderen Diskretisierungskonzepten (z.B. Differenzenverfahren): Eigenschaften des stetigen Problems übertragen sich automatisch auf das diskrete Problem!

Wir betrachten an einem Beispiel das Problem der Erfüllung der Bedingungen des Satzes von Lax und Milgram. Untersucht wird die Neumannsche Randwertaufgabe

$$-\Delta u + cu = g , \quad \left.\frac{\partial u}{\partial n}\right|_\Gamma = 0 \quad (c > 0, \text{Konstante}) .$$

Die zugeordnete Variationsgleichung ist (vgl. Abschnitt 1.2)

$$a(u, v) = f(v) \quad \text{für alle } v \in H^1(\Omega)\,,$$

wobei

$$a(u, v) = \int_\Omega \left(\frac{\partial u}{\partial x} \frac{\partial v}{\partial x} + \frac{\partial u}{\partial y} \frac{\partial v}{\partial y} + cuv \right) d\Omega\,, \quad f(v) = \int_\Omega gv d\Omega\,.$$

Wie schon in Kapitel 1 bemerkt, spielt die Randbedingung scheinbar keine Rolle, sie geht in den Raum $V = H^1(\Omega)$ nicht ein, ist eine natürliche Bedingung.

Ist $g \in L^2(\Omega)$, so gilt nach der Ungleichung von Schwarz (2.5)

$$|f(v)| = \left| \int_\Omega gv d\Omega \right| \leq \sqrt{\int_\Omega g^2 d\Omega} \sqrt{\int_\Omega v^2 d\Omega}\,.$$

Setzt man $\gamma = \sqrt{\int_\Omega g^2 d\Omega}$, so ist also

$$|f(v)| \leq \gamma \sqrt{\int_\Omega v^2 d\Omega}\,.$$

Die Norm von v im $H^1(\Omega)$ ist aber größer als $\sqrt{\int_\Omega v^2 d\Omega}$, also gilt erst recht

$$|f(v)| \leq \gamma \|v\|_1\,,$$

damit ist die Bedingung (2.10) erfüllt. Die Ungleichung von Schwarz liefert auch

$$|a(u, v)| \leq \sqrt{\int_\Omega \left(\frac{\partial u}{\partial x} \right)^2 d\Omega} \sqrt{\int_\Omega \left(\frac{\partial v}{\partial x} \right)^2 d\Omega} +$$

$$\sqrt{\int_\Omega \left(\frac{\partial u}{\partial y} \right)^2 d\Omega} \sqrt{\int_\Omega \left(\frac{\partial v}{\partial y} \right)^2 d\Omega} +$$

$$c \sqrt{\int_\Omega u^2 d\Omega} \sqrt{\int_\Omega v^2 d\Omega}\,,$$

woraus durch Anwendung der Ungleichung

$$a_1 b_1 + a_2 b_2 + a_3 b_3 \leq \sqrt{a_1^2 + a_2^2 + a_3^3} \sqrt{b_1^2 + b_2^2 + b_3^3}$$

die Bedingung (2.9)

$$|a(u, v)| \leq \beta \|u\|_1 \|v\|_1$$

mit $\beta = \max(1, c)$ folgt. Für $a(v, v)$ erhalten wir

$$a(v, v) = \int_\Omega \left[\left(\frac{\partial v}{\partial x}\right)^2 + \left(\frac{\partial v}{\partial y}\right)^2 + cv^2 \right] d\Omega$$

$$\geq \min(1, c) \int_\Omega \left[\left(\frac{\partial v}{\partial x}\right)^2 + \left(\frac{\partial v}{\partial y}\right)^2 + v^2 \right] d\Omega$$

$$= \min(1, c) \|v\|_1^2 \,,$$

also ist Bedingung (2.8) erfüllt mit $\alpha = \min(1, c)$. Es ist tatsächlich so, dass die Bedingung $c > 0$ notwendig ist, für $c = 0$ ist nämlich die Bedingung (2.8) (α muss positiv sein) nicht erfüllt.

Wir geben nun weitere Beispiele an, wo die Voraussetzungen des Satzes erfüllt sind, ohne dies im einzelnen nachzuprüfen.

Beispiel 2.1

$-\Delta u = g, \quad u|_\Gamma = 0; \quad V = H_0^1(\Omega);$

$$a(u, v) = \int_\Omega \left(\frac{\partial u}{\partial x}\frac{\partial v}{\partial x} + \frac{\partial u}{\partial y}\frac{\partial v}{\partial y} \right) d\Omega \,, \quad f(v) = \int_\Omega gv d\Omega \,.$$

Beispiel 2.2

$-\Delta u = g, \dfrac{\partial u}{\partial n} + \sigma u|_\Gamma = h; V = H^1(\Omega); \sigma > 0;$

$$a(u, v) = \int_\Omega \left(\frac{\partial u}{\partial x}\frac{\partial v}{\partial x} + \frac{\partial u}{\partial y}\frac{\partial v}{\partial y} \right) d\Omega + \int_\Gamma \sigma uv d\Gamma \,,$$

$$f(v) = \int_\Omega gv d\Omega + \int_\Gamma hv d\Gamma \,.$$

Beispiel 2.3

$-\Delta u = g, u|_{\Gamma_1} = 0, \left.\dfrac{\partial u}{\partial n}\right|_{\Gamma_2} = h_2, \dfrac{\partial u}{\partial n} + \sigma u|_{\Gamma_3} = h_3;$

$$V = \{v \in H^1(\Omega) \text{ für } v|_{\Gamma_1} = 0\}; \sigma > 0 \,;$$

$$a(u, v) = \int_\Omega \left(\frac{\partial u}{\partial x}\frac{\partial v}{\partial x} + \frac{\partial u}{\partial y}\frac{\partial v}{\partial y} \right) d\Omega + \int_{\Gamma_3} \sigma uv d\Gamma \,,$$

$$f(v) = \int_\Omega gv d\Omega + \int_{\Gamma_3} h_3 v d\Gamma + \int_{\Gamma_2} h_2 v d\Gamma \,.$$

(Voraussetzung: Das Maß von $\Gamma_1 \cup \Gamma_3$ sei positiv, insbesondere bestehe also $\Gamma_1 \cup \Gamma_3$ nicht nur aus einzelnen Punkten.)

Beispiel 2.4

$$-\frac{\partial}{\partial x}\left(a_{11}\frac{\partial u}{\partial x} + a_{21}\frac{\partial u}{\partial y}\right) - \frac{\partial}{\partial y}\left(a_{12}\frac{\partial u}{\partial x} + a_{22}\frac{\partial u}{\partial y}\right) + cu = g, \; u|_\Gamma = 0; \; V = H_0^1(\Omega);$$

$$a(u, v) = \int_\Omega \left[\left(a_{11}\frac{\partial u}{\partial x} + a_{21}\frac{\partial u}{\partial y}\right)\frac{\partial v}{\partial x} + \left(a_{12}\frac{\partial u}{\partial x} + a_{22}\frac{\partial u}{\partial y}\right)\frac{\partial v}{\partial y} + cuv\right]\mathrm{d}\Omega,$$

$$f(v) = \int_\Omega gv\mathrm{d}\Omega.$$

$$\left(\text{Voraussetzungen: } a_{11} > 0, \; a_{11}a_{22} > \left(\frac{a_{12} + a_{21}}{2}\right)^2, c \geq 0.\right)$$

Beispiel 2.5

$$-\Delta u + b_1\frac{\partial u}{\partial x} + b_2\frac{\partial u}{\partial y} + cu = g, \; u|_\Gamma = 0; \; V = H_0^1(\Omega);$$

$$a(u, v) = \int_\Omega \left(\frac{\partial u}{\partial x}\frac{\partial v}{\partial x} + \frac{\partial u}{\partial y}\frac{\partial v}{\partial y} + b_1\frac{\partial u}{\partial x}v + b_2\frac{\partial u}{\partial y}v + cuv\right)\mathrm{d}\Omega,$$

$$f(v) = \int_\Omega gv\mathrm{d}\Omega.$$

$$\left(\text{Voraussetzung: } c \geq -\frac{1}{2}\left(\frac{\partial b_1}{\partial x} + \frac{\partial b_2}{\partial y}\right).\right)$$

Beispiel 2.6

$$-\frac{\partial}{\partial x}\left(a_{11}\frac{\partial u}{\partial x} + a_{21}\frac{\partial u}{\partial y}\right) - \frac{\partial}{\partial y}\left(a_{12}\frac{\partial u}{\partial x} + a_{22}\frac{\partial u}{\partial y}\right) + cu = g, \; u|_{\Gamma_1} = 0, \; a_{11}\frac{\partial u}{\partial x}n_1 +$$

$$a_{12}\frac{\partial u}{\partial x}n_2 + a_{21}\frac{\partial u}{\partial y}n_1 + a_{22}\frac{\partial u}{\partial y}n_2\bigg|_{\Gamma_2} = h,$$

$$\left(n = \begin{pmatrix} n_1 \\ n_2 \end{pmatrix} \text{ ist der äußere Normaleneinheitsvektor von } \Gamma_2\right);$$

$$V = \{v \in H^1(\Omega) \quad \text{für} \quad v|_{\Gamma_1} = 0\} \; ;$$

$$a(u,v) = \int\limits_{\Omega} \left[\left(a_{11}\frac{\partial u}{\partial x} + a_{21}\frac{\partial u}{\partial y} \right) \frac{\partial v}{\partial x} + \left(a_{12}\frac{\partial u}{\partial x} + a_{22}\frac{\partial u}{\partial y} \right) \frac{\partial v}{\partial y} + cuv \right] d\Omega \; ,$$

$$f(v) = \int\limits_{\Omega} gv d\Omega + \int\limits_{\Gamma_2} hv d\Gamma \; .$$

$$\left(\text{Voraussetzungen: } a_{11} > 0, a_{11}a_{22} > \left(\frac{a_{12}+a_{21}}{2} \right)^2, c \geq 0, \Gamma_1 \text{ habe positives Maß.} \right)$$

Beispiel 2.7

Die Gleichungen der linearen Elastizitätstheorie.

Im zweidimensionalen Fall ist der Vektor $u = (u_1, u_2)$ der Verschiebungen gesucht mit

$$-\mu \Delta u - (\lambda + \mu) \operatorname{grad} \operatorname{div} u = g \text{ in } \Omega \; ,$$

$$u = 0 \text{ auf } \Gamma_0 \; , \quad \sum_{j=1}^{3} \sigma_{ij}(u)n_j = h_i \quad \text{auf } \Gamma_1 \; ,$$

$$(i = 1, 2), \quad (\lambda, \mu > 0 \text{ Lamé-Koeffizienten}) \; ;$$

auf Γ_0 ist die Verschiebung vorgegeben, auf Γ_1 Oberflächenkräfte je Flächeneinheit. Man wählt

$$V = \{v = (v_1, v_2) \text{ mit } v_1, v_2 \in H^1(\Omega), v_1|_{\Gamma_0} = v_2|_{\Gamma_0} = 0\}$$

und

$$a(u,v) = \int\limits_{\Omega} \left[\lambda \operatorname{div} u \operatorname{div} v + 2\mu \sum_{i,j=2}^{2} \varepsilon_{ij}(u)\varepsilon_{ij}(v) \right] d\Omega \; ,$$

$$f(v) = \int\limits_{\Omega} \sum_{i=1}^{2} g_i v_i d\Omega + \int\limits_{\Gamma_1} \sum_{i=1}^{2} h_i v_i d\Gamma$$

mit

$$\varepsilon_{11}(v) = \frac{\partial v_1}{\partial x} \; , \quad \varepsilon_{22}(v) = \frac{\partial v_2}{\partial y} \; , \quad \varepsilon_{12}(v) = \frac{1}{2}\left(\frac{\partial v_1}{\partial y} + \frac{\partial v_2}{\partial x} \right) = \varepsilon_{21}(v) \; .$$

Die Voraussetzungen des Satzes von Lax und Milgram sind erfüllt, wenn Γ_0 positives Maß besitzt.

Beispiel 2.8

Die Bewegungsgleichungen einer Flüssigkeit bei Vernachlässigung der Trägheits-
glieder (das *Stokes-Problem*).

Im zweidimensionalen Fall sucht man einen Vektor $u = (u_1, u_2)$ (die Geschwindigkeit) und einen Skalar p (Druck) mit

$$-\nu \Delta u + \text{grad } p = g \quad \text{in } \Omega \ ,$$
$$\text{div } u = 0 \quad \text{in } \Omega$$

und Randbedingungen für u auf Γ; im einfachsten Fall $u|_\Gamma = 0$. Wählt man

$$V = \left\{ v = (v_1, v_2) \text{ mit } v_1, v_2 \in H_0^1, \frac{\partial v_1}{\partial x} + \frac{\partial v_2}{\partial y} = 0 \right\} \ ,$$

so ist eine mögliche neue Formulierung

$$a(u, v) = f(v)$$

mit

$$a(u, v) = \nu \int_\Omega \left(\frac{\partial u_1}{\partial x} \frac{\partial v_1}{\partial x} + \frac{\partial u_1}{\partial y} \frac{\partial v_1}{\partial y} + \frac{\partial u_2}{\partial x} \frac{\partial v_2}{\partial x} + \frac{\partial u_2}{\partial y} \frac{\partial v_2}{\partial y} \right) \mathrm{d}\Omega \ ,$$

$$f(v) = \int_\Omega (g_1 v_1 + g_2 v_2) \mathrm{d}\Omega \ .$$

In dieser Formulierung berechnet man zunächst allein die Geschwindigkeit.

Bisher wurden stets homogene Dirichletsche Randbedingungen betrachtet. Sei
nun $u|_{\Gamma_1} = g_1$. Oft findet man ein u_0 mit $u_0|_{\Gamma_1} = g_1$. Setzt man dann

$$\bar{u} = u - u_0 \ ,$$

so genügt $\bar{u}$ einem Problem mit $\bar{u}|_{\Gamma_1} = 0$. Die Variationsgleichung

$$a(u, v) = f(v)$$

geht über in

$$a(\bar{u} + u_0, v) = f(v) \ ,$$

also in

$$a(\bar{u}, v) = f(v) - a(u_0, v) \ .$$

Da $f^*(v) = f(v) - a(u_0, v)$ eine stetige Linearform auf V ist, bleibt der Satz von
Lax und Milgram anwendbar.

Wir untersuchen nun genauer die Frage, wie man den Raum V_h (*den Raum der
finiten Elemente*) konstruiert. Dazu gehen wir aus von einer *zulässigen Zerlegung des
Gebietes*, d.h. einer Zerlegung mit den schon eingeführten Eigenschaften (Z 1),
(Z 2), (Z 3):

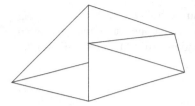

Abbildung 2.5 Nicht zulässige Zerlegung.

(Z 1) $\bar{\Omega} = \cup_{i=1}^{M} K_i$.

(Z 2) Der Rand von K_i gehört zu K_i, und das Innere von K_i sei ein zulässiges Gebiet.

(Z 3) K_i und K_j ($i \neq j$) haben höchstens Randpunkte gemeinsam.

Im zweidimensionalen Fall sind die K_i i. allg. Dreiecke oder Vierecke. Es ist klar, dass man nur polygonal berandete Gebiete dann entsprechend zerlegen kann. Mit der Frage der Behandlung allgemeiner Gebiete beschäftigen wir uns in Kapitel 5. Wir fordern für eine zulässige Zerlegung in Dreiecke oder Vierecke weiter:

(Z 4) Die Menge der gemeinsamen Punkte zweier Elemente K_i, K_j der Zerlegung besteht aus einem Eckpunkt von K_i und K_j oder einer Seite $b_l b_m$ der Dreiecke (bzw. Vierecke) K_i und K_j, wobei b_l und b_m Eckpunkte von K_i und K_j sind.

Ausgeschlossen werden damit Zerlegungen von in Abb. 2.5 dargestelltem Typ. Manchmal werden auch schon allein die K_i als finite Elemente bezeichnet. Wir bezeichnen K_i als *Element der Zerlegung* und lassen auch manchmal den Index i weg, wenn gemeint ist, dass die dann aufgeführte Eigenschaft für alle Elemente der Zerlegung gelten soll.

Hat man eine Funktion $v_h \in V_h$ gegeben, so ist diese Funktion auf jedem Element K definiert. Wir bezeichnen mit P_K die Menge aller so auf K definierten Funktionen, wenn man für die v_h nacheinander alle Funktionen aus V_h wählt. Bei der praktischen Berechnung erfolgt die Konstruktion von V_h nun genau in der umgekehrten Richtung: Man gibt sich auf den Elementen K der Zerlegung gewisse Funktionenräume P_K vor und definiert so V_h. Dabei ist zu beachten, dass einmal die Funktionen aus P_K einfach sein müssen, zum anderen muss gesichert sein, dass V_h in V liegt. Oft wählt man für die P_K Räume von Polynomen. Unter Berücksichtigung von Lemma 2.1 hat man dann nur noch zu gewährleisten, dass die Polynome auf den einzelnen Elementen so zusammenpassen, dass insgesamt eine stetige Funktion entsteht. *K heißt zusammen mit dem auf dem Element definierten Raum P_K finites Element.*

Bei der Wahl des Raumes der finiten Elemente V_h sind folgende zwei Schritte erforderlich:

1. Zulässige Zerlegung des Gebietes in Drei- oder Vierecke K_i.
2. Auf jedem Element K_i wird eine Menge von Polynomen P_{K_i} so gewählt, dass im Ausgangsgebiet eine Menge stetiger Funktionen definiert wird.

Im nächsten Abschnitt geben wir konkrete Räume finiter Elemente an. Es zeigt sich, dass bei dieser Konstruktion von V_h Basisfunktionen w_i derart existieren, dass die w_i die bei der Beschreibung der Grundzüge der Methode aufgezeigten Eigenschaften besitzen.

2.1.6
Beispiele von finiten Elementen

a) Dreieckelemente

Wir nehmen an, ein polygonal berandetes Gebiet sei zulässig durch Dreiecke zerlegt. Ein Dreieck K der Zerlegung habe die Eckpunkte b_1, b_2, b_3, es sei etwa $b_1 = (x_1, y_1)$. Ein Polynom ersten Grades in x und y

$$p = d_0 + d_1 x + d_2 y$$

ist eindeutig durch Vorgabe seiner Werte $p(b_1), p(b_2), p(b_3)$ in den Punkten b_1, b_2, b_3 bestimmt. Das Gleichungssystem

$$\begin{bmatrix} 1 & x_1 & y_1 \\ 1 & x_2 & y_2 \\ 1 & x_3 & y_3 \end{bmatrix} \begin{bmatrix} d_0 \\ d_1 \\ d_2 \end{bmatrix} = \begin{bmatrix} p(b_1) \\ p(b_2) \\ p(b_3) \end{bmatrix}$$

besitzt nämlich eine eindeutige Lösung, weil der Betrag der Determinante der Koeffizientenmatrix gleich dem zweifachen Flächeninhalt von K ist. Die $p(b_i)$ heißen *Freiheitsgrade des finiten Elements*.

Wir legen nun fest: P_K ist die Menge aller Polynome ersten Grades $P_1(K)$ auf K mit den Freiheitsgraden $p(b_i)$. K heißt dann auch *Courantsches Dreieck*. Ein Element v_h des Raumes V_h ist jetzt bestimmt durch:

(i) v_h ist auf jedem Dreieck K ein Polynom ersten Grades;
(ii) v_h sei eindeutig bestimmt durch die Vorgabe von Werten in allen Ecken der Dreiecke der Zerlegung.

Die Menge aller Eckpunkte der Dreiecke der Zerlegung sei $\{b_i\}$, $i = 1, \ldots, N$. Die Menge aller $p(b_i)$ heißt *Menge der Freiheitsgrade von v_h*. Es ist noch zu begründen, dass v_h stetig ist.

K_1 und K_2 mögen zwei aneinandergrenzende Dreiecke sein (s. Abb. 2.6). Auf $b_k b_l$ ist v_h ein Polynom ersten Grades in einer Variablen (eine der Variablen kann man mit Hilfe der Gleichung der Geraden durch b_k und b_l eliminieren). Solch ein Polynom ist durch Vorgabe der Werte in b_k und b_l eindeutig bestimmt, d. h., man kommt zu demselben Polynom ersten Grades in einer Variablen unabhängig davon, ob man K_1 oder K_2 betrachtet. Also ist v_h stetig. In dem so definierten Raum der finiten Elemente V_h sind die Funktionen w_k mit

$$w_k(b_l) = \begin{cases} 1, & k = l \\ 0, & k \neq l \end{cases} \quad (k, l = 1, \ldots, N)$$

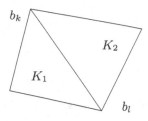

b_l **Abbildung 2.6** Stetigkeit über Elementgrenzen.

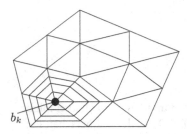

Abbildung 2.7 Höhenlinien der zu b_k gehörenden Basisfunktion.

Basisfunktionen. In jedem Element, welches die Ecke b_k nicht enthält, ist die Basisfunktion w_k identisch Null (s. Abb. 2.7). Damit haben die Basisfunktionen tatsächlich die bei der Beschreibung der Grundzüge der Methode aufgezeigten Eigenschaften.

Unser eben konstruierter Raum finiter Elemente ist Teilraum des H^1, er wäre also geeignet zur Behandlung von Differentialgleichungen zweiter Ordnung mit Neumannschen Randbedingungen. Beim Vorliegen von Dirichletschen Randbedingungen benötigt man einen Teilraum des H_0^1. Zur Konstruktion eines entsprechenden Raumes finiter Elemente muss man nur die obige Vorgehensweise ein wenig modifizieren. Man fordert lediglich zusätzlich

$$v_h(b_i) = 0 \, ,$$

wenn b_i eine Ecke auf dem Rand ist. Die Eckpunkte im Innern seien $b_1, \ldots, b_{N^*}$, die auf dem Rand $b_{N^*+1}, \ldots, b_N$. Basisfunktionen w_k sind dann gekennzeichnet durch

$$w_k(b_l) = \begin{cases} 1, & k = l \\ 0, & k \neq l \end{cases} \quad (l, k = 1, \ldots, N^*) \, .$$

Ähnlich geht man vor, wenn nur auf einem Teil des Randes Dirichlet-Bedingungen vorliegen.

Zur Beschreibung weiterer finiter Elemente ist es zweckmäßig, *Dreieckskoordinaten* (auch: barynzentrische Koordinaten) zu benutzen. Dreieckskoordinaten sind auf ein festes Dreieck K mit den Ecken b_1, b_2, b_3 bezogene Koordinaten $\lambda_1(z)$, $\lambda_2(z)$, $\lambda_3(z)$. Für gegebenes z mit $z = (x, y)$ sind $\lambda_1, \lambda_2, \lambda_3$ die Lösungen des Gleichungs-

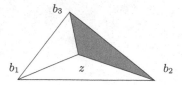

Abbildung 2.8 Interpretation der Dreieckskoordinate λ_1 als Anteil der Gesamtfläche.

systems

$$
\begin{bmatrix} x_1 & x_2 & x_3 \\ y_1 & y_2 & y_3 \\ 1 & 1 & 1 \end{bmatrix}
\begin{bmatrix} \lambda_1 \\ \lambda_2 \\ \lambda_3 \end{bmatrix}
=
\begin{bmatrix} x \\ y \\ 1 \end{bmatrix}
$$

(b_i habe wieder die Koordinaten (x_i, y_i)). Die Eckpunkte b_1, b_2, b_3 haben folglich die Dreieckskoordinaten $(1, 0, 0)$, $(0, 1, 0)$ und $(0, 0, 1)$. Nach der Cramerschen Regel ist

$$
\lambda_1(z) = \lambda_1(x, y) = \frac{\begin{vmatrix} x & x_2 & x_3 \\ y & y_2 & y_3 \\ 1 & 1 & 1 \end{vmatrix}}{\begin{vmatrix} x_1 & x_2 & x_3 \\ y_1 & y_2 & y_3 \\ 1 & 1 & 1 \end{vmatrix}} .
$$

$\lambda_1(x, y)$ ist also eine lineare Funktion in x und y, und es gilt (s. Abb. 2.8)

$$
\lambda_1 = \frac{\text{Fläche des Dreiecks } z\, b_2\, b_3}{\text{Fläche des Dreiecks } b_1\, b_2\, b_3} \ ;
$$

analog

$$
\lambda_2 = \frac{\text{Fläche des Dreiecks } b_1\, z\, b_3}{\text{Fläche des Dreiecks } b_1\, b_2\, b_3} \ ,
$$

$$
\lambda_3 = \frac{\text{Fläche des Dreiecks } b_1\, b_2\, z}{\text{Fläche des Dreiecks } b_1\, b_2\, b_3} \ .
$$

Zum Beispiel folgt aus dieser geometrischen Interpretation sofort: Jeder Punkt auf der Geraden durch b_2 und b_3 hat die Koordinate $\lambda_1 = 0$, für den Schwerpunkt des Dreiecks gilt $\lambda_1 = \lambda_2 = \lambda_3 = \frac{1}{3}$.

Mit Hilfe von Dreieckskoordinaten kann man jetzt das Polynom ersten Grades in x und y mit vorgegebenem $p(b_i)$ schreiben als

$$
p = \sum_{i=1}^{3} p(b_i)\lambda_i \ ,
$$

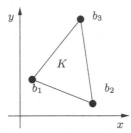 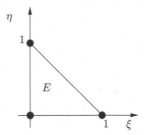

Abbildung 2.9 Abbildung eines beliebigen Dreiecks K auf das Einheitsdreieck E.

denn λ_i ist ja Polynom ersten Grades und $\lambda_i(b_j) = \delta_{ij}$, wobei δ_{ij} das Kronecker-Symbol bezeichnet. Die Polynome $\lambda_1(z), \lambda_2(z), \lambda_3(z)$ sind Basisfunktionen im $P_1(K)$; die Basisfunktionen in P_K heißen auch *Formfunktionen*. Die eben konstruierten finiten Elemente heißen *Dreieckelemente vom Typ 1* (oder auch *Courant-Dreiecke*). Der Nachteil von Dreieckskoordinaten (drei Koordinaten im zweidimensionalen Fall) fällt gegenüber den Vorteilen nicht ins Gewicht. Die Dreieckskoordinaten sind symmetrisch und transformationsunabhängig.

Setzt man etwa $\lambda_1 = \xi, \lambda_2 = \eta$, dann ist $\lambda_3 = 1 - \xi - \eta$ und man hat gleichzeitig auf das *Einheitsdreieck E* (s. Abb. 2.9) transformiert.

Wir kommen nun zu *Dreieckelementen vom Typ 2*. Die Mittelpunkte der Seiten eines Dreiecks mit den Ecken b_1, b_2, b_3 seien

$$b_{ij} = \frac{1}{2}(b_i + b_j) \,.$$

P_K sei nun die Menge aller Polynome zweiten Grades $P_2(K)$ auf K mit den sechs Freiheitsgraden $p(b_i)$, $p(b_{ij})$ (s. Abb. 2.10).

Die Gleichung der Geraden durch b_2, b_3 ist $\lambda_1 = 0$, die Gleichung der Geraden durch b_{13} und b_{12} ist $\lambda_1 - \frac{1}{2} = 0$. Deswegen ist $\lambda_1(\lambda_1 - \frac{1}{2})$ ein Polynom zweiten Grades mit der Eigenschaft, dass $\lambda_1(\lambda_1 - \frac{1}{2})$ in b_2, b_3, b_{23}, b_{13} und b_{23} verschwindet, also ist $\lambda_1(2\lambda_1 - 1)$ eine Formfunktion. Ähnlich verschwindet $\lambda_1\lambda_2$ in $b_2, b_3, b_{23}, b_1, b_{13}$, also ist wegen $\lambda_1(b_{12}) = \lambda_2(b_{12}) = \frac{1}{2}$ das Polynom $4\lambda_1\lambda_2$ eine Formfunktion. Die sechs Formfunktionen sind insgesamt

$$p_i = \lambda_i(2\lambda_i - 1), \quad i = 1, 2, 3 \,,$$
$$p_{ij} = 4\lambda_i\lambda_j, \quad i, j = 1, 2, 3, \quad i < j \,.$$

Man kann ähnlich wie für Elemente vom Typ 1 zeigen, dass jede Funktion $v_h \in V$ des so definierten Raumes finiter Elemente stetig ist. Die Überlegungen in bezug auf Basisfunktionen in V_h sind auch völlig analog, ebenso ist es mit der Berücksichtigung von Dirichletschen Randbedingungen. Wir verzichten auf eine Wiederholung dieser Ausführungen und geben im folgenden auch stets nur noch die Definition von P_K und die entsprechende Formfunktion an.

Dreieckelemente vom Typ 3 sind gekennzeichnet durch $P_K = P_3(K)$, also durch die Verwendung von Polynomen dritten Grades. Die 10 Freiheitsgrade sind $p(b_i)$,

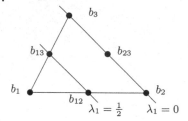

Abbildung 2.10 Dreieckselement vom Typ 2.

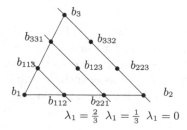

Abbildung 2.11 Dreieckselement vom Typ 3.

$p(b_{iij})$ $(i \neq j)$ und $p(b_{123})$. Dabei ist

$$b_{iij} = \frac{2}{3}b_i + \frac{1}{3}b_j \,, \quad i \neq j \,,$$

und

$$b_{123} = \frac{1}{3}(b_1 + b_2 + b_3)$$

ist der Schwerpunkt des Dreiecks (s. Abb. 2.11). Ähnlich wie oben kommt man zu den 10 Formfunktionen

$$p_i = \frac{1}{2}\lambda_i(3\lambda_i - 1)(3\lambda_i - 2) \,, \quad i = 1, 2, 3 \,,$$

$$p_{iij} = \frac{9}{2}\lambda_i\lambda_j(3\lambda_i - 1) \,, \quad i, j = 1, 2, 3 \quad i \neq j \,,$$

$$p_{123} = 27\lambda_1\lambda_2\lambda_3 \,.$$

Man kann theoretisch den Grad der verwendeten Polynome noch weiter erhöhen. Praktisch ist das aber nicht von Bedeutung. Das liegt daran, dass mit wachsendem Grad der verwendeten Polynome die Basisfunktionen in V_h die bei der Formulierung der Grundzüge der Methode dargelegte Bedingung (G 1) immer weniger gut erfüllen. Die w_i haben zwar die Eigenschaft, nur in einem kleinen Teil Ω_i von Ω (bei Zerlegung in entsprechend viele Elemente) von Null verschieden zu sein, die Menge aller i und j, für die Ω_i und Ω_j keinen Punkt gemeinsam haben, nimmt aber bei festem N mit Erhöhung des Polynomgrades ab.

Wir geben noch Beispiele von Räumen finiter Elemente an, wo P_K nicht aus allen Polynomen von einem bestimmten Grad besteht. Wir definieren auf dem Element K Formfunktionen durch

$$p_i = \lambda_i(2\lambda_i - 1), \quad i = 1, 2, 3\,,$$

$$p_{ij} = 4\lambda_i\lambda_j, \quad i, j = 1, 2, 3 \quad (i < j)\,,$$

$$p_{123} = 27\lambda_1\lambda_2\lambda_3\,;$$

die 7 Freiheitsgrade sind $p(b_i)$, $p(b_{ij})$ $(i < j)$ und $p(b_{123})$. Den entsprechenden Raum finiter Elemente bezeichnen wir als Raum von *Elementen vom Typ 2**.

Schließlich als letztes Beispiel *Elemente vom Typ 3'*. P_K bestehe aus allen Polynomen dritten Grades mit der Eigenschaft

$$12p(b_{123}) = -2\sum_{i=1}^{3} p(b_i) + 3 \sum_{\substack{i,j=1 \\ i \neq j}}^{3} p(b_{iij})\,.$$

Tabelle 2.1 Übersicht über Dreieckselemente.

Typ	Freiheitsgrade	P_K	Formfunktionen	Anzahl
1		P_1	λ_i	3
2		P_2	$\lambda_i(2\lambda_i - 1), 4\lambda_i\lambda_j\ (i < j)$	6
2*		$P_2 \subset P_K \subset P_3$	$\lambda_i(2\lambda_i - 1), 4\lambda_i\lambda_j\ (i < j),$ $27\lambda_1\lambda_2\lambda_3$	7
3'		$P_2 \subset P_K \subset P_3$	$\frac{1}{2}\lambda_i(3\lambda_i - 1)(3\lambda_i - 2) - \frac{9}{2}\lambda_1\lambda_2\lambda_3,$ $\frac{9}{2}\lambda_i\lambda_j(3\lambda_i - 1) + \frac{27}{4}\lambda_1\lambda_2\lambda_3$ $(i \neq j)$	9
3		P_3	$\frac{1}{2}\lambda_i(3\lambda_i - 1)(3\lambda_i - 2),$ $\frac{9}{2}\lambda_i\lambda_j(3\lambda_i - 1), (i \neq j)$ $27\lambda_1\lambda_2\lambda_3$	10

Die 9 Freiheitsgrade sind $p(b_i)$, $p(b_{iij})$ $(i \neq j)$, die entsprechenden 9 Formfunktionen

$$p_i = \frac{1}{2}\lambda_i(3\lambda_i - 1)(3\lambda_i - 2) - \frac{9}{2}\lambda_1\lambda_2\lambda_3, \quad i = 1, 2, 3,$$

$$p_{iij} = \frac{9}{2}\lambda_i\lambda_j(3\lambda_i - 1) + \frac{27}{4}\lambda_1\lambda_2\lambda_3, \quad (i \neq j).$$

Man kann zeigen, dass jedes Polynom zweiten Grades in P_K liegt (vgl. Tab. 2.1).

b) Rechteckelemente

Wir nehmen an, ein polygonal berandetes Gebiet sei zulässig zerlegt mit Hilfe von achsenparallelen Rechtecken. Ein Rechteck K sei gekennzeichnet durch

$$x_1 \leq x \leq x_2, \quad y_1 \leq y \leq y_2$$

und habe die Eckpunkte b_i $(i = 1, \ldots, 4)$.

Rechteckelemente vom Typ 1 sind gekennzeichnet durch $P_K = Q_1$, dabei ist Q_1 der Raum aller der in jeder der beiden Variablen x und y linearen Polynome über K. Das Polynom xy gehört also zum Beispiel zu Q_1, das Polynom $x^2 + y^2$ nicht. Die Freiheitsgrade sind die Werte in den Eckpunkten (s. Abb. 2.12). Die Formfunktionen sind

$$p_1 = \frac{x - x_2}{x_1 - x_2}\frac{y - y_2}{y_1 - y_2}, \quad p_2 = \frac{x - x_1}{x_2 - x_1}\frac{y - y_2}{y_1 - y_2},$$

$$p_3 = \frac{x - x_1}{x_2 - x_1}\frac{y - y_1}{y_2 - y_1}, \quad p_4 = \frac{x - x_2}{x_1 - x_2}\frac{y - y_1}{y_2 - y_1}.$$

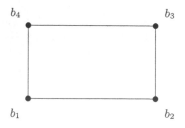

Abbildung 2.12 Rechteckelement vom Typ 1.

Rechteckelemente vom Typ 2 sind gekennzeichnet durch $P_K = Q_2$ (das sind Polynome, quadratisch in jeder einzelnen Variablen) und durch die Freiheitsgrade $p(b_i)$, $p(b_{ij})$, $p(b_{1234})$ (s. Abb. 2.13).

Formfunktionen sind die 9 möglichen Produkte aus den Polynomen 2. Grades

$$\frac{x - \dfrac{x_1 + x_2}{2}}{x_1 - \dfrac{x_1 + x_2}{2}}\frac{x - x_2}{x_1 - x_2}, \quad \frac{x - x_1}{\dfrac{x_1 + x_2}{2} - x_1}\frac{x - x_2}{\dfrac{x_1 + x_2}{2} - x_2},$$

$$\frac{x - \dfrac{x_1 + x_2}{2}}{x_2 - \dfrac{x_1 + x_2}{2}}\frac{x - x_1}{x_2 - x_1}$$

und den Polynomen 2. Grades

$$\frac{y - \dfrac{y_1 + y_2}{2}}{y_1 - \dfrac{y_1 + y_2}{2}} \; \frac{y - y_2}{y_1 - y_2}, \qquad \frac{y - y_1}{\dfrac{y_1 + y_2}{2} - y_1} \; \frac{y - y_2}{\dfrac{y_1 + y_2}{2} - y_2},$$

$$\frac{y - \dfrac{y_1 + y_2}{2}}{y_2 - \dfrac{y_1 + y_2}{2}} \; \frac{y - y_1}{y_2 - y_1}.$$

Ähnlich kann man Rechteckelemente von Typ 3, Typ 4 usw. definieren.

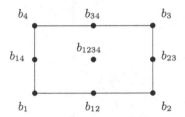

Abbildung 2.13 Rechteckelement vom Typ 2.

Rechteckelemente vom Typ 2′ sind in Q_2 enthaltene Polynome mit

$$4p(b_{1234}) = -\sum_{i=1}^{4} p(b_i) + 2\sum_{i=1}^{4} p(b_{i,i+1}) \; ;$$

ihre 8 Freiheitsgrade sind also nur noch die $p(b_i)$ und die $p(b_{i,i+1})$ wobei wir $b_{45} = b_{14}$ angenommen haben. Die 8 Formfunktionen werden folgendermaßen bestimmt. Es seien p_1, p_2, p_3, p_4 die vier Formfunktionen des Elementes vom Typ 2, die den b_i entsprechen, p_5, p_6, p_7, p_8 die den $b_{i,i+1}$ entsprechenden Formfunktionen und p_9 die zu b_{1234} gehörende. Es sei nun

$$p_i^* = p_i + \gamma_1 p_9 , \quad i = 1, \ldots, 4 ,$$
$$p_i^* = p_i + \gamma_2 p_9 , \quad i = 5, \ldots, 8 .$$

Die p_i^* besitzen die Eigenschaften von Formfunktionen, genügen aber der obigen Bedingung noch nicht. Aus

$$4\gamma_1 = -1 , \quad 4\gamma_2 = 2$$

ergibt sich $\gamma_1 = -\frac{1}{4}, \gamma_2 = \frac{1}{2}$; mit diesen Werten sind die p_i^* Formfunktionen in dem definierten Raum. Die oben definierte Bedingung ist wieder gerade so gewählt, dass jedes Polynom zweiten Grades in x und y sie erfüllt.

Man kann ähnlich Elemente vom Typ 3′ definieren. Die in den Übersichten (vgl. Tab. 2.1 und 2.2) aufgelisteten Dreieck- und Rechteckelemente nennt man auch *Elemente vom Lagrange-Typ*, weil die Freiheitsgrade nur Werte der Funktion selber

Tabelle 2.2 Übersicht über Rechteckelemente.

Typ	Freiheitsgrade	P_K	Formfunktionen $\quad -1 \leq x \leq +1, -1 \leq y \leq +1$	Anzahl
1		Q_1	$\frac{1}{4}(1-x)(1-y), \frac{1}{4}(1+x)(1-y), \frac{1}{4}(1+x)(1+y), \frac{1}{4}(1-x)(1+y),$	4
2		Q_2	$\frac{1}{4}x(1-x)y(1-y), -\frac{1}{2}(1-x)(1+x)y(1-y), -\frac{1}{4}x(1+x)y(1-y),$ $-\frac{1}{2}x(1-x)(1-y)(1+y), (1-x)(1+x)(1-y)(1+y), \frac{1}{2}x(1+x)(1-y)(1+y),$ $-\frac{1}{4}x(1-x)y(1+y), \frac{1}{2}(1-x)(1+x)y(1+y), \frac{1}{4}x(1+x)y(1+y),$	9
2'		$P_2 \subset P_K \subset Q_2$	$\frac{1}{4}x(1-x)y(1-y) - \frac{1}{4}p_9, -\frac{1}{2}(1-x)(1+x)y(1-y) + \frac{1}{2}p_9,$ $-\frac{1}{4}x(1+x)y(1-y) - \frac{1}{4}p_9, -\frac{1}{2}x(1-x)(1-y)(1+y) + \frac{1}{2}p_9,$ $\frac{1}{2}x(1+x)(1-y)(1+y) + \frac{1}{2}p_9, -\frac{1}{4}x(1-x)y(1+y) - \frac{1}{4}p_9,$ $\frac{1}{2}(1-x)(1+x)y(1+y) + \frac{1}{2}p_9, \frac{1}{4}x(1+x)y(1+y) - \frac{1}{4}p_9,$ $p_9 = (1-x)(1+x)(1-y)(1+y)$	8

(und nicht ihrer Ableitungen) sind. Elemente von diesem Typ sind zunächst für Randwertprobleme zweiter Ordnung geeignet. Im Kapitel 7 wird gezeigt, wie man sie auch für Probleme vierter Ordnung einsetzen kann.

c) Tetraederelemente

Die Übertragung der vorgestellten Beispiele auf den 3D-Fall erfolgt völlig analog zur 2D Situation. Dazu sei das Gebiet Ω zulässig durch Tetraeder zerlegt. Die Bezeichnung der Ecken b_1, b_2, b_3, b_4 sei so gewählt, dass die Vektoren $\overrightarrow{b_1 b_2}$, $\overrightarrow{b_1 b_3}$, $\overrightarrow{b_1 b_4}$ ein Rechtssystem bilden. Die Formfunktionen

$$w_k = d_0 + d_1 x + d_2 y + d_3 z$$

werden definiert durch

$$w_k(b_l) = \begin{cases} 1, & k = l \\ 0, & k \neq l \end{cases} \quad (k, l = 1, 2, 3, 4) \, .$$

Im Einheitstetraeder E (Abb. 2.14) erhält man

$$w_1 = \lambda_1 = 1 - \xi - \eta - \zeta \, ,$$

$$w_2 = \lambda_2 = \xi \, ,$$

$$w_3 = \lambda_3 = \eta \, ,$$

$$w_4 = \lambda_4 = \zeta \, .$$

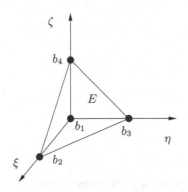

$$b_1 = (0, 0, 0)$$
$$b_2 = (1, 0, 0)$$
$$b_3 = (0, 1, 0)$$
$$b_4 = (0, 0, 1)$$

Abbildung 2.14 Einheitstetraeder.

d) Trilineare Quaderelemente

Hier wird Ω zulässig durch Quader mit den Ecken $b_1, b_2, \ldots, b_8$ zerlegt, und die Formfunktionen

$$w_k = d_0 + d_1 x + d_2 y + d_3 z + d_4 x y + d_5 y z + d_6 z x + d_7 x y z$$

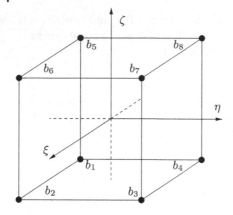

$$b_1 = (-1,-1,-1)$$
$$b_2 = (+1,-1,-1)$$
$$b_3 = (+1,+1,-1)$$
$$b_4 = (-1,+1,-1)$$
$$b_5 = (-1,-1,+1)$$
$$b_6 = (+1,-1,+1)$$
$$b_7 = (+1,+1,+1)$$
$$b_8 = (-1,+1,+1)$$

Abbildung 2.15 Einheitsquader.

werden durch

$$w_k(b_l) = \begin{cases} 1, & k = l \\ 0, & k \neq l \end{cases} \quad (k, l = 1, 2, \ldots, 8)$$

definiert. Speziell für den Einheitsquader E (vgl. Abb. 2.15) erhält man

$$w_1 = \frac{1}{8}(1-\xi)(1-\eta)(1-\zeta)\,, \quad w_5 = \frac{1}{8}(1-\xi)(1-\eta)(1+\zeta)\,,$$

$$w_2 = \frac{1}{8}(1+\xi)(1-\eta)(1-\zeta)\,, \quad w_6 = \frac{1}{8}(1+\xi)(1-\eta)(1+\zeta)\,,$$

$$w_3 = \frac{1}{8}(1+\xi)(1+\eta)(1-\zeta)\,, \quad w_7 = \frac{1}{8}(1+\xi)(1+\eta)(1+\zeta)\,,$$

$$w_4 = \frac{1}{8}(1-\xi)(1+\eta)(1-\zeta)\,, \quad w_8 = \frac{1}{8}(1-\xi)(1+\eta)(1+\zeta)\,.$$

2.2
Der Aufbau des Gleichungssystems

2.2.1
Elementmatrizen

Die Koeffizientenmatrix $A_h = [a_{ij}]_{i,j=1,\ldots,N}$ des diskreten Problems ist gekennzeichnet durch $a_{ij} = a(w_j, w_i)$, dabei sind die w_k die globalen Basisfunktionen. Oft ist $a(w_j, w_i)$ ein Integral über Ω (in einigen Fällen kommen noch Randintegrale hinzu, vgl. Abschnitt 2.1).

Wir gehen aus von einer Zerlegung $\bar{\Omega} = \cup_{i=1}^{M} K_i$ mit den Eigenschaften (Z1)–(Z4), $a_\mu(w_i, w_j)$ sei die Einschränkung des $a(w_i, w_j)$ definierenden Integrals auf K_μ. Es sei

$$a_{ij}^\mu = a_\mu(w_j, w_i) \quad \text{und} \quad A_h^\mu = \left[a_{ij}^\mu \right]\,.$$

Dann gilt

$$A_h = \sum_{\mu=1}^{M} A_h^{\mu} \,.$$

Die Matrix A_h^{μ} heißt *Elementmatrix*. Da die Basisfunktionen nur auf wenigen K_{μ} von Null verschieden sind, gilt $a_{ij}^{\mu} \neq 0$ nur für einige i und j. Deshalb bezeichnet man die durch Streichen der Nullzeilen und Nullspalten entstehende Matrix ebenfalls als Elementmatrix.

Der entscheidende Vorteil ist, dass man zur Berechnung der Matrizen A_h^{μ} nicht die globalen Basisfunktionen benötigt, sondern nur die lokalen Basisfunktionen bzw. Formfunktionen.

Sei beispielsweise

$$a(w_i, w_j) = \int_{\Omega} c(x, y) \left[\frac{\partial w_i}{\partial x} \frac{\partial w_j}{\partial x} + \frac{\partial w_i}{\partial y} \frac{\partial w_j}{\partial y} \right] d\Omega \,.$$

Man kann nun natürlich i. allg. nicht bei gegebener Zerlegung von Ω und gegebenen Formfunktionen den Wert von $a(w_i, w_j)$ exakt bestimmen, wenn c eine komplizierte Funktion von x und y ist.

Im Kapitel 5 gehen wir darauf ein, mit welchen Formeln der näherungsweisen Integration man zweckmäßig arbeitet. Jetzt behandeln wir speziell das Problem der Berechnung der Elementmatrizen für den Fall

$$a(w_i, w_j) = \int_{\Omega} \left(\frac{\partial w_i}{\partial x} \frac{\partial w_j}{\partial x} + \frac{\partial w_i}{\partial y} \frac{\partial w_j}{\partial y} \right) d\Omega \,.$$

Dieser Fall ist praktisch wichtig, da er der Diskretisierung des Laplace-Operators Δ entspricht. Andere Bilinearformen behandelt man auf ähnliche Art und Weise.

2.2.2
Die Elementmatrix für eine spezielle Bilinearform und Dreieckelemente vom Typ 1

Wir betrachten ein Dreieck K_{μ} der Zerlegung des Polygons Ω und stehen vor der Aufgabe, a_{lm}^{μ} zu berechnen mit

$$a_{lm}^{\mu} = \int_{K_{\mu}} \left(\frac{\partial w_l}{\partial x} \frac{\partial w_m}{\partial x} + \frac{\partial w_l}{\partial y} \frac{\partial w_m}{\partial y} \right) dK_{\mu}$$

$$= \int_{K_{\mu}} \left[\frac{\partial w_l}{\partial x}, \frac{\partial w_l}{\partial y} \right] \begin{bmatrix} \dfrac{\partial w_m}{\partial x} \\ \dfrac{\partial w_m}{\partial y} \end{bmatrix} dK_{\mu} \,.$$

Das Dreieck K_{μ} habe die Ecken b_i, b_j, b_k. Da a_{lm}^{μ} nur dann von Null verschieden ist, wenn l und m Werte aus der Menge $\{i, j, k\}$ annehmen, besitzt die Element-

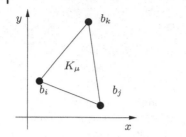 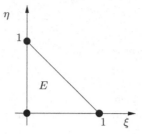

Abbildung 2.16 Transformation auf Bezugselement.

matrix A^μ_h die Form

$$
\begin{array}{ccc}
 & i & j & k \\
 & \downarrow & \downarrow & \downarrow
\end{array}
$$

$$
\begin{array}{c}
 \\
i \rightarrow \\
j \rightarrow \\
 \\
k \rightarrow \\
 \\
\end{array}
\left[
\begin{array}{ccccccc}
0 & \cdots & \cdots & \cdots & \cdots & & 0 \\
\cdots & a^\mu_{ii} & a^\mu_{ij} & \cdots & a^\mu_{ik} & \cdots \\
\cdots & a^\mu_{ji} & a^\mu_{jj} & \cdots & a^\mu_{jk} & \cdots \\
\cdots & \cdots & \cdots & \cdots & \cdots \\
\cdots & a^\mu_{ki} & a^\mu_{kj} & \cdots & a^\mu_{kk} & \cdots \\
0 & \cdots & \cdots & \cdots & \cdots & & 0 \\
\end{array}
\right].
$$

Vereinbarungsgemäß nennen wir auch

$$
\widetilde{A}^\mu_h =
\left[
\begin{array}{ccc}
a^\mu_{ii} & a^\mu_{ij} & a^\mu_{ik} \\
a^\mu_{ji} & a^\mu_{jj} & a^\mu_{jk} \\
a^\mu_{kj} & a^\mu_{kj} & a^\mu_{kk} \\
\end{array}
\right]
$$

Elementmatrix. Zur Berechnung von Elementmatrizen ist es günstig, die auftretenden Integrale auf Integrale über *Einheitselementen* oder *Bezugselementen* zu transformieren (Abb. 2.16).

b_m habe die Koordinaten (x_m, y_m), b_i werde abgebildet in $(0,0)$, b_j in $(1,0)$ und b_k in $(0,1)$. Dann gilt für die entsprechende lineare Abbildung

$$
\begin{bmatrix} x \\ y \end{bmatrix} = \begin{bmatrix} x_i \\ y_i \end{bmatrix} + \begin{bmatrix} x_j - x_i & x_k - x_i \\ y_j - y_i & y_k - y_i \end{bmatrix} \begin{bmatrix} \xi \\ \eta \end{bmatrix}
$$

bzw. mit der Abkürzung $z_{lm} = z_l - z_m$

$$
\begin{bmatrix} x \\ y \end{bmatrix} = \begin{bmatrix} x_i \\ y_i \end{bmatrix} + \begin{bmatrix} x_{ji} & x_{ki} \\ y_{ji} & y_{ki} \end{bmatrix} \begin{bmatrix} \xi \\ \eta \end{bmatrix}.
$$

Zur Berechnung des a^μ_{lm} definierenden Integrals benötigen wir nun die Funktionaldeterminante der Abbildung und müssen die Ableitungen nach x und y durch solche nach ξ und η ersetzen. Zunächst gilt für die Funktionaldeterminante

$$
D_\mu = \begin{vmatrix} \dfrac{\partial x}{\partial \xi} & \dfrac{\partial x}{\partial \eta} \\ \dfrac{\partial y}{\partial \xi} & \dfrac{\partial y}{\partial \eta} \end{vmatrix} = \begin{vmatrix} x_{ji} & x_{ki} \\ y_{ji} & y_{ki} \end{vmatrix} = 2|K_\mu| \, ;
$$

der Betrag der Funktionaldeterminante ist also eine Konstante und gleich dem Doppelten des Inhaltes $|K_\mu|$ des Dreiecks K_μ. Weiter ist

$$\frac{\partial}{\partial x} = \begin{bmatrix} \frac{\partial \xi}{\partial x} & \frac{\partial \eta}{\partial x} \end{bmatrix} \begin{bmatrix} \frac{\partial}{\partial \xi} \\ \frac{\partial}{\partial \eta} \end{bmatrix}, \quad \frac{\partial}{\partial y} = \begin{bmatrix} \frac{\partial \xi}{\partial y} & \frac{\partial \eta}{\partial y} \end{bmatrix} \begin{bmatrix} \frac{\partial}{\partial \xi} \\ \frac{\partial}{\partial \eta} \end{bmatrix}.$$

Aus

$$\begin{bmatrix} 1 \\ 0 \end{bmatrix} = \begin{bmatrix} x_{ji} & x_{ki} \\ y_{ji} & y_{ki} \end{bmatrix} \begin{bmatrix} \frac{\partial \xi}{\partial x} \\ \frac{\partial \eta}{\partial x} \end{bmatrix}$$

folgt

$$\frac{\partial \xi}{\partial x} = \frac{y_{ki}}{2|K_\mu|}, \qquad \frac{\partial \eta}{\partial x} = \frac{y_{ij}}{2|K_\mu|}$$

und analog

$$\frac{\partial \xi}{\partial y} = \frac{x_{ik}}{2|K_\mu|}, \qquad \frac{\partial \eta}{\partial y} = \frac{x_{ji}}{2|K_\mu|}.$$

Insgesamt gilt also

$$\begin{bmatrix} \frac{\partial}{\partial x} \\ \frac{\partial}{\partial y} \end{bmatrix} = \frac{1}{2|K_\mu|} \begin{bmatrix} y_{ki} & y_{ij} \\ x_{ik} & x_{ji} \end{bmatrix} \begin{bmatrix} \frac{\partial}{\partial \xi} \\ \frac{\partial}{\partial \eta} \end{bmatrix}.$$

Die Transformationsformel für Flächenintegrale liefert

$$a_{lm}^\mu = \frac{1}{2|K_\mu|} \int_E \left(\begin{bmatrix} y_{ki} & y_{ij} \\ x_{ik} & x_{ji} \end{bmatrix} \begin{bmatrix} \frac{\partial w_l}{\partial \xi} \\ \frac{\partial w_l}{\partial \eta} \end{bmatrix} \right)^\top \begin{bmatrix} y_{ki} & y_{ij} \\ x_{ik} & x_{ji} \end{bmatrix} \begin{bmatrix} \frac{\partial w_m}{\partial \xi} \\ \frac{\partial w_m}{\partial \eta} \end{bmatrix} dE$$

bzw. wegen $(AB)^\top = B^\top A^\top$

$$a_{lm}^\mu = \frac{1}{2|K_\mu|} \int_E \begin{bmatrix} \frac{\partial w_l}{\partial \xi} & \frac{\partial w_l}{\partial \eta} \end{bmatrix} \begin{bmatrix} y_{ki} & x_{ik} \\ y_{ij} & x_{ji} \end{bmatrix} \begin{bmatrix} y_{ki} & y_{ij} \\ x_{ik} & x_{ji} \end{bmatrix} \begin{bmatrix} \frac{\partial w_m}{\partial \xi} \\ \frac{\partial w_m}{\partial \eta} \end{bmatrix} dE.$$

Der Integrand ist von ξ und η unabhängig, $\int_E dE = \frac{1}{2}$. Die Formfunktionen auf E sind

$$w_i(\xi, \eta) = \lambda_i = 1 - \xi - \eta \,,$$
$$w_j(\xi, \eta) = \lambda_j = \xi \,,$$
$$w_k(\xi, \eta) = \lambda_k = \eta \,.$$

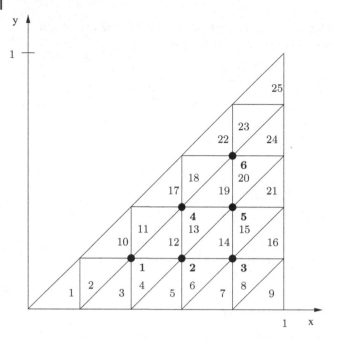

Abbildung 2.17 Zerlegung des dreieckigen Berechnungsgebietes Ω.

Damit gilt für die Elementmatrix

$$\widetilde{A}_h^\mu = \frac{1}{4|K_\mu|} \begin{bmatrix} -1 & -1 \\ 1 & 0 \\ 0 & 1 \end{bmatrix} \begin{bmatrix} y_{ki} & x_{ik} \\ y_{ij} & x_{ji} \end{bmatrix} \begin{bmatrix} y_{ki} & y_{ij} \\ x_{ik} & x_{ji} \end{bmatrix} \begin{bmatrix} -1 & 1 & 0 \\ -1 & 0 & 1 \end{bmatrix}$$

bzw.

$$\widetilde{A}_h^\mu = \frac{1}{4|K_\mu|} E_\mu E_\mu^\top \quad \text{mit} \quad E_\mu = \begin{bmatrix} y_{jk} & x_{kj} \\ y_{ki} & x_{ik} \\ y_{ij} & x_{ji} \end{bmatrix}.$$

Wir betrachten nun einmal ganz speziell die Zerlegung eines Dreiecks gemäß Abb. 2.17 und stellen die Aufgabe, das bei Anwendung der FEM (mit Dreieckelementen vom Typ 1 bei der vorgegebenen Nummerierung der Knoten) auf die Aufgabe

$$-\Delta u = g \quad \text{in } \Omega, \quad u = 0 \quad \text{auf } \Gamma$$

entstehende Gleichungssystem bzw. dessen Koeffizientenmatrix aufzubauen. Wählen wir zunächst das durch die Knoten 1, 2, 4 bestimmte Element K_{12}. Seien $i = 2$, $j = 4$ und $k = 1$. Alle Elemente besitzen den Flächeninhalt $\frac{1}{50}$. Es gilt

$$E_{12} = \begin{bmatrix} \frac{1}{5} & -\frac{1}{5} \\ 0 & \frac{1}{5} \\ -\frac{1}{5} & 0 \end{bmatrix}, \qquad E_{12} E_{12}^\top = \frac{1}{25} \begin{bmatrix} 2 & -1 & -1 \\ -1 & 1 & 0 \\ -1 & 0 & 1 \end{bmatrix},$$

	1	2	3	4	5	6
1	$\frac{1}{2}$	$-\frac{1}{2}$	•	0	•	•
2	$-\frac{1}{2}$	1	•	$-\frac{1}{2}$	•	•
3	•	•	•	•	•	•
4	0	$-\frac{1}{2}$	•	$\frac{1}{2}$	•	•
5	•	•	•	•	•	•
6	•	•	•	•	•	•

Abbildung 2.18 Einordnung der Elementmatrix K_{12} in die Gesamtmatrix.

also lautet die zugeordnete Elementmatrix

$$\widetilde{A}_h^{12} = \begin{bmatrix} 1 & -\frac{1}{2} & -\frac{1}{2} \\ -\frac{1}{2} & \frac{1}{2} & 0 \\ -\frac{1}{2} & 0 & \frac{1}{2} \end{bmatrix}.$$

Demnach besitzt der Beitrag von K_{12} zur Gesamtmatrix die in Abb. 2.18 angegebene Form.

Analog behandelt man K_{13}, K_{14}, K_{19}. Man erhält in unserem Beispiel stets die gleichen Matrizen, die nur an der richtigen Stelle entsprechend der anderen Innenknoten in die Gesamtmatrix eingeordnet werden müssen.

Die Berechnung der Elementmatrizen für Randelemente erfolgt ähnlich. Man lässt lediglich die den Randknoten (in Abb. 2.17 nicht nummeriert) entsprechenden Zeilen und Spalten nach der Berechnung weg. Beispielsweise gilt

$$\widetilde{A}_h^2 = \begin{bmatrix} \frac{1}{2} \end{bmatrix};$$

in der Gesamtmatrix liefert dies an der Stelle $(1,1)$ den Beitrag $\frac{1}{2}$; ferner ist

$$\widetilde{A}_h^4 = \begin{bmatrix} 1 & -\frac{1}{2} \\ -\frac{1}{2} & \frac{1}{2} \end{bmatrix};$$

diese Matrix wird in der linken oberen Ecke der Gesamtmatrix eingefügt. Insgesamt ergeben die 25 Elemente die in Abb. 2.19 angegebenen Beiträge zur Gesamtmatrix. Summation ergibt schließlich für die Gesamtmatrix

$$A_h = \begin{bmatrix} 4 & -1 & 0 & 0 & 0 & 0 \\ -1 & 4 & -1 & -1 & 0 & 0 \\ 0 & -1 & 4 & 0 & -1 & 0 \\ 0 & -1 & 0 & 4 & -1 & 0 \\ 0 & 0 & -1 & -1 & 4 & -1 \\ 0 & 0 & 0 & 0 & -1 & 4 \end{bmatrix}.$$

Wesentlich ist hier die Bandstruktur von A_h, die für die FEM typisch ist.

	1	2	3	4	5	6
1	$\frac{1}{2}(2)$ $1(10)$ $\frac{1}{2}(3)$ $\frac{1}{2}(11)$ $1(4)$ $\frac{1}{2}(12)$	$-\frac{1}{2}(4)$ $-\frac{1}{2}(12)$				
2	$-\frac{1}{2}(4)$ $-\frac{1}{2}(12)$	$\frac{1}{2}(4)$ $1(12)$ $\frac{1}{2}(5)$ $\frac{1}{2}(13)$ $1(6)$ $\frac{1}{2}(14)$	$-\frac{1}{2}(6)$ $-\frac{1}{2}(14)$	$-\frac{1}{2}(12)$ $-\frac{1}{2}(13)$		
3		$-\frac{1}{2}(6)$ $-\frac{1}{2}(14)$	$\frac{1}{2}(6)$ $1(14)$ $\frac{1}{2}(7)$ $\frac{1}{2}(15)$ $1(8)$ $\frac{1}{2}(16)$	$-\frac{1}{2}(6)$ $-\frac{1}{2}(14)$	$-\frac{1}{2}(14)$ $-\frac{1}{2}(15)$	
4		$-\frac{1}{2}(12)$ $-\frac{1}{2}(13)$		$\frac{1}{2}(11)$ $1(17)$ $\frac{1}{2}(12)$ $\frac{1}{2}(18)$ $1(13)$ $\frac{1}{2}(19)$	$-\frac{1}{2}(13)$ $-\frac{1}{2}(19)$	
5			$-\frac{1}{2}(14)$ $-\frac{1}{2}(15)$	$-\frac{1}{2}(13)$ $-\frac{1}{2}(19)$	$\frac{1}{2}(13)$ $1(19)$ $\frac{1}{2}(14)$ $\frac{1}{2}(20)$ $1(15)$ $\frac{1}{2}(21)$	$-\frac{1}{2}(19)$ $-\frac{1}{2}(20)$
6					$-\frac{1}{2}(19)$ $-\frac{1}{2}(20)$	$\frac{1}{2}(18)$ $1(22)$ $\frac{1}{2}(19)$ $\frac{1}{2}(23)$ $1(20)$ $\frac{1}{2}(24)$

Abbildung 2.19 Beiträge zur Gesamtmatrix.

2.2.3
Die Elementmatrix für Dreieckelemente vom Typ 2

K_μ habe wieder die Ecken b_i, b_j, b_k, die Mittelpunkte der Seiten seien $b_\alpha, b_\beta, b_\gamma$ (s. Abb. 2.20).

Wieder wird eine lineare Transformation auf das Einheitsdreieck durchgeführt. Wir gehen aus von

$$w_i = \lambda_1(2\lambda_1 - 1)\,, \quad w_\alpha = 4\lambda_2\lambda_3\,,$$
$$w_j = \lambda_2(2\lambda_2 - 1)\,, \quad w_\beta = 4\lambda_1\lambda_3\,,$$
$$w_k = \lambda_3(2\lambda_3 - 1)\,, \quad w_\gamma = 4\lambda_1\lambda_2$$

mit

$$\lambda_1 = 1 - \xi - \eta\,, \quad \lambda_2 = \xi\,, \quad \lambda_3 = \eta\,.$$

Daraus folgt

$$\frac{\partial w_i}{\partial \xi} = 4\lambda_1 \frac{\partial \lambda_1}{\partial \xi} - \frac{\partial \lambda_1}{\partial \xi} = -4\lambda_1 + 1\,, \qquad \frac{\partial w_i}{\partial \eta} = -4\lambda_1 + 1\,,$$

$$\frac{\partial w_j}{\partial \xi} = 4\lambda_2 \frac{\partial \lambda_2}{\partial \xi} - \frac{\partial \lambda_2}{\partial \xi} = 4\lambda_2 - 1\,, \qquad \frac{\partial w_j}{\partial \eta} = 0\,,$$

$$\frac{\partial w_k}{\partial \xi} = 4\lambda_3 \frac{\partial \lambda_3}{\partial \xi} - \frac{\partial \lambda_3}{\partial \xi} = 0\,, \qquad \frac{\partial w_k}{\partial \eta} = 4\lambda_3 - 1\,,$$

$$\frac{\partial w_\alpha}{\partial \xi} = 4\lambda_2 \frac{\partial \lambda_3}{\partial \xi} + 4\frac{\partial \lambda_2}{\partial \xi}\lambda_3 = 4\lambda_3\,, \qquad \frac{\partial w_\alpha}{\partial \eta} = 4\lambda_2\,,$$

$$\frac{\partial w_\beta}{\partial \xi} = 4\lambda_1 \frac{\partial \lambda_3}{\partial \xi} + 4\frac{\partial \lambda_1}{\partial \xi}\lambda_3 = -4\lambda_3\,, \qquad \frac{\partial w_\beta}{\partial \eta} = 4\lambda_1 - 4\lambda_3\,,$$

$$\frac{\partial w_\gamma}{\partial \xi} = 4\lambda_1 \frac{\partial \lambda_2}{\partial \xi} + 4\lambda_2\frac{\partial \lambda_1}{\partial \xi} = 4\lambda_1 - 4\lambda_2\,, \qquad \frac{\partial w_\gamma}{\partial \eta} = -4\lambda_2\,.$$

Die Elementmatrix $\widetilde{A}_h^\mu$ hat jetzt das Format 6×6; es gilt

$$\widetilde{A}_h^\mu = \frac{1}{2|K_\mu|} \int_E F_1 F_2 F_2^\top F_1^\top \, \mathrm{d}E \tag{2.11}$$

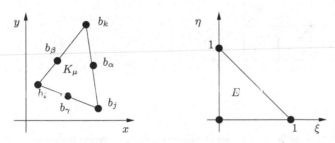

Abbildung 2.20 Transformation auf Bezugselement.

mit

$$F_2 = \begin{bmatrix} y_{ki} & x_{ik} \\ y_{ij} & x_{ji} \end{bmatrix}$$

und

$$F_1 = \begin{bmatrix} -4\lambda_1 + 1 & -4\lambda_1 + 1 \\ 4\lambda_2 - 1 & 0 \\ 0 & 4\lambda_3 - 1 \\ 4\lambda_3 & 4\lambda_2 \\ -4\lambda_3 & 4\lambda_1 - 4\lambda_3 \\ 4\lambda_1 - 4\lambda_2 & -4\lambda_2 \end{bmatrix}.$$

Unter Benutzung der Formeln

$$\int_E \lambda_i \lambda_j \, \mathrm{d}E = \frac{1}{24}, \quad i \neq j \,,$$

$$\int_E \lambda_i^2 \, \mathrm{d}E = \frac{1}{12}, \quad \int_E \lambda_i \, \mathrm{d}E = \frac{1}{6}$$

kann man die Elementmatrix explizit berechnen. Wir tun dies für eine regelmäßige Dreieckszerlegung mit einer Kathetenlänge von 1 gemäß Abb. 2.21. Dann ergibt sich für jedes Element (der Knoten mit dem zugeordneten Innenwinkel $\pi/2$ sei Knoten j)

$$\frac{1}{2|K_\mu|} F_2 F_2^\top = \begin{bmatrix} 2 & -1 \\ -1 & 1 \end{bmatrix},$$

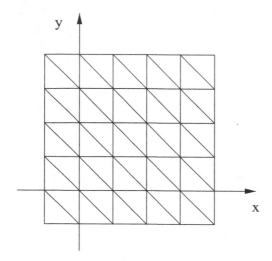

Abbildung 2.21 Dreiecksgitter zur Berechnung der Elementmatrix für Dreieckselemente vom Typ 2.

damit vereinfacht sich (2.11) erheblich. Trotzdem macht es noch etwas Mühe,

$$\int\limits_E F_1 \begin{bmatrix} 2 & -1 \\ -1 & 1 \end{bmatrix} F_1^\top \, dE$$

zu berechnen.

Man erhält schließlich für die Elementmatrix

$$\widetilde{A}_h^\mu = \begin{matrix} \begin{matrix} i & \quad j & \quad k & \quad \alpha & \quad \beta & \quad \gamma \end{matrix} \\ \begin{bmatrix} \frac{1}{2} & \frac{1}{6} & 0 & 0 & 0 & -\frac{2}{3} \\ & 1 & \frac{1}{6} & -\frac{2}{3} & 0 & -\frac{2}{3} \\ & & \frac{1}{2} & -\frac{2}{3} & 0 & 0 \\ & & & \frac{8}{2} & -\frac{4}{3} & 0 \\ & \text{symmetrisch} & & & \frac{8}{3} & -\frac{4}{3} \\ & & & & & \frac{8}{3} \end{bmatrix} \end{matrix}.$$

2.2.4
Die Elementmatrix für Rechteckelemente vom Typ 1 bzw. bilineare Viereckelemente

Wir betrachten die lineare Abbildung

$$\begin{bmatrix} x \\ y \end{bmatrix} = \frac{1}{2} \begin{bmatrix} x_j + x_l \\ y_j + y_l \end{bmatrix} + \frac{1}{2} \begin{bmatrix} x_{ji} & x_{li} \\ y_{ji} & y_{li} \end{bmatrix} \begin{bmatrix} \xi \\ \eta \end{bmatrix}.$$

Man prüft leicht nach, dass die Punkte b_i, b_j, b_l auf die Punkte $(-1,-1)$, $(1,-1)$, $(-1,1)$ abgebildet werden. Der Punkt $\xi = 1, \eta = 1$ wird abgebildet in den Punkt, charakterisiert durch

$$\begin{bmatrix} x \\ y \end{bmatrix} = \begin{bmatrix} x_i \\ y_i \end{bmatrix} + \begin{bmatrix} x_j - x_i \\ y_j - y_i \end{bmatrix} \begin{bmatrix} x_l - x_i \\ y_l - y_i \end{bmatrix}.$$

Dies ist der Punkt b_k, der mit b_i, b_j, b_l ein Parallelogramm (s. Abb. 2.22) aufspannt.

Die lineare Abbildung bildet dieses Parallelogramm eineindeutig auf das Einheitsquadrat ab. Polynome vom Typ Q_1, also Polynome linear in x und linear in y, werden in Polynome linear in ξ und linear in η abgebildet. Deshalb ist es zweckmäßig, gleich den Fall zu betrachten, dass die Zerlegung von Ω aus Parallelogrammen (und nicht nur aus Rechtecken) besteht.

Die dem Knoten b_m zugeordneten Funktionen sind in den neuen Koordinaten

$$w_i = \frac{1-\xi}{2}\frac{1-\eta}{2} \; ; \quad w_j = \frac{1+\xi}{2}\frac{1-\eta}{2} \, ,$$

$$w_k = \frac{1+\xi}{2}\frac{1+\eta}{2} \; ; \quad w_l = \frac{1-\xi}{2}\frac{1+\eta}{2} \, .$$

Nach Bildung entsprechender partieller Ableitungen erhält man damit analog zu (2.11):

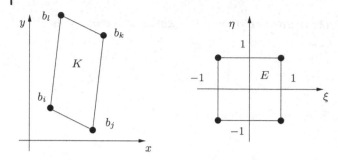

Abbildung 2.22 Transformation eines Parallelogramms auf das Einheitsquadrat.

Die Elementmatrix

$$\widetilde{A}_h^\mu = \frac{1}{|K_\mu|} \int_E F_1 F_2 F_2^\top F_1^\top \, dE \tag{2.12}$$

ist eine Matrix vom Format 4×4 mit

$$F_2 = \begin{bmatrix} y_{li} & x_{il} \\ y_{ij} & x_{ji} \end{bmatrix}$$

und

$$F_1 = \frac{1}{4} \begin{bmatrix} \eta - 1 & \xi - 1 \\ 1 - \eta & -1 - \xi \\ 1 + \eta & 1 + \xi \\ -1 - \eta & 1 - \xi \end{bmatrix}.$$

Wir berechnen die Elementmatrix explizit für eine regelmäßige Rechteckvernetzung mit achsenparallelen Rechtecken und den Kantenlängen h_x und h_y. Es gilt dann

$$\frac{1}{|K_\mu|} F_2 F_2^\top = \frac{1}{h_x h_y} \begin{bmatrix} h_y^2 & 0 \\ 0 & h_x^2 \end{bmatrix};$$

die weitere Rechnung liefert gemäß (2.12)

$$\widetilde{A}_h^\mu = \frac{1}{6h_x h_y} \times \begin{bmatrix} \overset{i}{2h_x^2 + 2h_y^2} & \overset{j}{h_x^2 - 2h_y^2} & \overset{k}{-h_x^2 - h_y^2} & \overset{l}{-2h_x^2 + h_y^2} \\ & 2h_x^2 + 2h_y^2 & -2h_x^2 + h_y^2 & -h_x^2 - h_y^2 \\ \text{symmetrisch} & & 2h_x^2 + 2h_y^2 & h_x^2 - 2h_y^2 \\ & & & 2h_x^2 + 2h_y^2 \end{bmatrix}.$$

2.2.5
Die Elementmatrix für den Laplace-Operator mit Tetraederelementen

Ein Tetraeder K_μ mit den Ecken b_i, b_j, b_k, b_l liefert zur Systemmatrix den Beitrag

$$
\widetilde{A}_h^\mu = \int_{K_\mu}
\begin{bmatrix}
\dfrac{\partial w_i}{\partial x} & \dfrac{\partial w_i}{\partial y} & \dfrac{\partial w_i}{\partial z} \\[4pt]
\cdot & \cdot & \cdot \\[4pt]
\dfrac{\partial w_l}{\partial x} & \dfrac{\partial w_l}{\partial y} & \dfrac{\partial w_l}{\partial z}
\end{bmatrix}
\begin{bmatrix}
\dfrac{\partial w_i}{\partial x} & \cdots & \dfrac{\partial w_l}{\partial x} \\[4pt]
\dfrac{\partial w_i}{\partial y} & \cdots & \dfrac{\partial w_l}{\partial y} \\[4pt]
\dfrac{\partial w_i}{\partial z} & \cdots & \dfrac{\partial w_l}{\partial z}
\end{bmatrix}
\, dK_\mu .
$$

Die Elemente dieser Elementmatrix berechnet man wieder am effektivsten elementweise. Dazu transformiert man die Integrale mit

$$
\begin{bmatrix} x \\ y \\ z \end{bmatrix}
=
\begin{bmatrix} x_i \\ y_i \\ z_i \end{bmatrix}
+
\begin{bmatrix}
x_{ji} & x_{ki} & x_{li} \\
y_{ji} & y_{ki} & y_{li} \\
z_{ji} & z_{ki} & z_{li}
\end{bmatrix}
\begin{bmatrix} \xi \\ \eta \\ \zeta \end{bmatrix}
$$

auf das Einheitstetraeder E. Die Transformationsformel für Raumintegrale und die Kettenregel liefern damit

$$
\int_{K_\mu}
\begin{bmatrix}
\dfrac{\partial w_m}{\partial x} & \dfrac{\partial w_m}{\partial y} & \dfrac{\partial w_m}{\partial z}
\end{bmatrix}
\begin{bmatrix}
\dfrac{\partial w_n}{\partial x} \\[4pt]
\dfrac{\partial w_n}{\partial y} \\[4pt]
\dfrac{\partial w_n}{\partial z}
\end{bmatrix}
\, dK_\mu
$$

$$
= |J| \int_{E}
\begin{bmatrix}
\dfrac{\partial w_m}{\partial \xi} & \dfrac{\partial w_m}{\partial \eta} & \dfrac{\partial w_m}{\partial \zeta}
\end{bmatrix}
J^{-1}(J^{-1})^T
\begin{bmatrix}
\dfrac{\partial w_n}{\partial \xi} \\[4pt]
\dfrac{\partial w_n}{\partial \eta} \\[4pt]
\dfrac{\partial w_n}{\partial \zeta}
\end{bmatrix}
\, dE
$$

mit der Jacobi-Matrix J. Da die Formfunktionen $w_i, \ldots, w_l$ linear in ξ, η, ζ und die Jacobi-Matrix für die lineare Transformation konstant sind, ist der Integrand konstant und darf vor das Integral gezogen werden. Wegen $\int_E dE = \frac{1}{6}$ folgt daher nach Anwendung der obigen Transformationsformel und anschließender Differentiation die Elementmatrix

$$
\widetilde{A}_h^\mu = \frac{|J|}{6} F J^{-1} (J^{-1})^T F^T
$$

mit

$$
F =
\begin{bmatrix}
-1 & -1 & -1 \\
1 & 0 & 0 \\
0 & 1 & 0 \\
0 & 0 & 1
\end{bmatrix} .
$$

Beispiel: Die Jacobi-Matrix des Tetraeders mit den Ecken

$$i\left(\frac{1}{4},0,0\right), \quad j\left(\frac{1}{4},\frac{1}{3},0\right), \quad k\,(0,0,0), \quad l\left(\frac{1}{4},0,\frac{1}{4}\right)$$

lautet

$$J = \begin{bmatrix} 0 & -\frac{1}{4} & 0 \\ \frac{1}{3} & 0 & 0 \\ 0 & 0 & \frac{1}{4} \end{bmatrix}, \quad |J| = \frac{1}{48}\,.$$

Für die Inverse erhält man

$$J^{-1} = 48 \begin{bmatrix} 0 & \frac{1}{16} & 0 \\ -\frac{1}{12} & 0 & 0 \\ 0 & 0 & \frac{1}{12} \end{bmatrix},$$

womit

$$F\,J^{-1} = 48 \begin{bmatrix} \frac{1}{12} & -\frac{1}{16} & -\frac{1}{12} \\ 0 & \frac{1}{16} & 0 \\ -\frac{1}{12} & 0 & 0 \\ 0 & 0 & \frac{1}{12} \end{bmatrix} = \begin{bmatrix} 4 & -3 & -4 \\ 0 & 3 & 0 \\ -4 & 0 & 0 \\ 0 & 0 & 4 \end{bmatrix}$$

folgt. Die entsprechende Elementmatrix ergibt sich damit zu

$$\widetilde{A}_h^\mu = \frac{|J|}{6} F\,J^{-1}(F\,J^{-1})^T = \frac{1}{6\cdot 48} \begin{bmatrix} 41 & -9 & -16 & -16 \\ -9 & 9 & 0 & 0 \\ -16 & 0 & 16 & 0 \\ -16 & 0 & 0 & 16 \end{bmatrix}.$$

Die Zerlegung eines Raumgebietes Ω in Tetraeder ist nicht besonders anschaulich. Man zerlegt daher Ω zunächst in geometrisch günstige Superelemente (Prisma, Pyramide, Quader) und diese dann in Tetraeder. Ordnet man dann die Tetraederelementmatrizen entsprechend den Eckknoten der Superelemente ein, so ergeben sich die Elementmatrizen der Superelemente.

2.2.6
Elementmatrix für den Laplace-Operator mit trilinearen Quaderelementen

Für einen achsenparallelen Quader Q_μ mit den Ecken $b_i, b_j, b_k, b_l, b_\alpha, b_\beta, b_\gamma, b_\delta$ erhalten wir die Elementmatrix

$$\widetilde{A}_h^\mu = \int\limits_{Q_\mu} \begin{bmatrix} \frac{\partial w_i}{\partial x} & \frac{\partial w_i}{\partial y} & \frac{\partial w_i}{\partial z} \\ \frac{\partial w_j}{\partial x} & \frac{\partial w_j}{\partial y} & \frac{\partial w_j}{\partial z} \\ & \cdot & \\ & \cdot & \\ \frac{\partial w_\delta}{\partial x} & \frac{\partial w_\delta}{\partial y} & \frac{\partial w_\delta}{\partial z} \end{bmatrix} \begin{bmatrix} \frac{\partial w_i}{\partial x} & \cdots & \frac{\partial w_\delta}{\partial x} \\ \frac{\partial w_i}{\partial y} & \cdots & \frac{\partial w_\delta}{\partial y} \\ \frac{\partial w_i}{\partial z} & \cdots & \frac{\partial w_\delta}{\partial z} \end{bmatrix} dQ_\mu\,.$$

Sie ist vom Format 8×8. Die Abbildung $Q_\mu \to E$ (Einheitsquader) erfolgt durch

$$x = \frac{x_j + x_i}{2} + \frac{x_j - x_i}{2}\xi \,,$$

$$y = \frac{y_l + y_i}{2} + \frac{y_l - y_i}{2}\eta \,,$$

$$z = \frac{z_a + z_i}{2} + \frac{z_a - z_i}{2}\zeta \,.$$

Mit der Abkürzung $t_{lm} = t_l - t_m$ ergibt sich die Jacobi-Matrix

$$J = \frac{1}{2}\begin{bmatrix} x_{ji} & 0 & 0 \\ 0 & y_{li} & 0 \\ 0 & 0 & z_{ai} \end{bmatrix}, \quad J^{-1} = \begin{bmatrix} \dfrac{2}{x_{ji}} & 0 & 0 \\ 0 & \dfrac{2}{y_{li}} & 0 \\ 0 & 0 & \dfrac{2}{z_{ai}} \end{bmatrix}.$$

Für die Elementmatrix erhalten wir somit

$$\widetilde{A}_h^\mu = |J| \int\limits_E F(\xi, \eta, \zeta) J^{-1}(J^{-1})^T F^T(\xi, \eta, \zeta)\mathrm{d}E \,,$$

wobei

$$F = \frac{1}{8}\begin{bmatrix} (\eta-1)(1-\zeta) & (\xi-1)(1-\zeta) & (1-\xi)(\eta-1) \\ (1-\eta)(1-\zeta) & (1+\xi)(\zeta-1) & (1+\xi)(\eta-1) \\ (1+\eta)(1-\zeta) & (1+\xi)(1-\zeta) & -(1+\xi)(1+\eta) \\ (1+\eta)(\zeta-1) & (1-\xi)(1-\zeta) & (\xi-1)(1+\eta) \\ (\eta-1)(1+\zeta) & (\xi-1)(1+\zeta) & (1-\xi)(1-\eta) \\ (1-\eta)(1+\zeta) & -(1+\xi)(1+\zeta) & (1+\xi)(1-\eta) \\ (1+\eta)(1+\zeta) & (1+\xi)(1+\zeta) & (1-\xi)(1+\eta) \\ -(1+\eta)(1+\zeta) & (1-\xi)(1+\zeta) & (1-\xi)(1+\eta) \end{bmatrix}.$$

Wesentlich ist, dass der Integrand von ξ, η, ζ abhängt, sodass die endgültige Form der Elementmatrix erst nach Anwendung einer geeigneten Integrationsformel entsteht (vgl. hierzu Kapitel 5).

Kapitel 3
Verfahren zur Lösung von linearen Gleichungssystemen

Bei der Anwendung der Methode der finiten Elemente sind lineare Gleichungssysteme mit sehr vielen Unbekannten zu lösen. Da die Basisfunktionen immer nur in „kleinen" Teilbereichen von Null verschieden sind, treten in jeder Gleichung von den N Unbekannten nur einige wenige auf. Man sagt, das Gleichungssystem sei *schwach besetzt*, wenn die Anzahl der von Null verschiedenen Elemente der Koeffizientenmatrix nur ein sehr kleiner Bruchteil der Anzahl aller Elemente ist. Moderne Verfahren nutzen die schwache Besetztheit und die gegebenenfalls spezielle Struktur der zu lösenden Systeme aus.

Wir ändern gegenüber Abschnitt 2.1 die Bezeichnungen ein wenig, nennen die Unbekannten $x_1, x_2, \ldots, x_N$, die rechten Seiten $b_1, \ldots, b_N$ und die Elemente der Koeffizientenmatrix a_{ij}; betrachten also das Gleichungssystem

$$\sum_{j=1}^{N} a_{ij} x_j = b_i , \quad i = 1, \ldots, N , \quad \text{bzw.} \quad Ax = b$$

mit der Koeffizientenmatrix $A = [a_{ij}]_{i,j=1,\ldots,N}$, der rechten Seite $b = [b_i]_{i=1,\ldots,N}$ und dem Lösungsvektor $x = [x_i]_{i=1,\ldots,N}$. N heißt auch *Dimension des Gleichungssystems*.

3.1
Direkte oder iterative Verfahren?

Direkte Verfahren berechnen den Lösungsvektor x in endlich vielen Schritten direkt, *iterative Verfahren* bestimmen den Lösungsvektor x ausgehend von einer Anfangsnäherung x^0 als Grenzwert einer Folge x^k.

Die Wahl eines der im folgenden beschriebenen Lösungsverfahren hängt sowohl von der konkreten Aufgabenstellung ab (z.B. der Dimension und Struktur des Gleichungssystems) als auch vom verfügbaren Rechner (z.B. von der Kapazität des Hauptspeichers, von der vorhandenen Software, von der Rechnerarchitektur).

Die Finite-Elemente-Methode für Anfänger. Herbert Goering, Hans-Görg Roos und Lutz Tobiska
Copyright © 2010 WILEY-VCH Verlag GmbH & Co. KGaA, Weinheim
ISBN: 978-3-527-40964-8

Ein Vorzug der direkten Verfahren liegt darin, dass der Lösungsvektor bis auf Rundungsfehler direkt berechnet wird. Im Lösungsprozess werden jedoch oft wesentlich mehr Speicherplätze benötigt als für die Speicherung des Gleichungssystems selbst; man spricht von „Auffüllung" oder dem „fill in". Der entscheidende Nachteil direkter Verfahren liegt im Rechenaufwand. Zur Durchführung des im nächsten Abschnitt beschriebenen Gaußschen Algorithmus werden bei einem Gleichungssystem mit N Unbekannten beispielsweise $N^2 + N$ Speicherplätze und $2N^3/3 + O(N^2)$ arithmetische Operationen benötigt. Nutzt man die schwache Besetztheit der bei der finiten Elemente Methode entstehenden Gleichungssysteme aus, so lassen sich geringfügige Verbesserungen erreichen, dennoch stoßen direkte Verfahren insbesondere bei der Lösung dreidimensionaler Problemstellungen schnell an die Grenzen ihrer Leistungsfähigkeit.

Iterative Verfahren nutzen die schwache Besetztheit voll aus, so dass Gleichungssysteme hoher Dimension ohne Rückgriff auf zusätzlichen Speicherplatz gelöst werden können. Man benötigt allerdings für iterative Verfahren Abbruchkriterien, die eine akzeptable Genauigkeit der Näherungslösung sichern. Leider ist die Konvergenzgeschwindigkeit des klassischen Gesamt- bzw. Einzelschrittverfahrens gering und verschlechtert sich mit der Anzahl der Unbekannten drastisch. Diese Methoden werden deshalb innerhalb moderner iterativer Methoden nur zur Vorkonditionierung oder als Glätter in Mehrgitteralgorithmen eingesetzt. So konvergieren vorkonditionierte Varianten der Methode der konjugierten Gradienten für breite Aufgabenklassen recht schnell und erreichen oftmals bei deutlich weniger als N Iterationen akzeptable Näherungen. Am schnellsten konvergieren Mehrgitterverfahren für elliptische Probleme. Sie erfordern allerdings Informationen auf einer Hierarchie von Gittern und sind damit wesentlich schwieriger zu programmieren. Ein nicht zu unterschätzender Nachteil iterativer Methoden ist die Abhängigkeit ihrer Konvergenzgeschwindigkeit von den Problem- und Gitterdaten. So führen Unstetigkeiten in den Koeffizienten der Differentialgleichung oder die Verwendung anisotroper Netzverfeinerungen oft zu geringeren Konvergenzraten verglichen mit glatten Daten und uniformen Gittern. Während Rundungsfehler sich bei direkten Verfahren stark auswirken können, glätten viele iterative Verfahren Rundungsfehler automatisch. Auch deshalb kombiniert man direkte und iterative Verfahren.

Zusammenfassend eignen sich direkte Verfahren vor allem für Probleme geringer Dimension oder als Grobgitterlöser in Mehrgitteralgorithmen. Innerhalb von nichtlinearen oder instationären Aufgaben kann die dabei durchgeführte Faktorisierung der Koeffizientenmatrix von zusätzlichem Nutzen sein. Für Probleme mittlerer Dimension eignen sich einfache iterative Verfahren, die gegebenenfalls auch mehr als N Iterationsschritte für eine akzeptable Näherungslösung benötigen. Probleme sehr hoher Dimension können ausschließlich nur durch moderne iterative Methoden (vorkonditionierte CG-Verfahren, Mehrgitteralgorithmen) gelöst werden, die in weniger als N Iterationen zur Lösung führen.

3.2
Direkte Verfahren

3.2.1
Der Gaußsche Algorithmus

Auf dem Gaußschen Algorithmus basieren viele direkte Verfahren. Seine Grundidee besteht in der schrittweisen Elimination einzelner Unbekannter. Man löst eine Gleichung, z. B. die erste, nach der Unbekannten x_1 auf

$$x_1 = \frac{b_1}{a_{11}} - \sum_{j=2}^{N} \frac{a_{1j}}{a_{11}} x_j$$

und setzt dies in alle übrigen Gleichungen ein. So entsteht ein Gleichungssystem von $N-1$ Gleichungen mit den $N-1$ Unbekannten $x_2, \ldots, x_N$. Mit der Abkürzung $l_{i1} = \frac{a_{i1}}{a_{11}}, i = 2, \ldots, N$, berechnen sich die Elemente $a_{ij}^{(1)}$ der Koeffizientenmatrix und die Elemente $b_i^{(1)}$ der rechten Seite des reduzierten Gleichungssystems

$$\sum_{j=2}^{N} a_{ij}^{(1)} x_j = b_i^{(1)}, \quad i = 2, \ldots, N,$$

nach den Formeln

$$a_{ij}^{(1)} = a_{ij} - l_{i1} a_{1j}, \quad b_i^{(1)} = b_i - b_1 l_{i1}$$

für $i, j = 2, \ldots, N$. Setzt man dieses Verfahren fort, so erhält man nach $N - 1$ Schritten eine Gleichung mit der Unbekannten x_N, und zwar

$$a_{NN}^{(N-1)} x_N = b_N^{(N-1)}.$$

Beginnend mit der letzten Gleichung kann man nun nacheinander $x_N, x_{N-1}, \ldots, x_1$ berechnen. Wir erläutern das Vorgehen am Beispiel des Gleichungssystems

$$Ax = b$$

mit der Koeffizientenmatrix (vgl. Abschnitt 2.2)

$$A = \begin{bmatrix} 4 & -1 & 0 & 0 & 0 & 0 \\ -1 & 4 & -1 & -1 & 0 & 0 \\ 0 & -1 & 4 & 0 & -1 & 0 \\ 0 & -1 & 0 & 4 & -1 & 0 \\ 0 & 0 & -1 & -1 & 4 & -1 \\ 0 & 0 & 0 & 0 & -1 & 4 \end{bmatrix}.$$

Auflösung der ersten Gleichung nach x_1 und Elimination von x_1 ergibt im ersten Schritt das reduzierte System

$$
\begin{bmatrix}
\frac{15}{4} & -1 & -1 & 0 & 0 \\
-1 & 4 & 0 & -1 & 0 \\
-1 & 0 & 4 & -1 & 0 \\
0 & -1 & -1 & 4 & -1 \\
0 & 0 & 0 & -1 & 4
\end{bmatrix}
\begin{bmatrix}
x_2 \\ x_3 \\ x_4 \\ x_5 \\ x_6
\end{bmatrix}
=
\begin{bmatrix}
b_2^{(1)} \\ b_3^{(1)} \\ b_4^{(1)} \\ b_5^{(1)} \\ b_6^{(1)}
\end{bmatrix} .
$$

Da die Werte a_{ij}, $i, j \geq 2$, der Ausgangsmatrix im folgenden nicht mehr benötigt werden, speichert man die Elemente $a_{ij}^{(1)}$ für $i, j \geq 2$ der reduzierten Koeffizientenmatrix zweckmäßigerweise auf dem Platz der a_{ij} mit $i, j \geq 2$. Mit dem reduzierten Gleichungssystem fährt man in gleicher Weise fort, eliminiert also x_2 und erhält

$$
\begin{bmatrix}
\frac{56}{15} & -\frac{4}{15} & -1 & 0 \\
-\frac{4}{15} & \frac{56}{15} & -1 & 0 \\
-1 & -1 & 4 & -1 \\
0 & 0 & -1 & 4
\end{bmatrix}
\begin{bmatrix}
x_3 \\ x_4 \\ x_5 \\ x_6
\end{bmatrix}
=
\begin{bmatrix}
b_3^{(2)} \\ b_4^{(2)} \\ b_5^{(2)} \\ b_6^{(2)}
\end{bmatrix} .
$$

Nach fünf Schritten gelangt man zur Gleichung

$$
\frac{330}{89} x_6 = b_6^{(5)} ,
$$

aus der man x_6 ermitteln kann. Zur Bestimmung von x_6 benötigt man $a_{66}^{(5)}$ und $b_6^{(5)}$, zur Bestimmung von x_5 die Größen $a_{55}^{(4)}, a_{56}^{(4)}, b_5^{(4)}$ und zur Ermittlung der Unbekannten x_1 schließlich die Größen $a_{11}, a_{12}, \ldots, a_{16}, b_1$. Die $a_{ij}^{(k)}$ für $i, j \geq k + 1$ stehen nach der oben beschriebenen Speicherung oberhalb bzw. in der Diagonalen der Koeffizientenmatrix. Die Speicherplätze unterhalb der Diagonalen können genutzt werden, um Gleichungssysteme mit identischer Koeffizientenmatrix und verschiedenen rechten Seiten schnell lösen zu können. Derartige Aufgaben entstehen z.B. bei der Zurückführung nichtlinearer Probleme auf eine Folge linearer Probleme. Zu diesem Zweck speichert man die Größen l_{ij} für $i > j$ auf den Platz von a_{ij}, $i > j$. Nun können die $b_{k+1}^{(k)}$ aus den b_i und den l_{ij}, $i > j$, nach den Formeln

$$
b_i^{(1)} = b_i - b_1 l_{i1} , \qquad i = 2, 3, \ldots, N ,
$$
$$
b_i^{(2)} = b_i^{(1)} - b_2^{(1)} l_{i2} , \qquad i = 3, \ldots, N ,
$$
usw.

bestimmt werden. Der Lösungsprozess wird so organisiert, dass zuerst aus den Elementen der Koeffizientenmatrix a_{ij} des zu lösenden Systems nacheinander die Größen $l_{21}, l_{31}, \ldots, l_{N1}, a_{22}^{(1)}, a_{23}^{(1)}, \ldots, a_{2N}^{(1)}, l_{32}, l_{42}, \ldots, l_{N2}, a_{33}^{(2)}, a_{34}^{(2)}, \ldots$ berechnet und an den entsprechenden Platz gespeichert werden. Die oben betrachtete Koeffizientenmatix nimmt dann die Form an

$$
\begin{bmatrix}
4 & -1 & 0 & 0 & 0 & 0 \\
-\frac{1}{4} & \frac{15}{4} & -1 & -1 & 0 & 0 \\
0 & -\frac{4}{15} & \frac{56}{15} & -\frac{4}{15} & -1 & 0 \\
0 & -\frac{4}{15} & -\frac{1}{14} & \frac{26}{7} & -\frac{15}{14} & 0 \\
0 & 0 & -\frac{15}{56} & -\frac{15}{52} & \frac{89}{26} & -1 \\
0 & 0 & 0 & 0 & -\frac{26}{89} & \frac{330}{89}
\end{bmatrix}.
$$

Dieser Prozess heißt auch *Faktorisierung der Matrix A*, denn es gilt

$$A = LU$$

mit der *unteren Dreiecksmatrix L*

$$
L =
\begin{bmatrix}
1 & 0 & 0 & 0 & 0 & 0 \\
-\frac{1}{4} & 1 & 0 & 0 & 0 & 0 \\
0 & -\frac{4}{15} & 1 & 0 & 0 & 0 \\
0 & -\frac{4}{15} & -\frac{1}{14} & 1 & 0 & 0 \\
0 & 0 & -\frac{15}{56} & -\frac{15}{52} & 1 & 0 \\
0 & 0 & 0 & 0 & -\frac{26}{89} & 1
\end{bmatrix}
$$

und der *oberen Dreiecksmatrix U*

$$
U =
\begin{bmatrix}
4 & -1 & 0 & 0 & 0 & 0 \\
0 & \frac{15}{4} & -1 & -1 & 0 & 0 \\
0 & 0 & \frac{56}{15} & -\frac{4}{15} & -1 & 0 \\
0 & 0 & 0 & \frac{26}{7} & -\frac{15}{4} & 0 \\
0 & 0 & 0 & 0 & \frac{89}{26} & -1 \\
0 & 0 & 0 & 0 & 0 & \frac{330}{89}
\end{bmatrix}.
$$

Die zur Lösung des Systems benötigten $b_{k+1}^{(k)}$ erhält man als Lösung des Systems

$$Ly = b$$

in der Reihenfolge $y_1 = b_1, y_2 = b_2^{(1)}, \dots, y_N = b_N^{(N-1)}$. Dieser Schritt wird *Vorwärtseinsetzen* genannt. Zum Schluss bestimmt man x als Lösung des Systems

$$Ux = y$$

durch *Rückwärtseinsetzen*, also zunächst x_N, dann x_{N-1} usw. Bei der Lösung eines Gleichungssystems mit identischer Koeffizientenmatrix und r verschiedenen rechten Seiten ist die Faktorisierung von A folglich nur einmal, die Prozesse des Vorwärts- und Rückwärtseinsetzens sind je r-mal durchzuführen. Bei vollbesetzter Koeffizientenmatrix sind für die Faktorisierung $N(N^2-1)/3$, für das Vorwärts- und Rückwärtseinsetzen N^2 wesentliche arithmetische Operationen (Multiplikationen, Divisionen), insgesamt also $N(N^2-1)/3 + N^2$ Operationen erforderlich.

Der Gaußsche Algorithmus führt immer zum Ziel, wenn die im Laufe der Faktorisierung ermittelten Elemente $a_{11}^{(0)}, a_{22}^{(1)}, \ldots, a_{NN}^{(N-1)}$ von Null verschieden sind. Dies ist nicht für jedes eindeutig auflösbare lineare Gleichungssystem erfüllt. Es gelingt jedoch stets durch Umnummerierung der Gleichungen (Vertauschung der Zeilen in der Matrix A und der rechten Seite b) oder der Unbekannten x_i (Vertauschung der Spalten in der Matrix A) die Forderung $a_{ii}^{(i-1)} \neq 0$ zu erfüllen (rechentechnisch realisiert man dies durch die Arbeit auf einem Indexfeld). Dazu wählt man in der ersten Zeile unter allen Elementen $a_{1j} \neq 0$ ein Element a_{1p} aus, löst die Gleichung nach x_p auf und eliminiert x_p aus den restlichen Gleichungen. Um die numerischen Fehler bei der Auflösung nach x_p gering zu halten, bestimmt man p aus der Forderung

$$|a_{1p}| = \max_j |a_{1j}| \,.$$

Im nächsten Schritt wird wieder das betragsmäßig größte Element der ersten Gleichung des reduzierten Gleichungssystems für die Unbekannten $x_1, x_2, \ldots, x_{p-1}$, $x_{p+1}, \ldots, x_N$ bestimmt, und zwar

$$\left|a_{2q}^{(1)}\right| = \max_{j \neq p} \left|a_{2j}^{(1)}\right| \,,$$

nach x_q aufgelöst und x_q aus den restlichen Gleichungen eliminiert. Die Elemente $a_{1p}, a_{2q}^{(1)}, \ldots$ heißen *Pivotelemente*, die Strategie der Auswahl *Spaltenpivotisierung*. Entsprechend ist auch eine Zeilenpivotisierung bzw. eine allgemeine Pivotisierung möglich, bei der das betragsmäßig größte Element in einer vorher festgelegten Spalte bzw. in der gesamten Reduktionsmatrix $a_{ij}^{(k)}$ im k-ten Schritt bestimmt wird. Solche Pivotisierungsstrategien sind allerdings nur dann sinnvoll, wenn zuvor die Koeffizienten in allen Gleichungen durch Multiplikation mit geeigneten Zahlen auf die gleiche Größenordnung gebracht worden sind.

Bisher wurde die schwache Besetztheit der Matrix A nicht berücksichtigt. Wir untersuchen nun an einem Beispiel, wie sich die Struktur der Matrix bei Spaltenpivotisierung ändert. Betrachtet wird die Diskretisierung eines Differentialausdrucks zweiter Ordnung ohne homogene Randbedingungen in einem rechteckigen Gebiet bei Verwendung von Dreieckelementen vom Typ 1 bei Zerlegung des Gebietes und einer Knotennummerierung gemäß Abb. 3.1.

Die Struktur der Koeffizientenmatrix ist in Abb. 3.1 angedeutet, die Nichtnullelemente $a_{ij} \neq 0$ wurden durch ein Kreuz gekennzeichnet. Der größte Abstand, den ein Nichtnullelement vom Diagonalelement besitzt, heißt *Bandbreite m*, eine Matrix von diesem Typ heißt *Bandmatrix*. Eine Bandmatrix der Bandbreite m genügt folglich der Beziehung $a_{ij} = 0$ für alle i, j mit $|i - j| > m$. Die in Abb. 3.1 skizzierte Matrix besitzt die Bandbreite $m = 5$.

Wird nun a_{11} als Pivotelement gewählt, so sind nach dem ersten Reduktionsschritt die Plätze a_{25} und a_{52} durch Nichtnullelemente belegt. Wählt man dagegen a_{16} als Pivotelement, werden zusätzlich die Plätze $a_{25}, a_{52}, a_{71}, a_{10,1}, a_{10,2}, a_{11,1}$, $a_{11,2}, a_{11,5}$ belegt. Für jedes neu auftretende Nichtnullelement müssen Speicherplätze bereitgestellt werden. Bei den zu lösenden Systemen sehr hoher Dimension

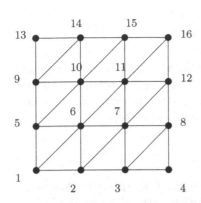
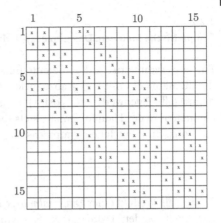

Abbildung 3.1 Gitter und Besetztheit bei einer Diskretisierung mit Dreiecken vom Typ 1.

erreicht man sehr schnell die Grenzen des verfügbaren Rechners. Deshalb ist man bei der Wahl des Pivotelements bestrebt, neben kleinen numerischen Fehlern auch geringe Auffüllung durch Nichtnullelemente zu erreichen. Die Anzahl der bei der Wahl eines bestimmten Pivotelements hinzukommenden Nichtnullelemente lässt sich nur mit relativ hohem Aufwand berechnen, sie kann jedoch nach oben durch die sogenannten *Markowitz-Kosten* abgeschätzt werden. Die Markowitz-Kosten für das Pivotelement $a_{ij}^{(k-1)}$ im k-ten Reduktionsschritt berechnen sich aus

$$(c_j - 1)(r_i - 1) \, ,$$

wobei in der i-ten Zeile r_i und in der j-ten Spalte c_j Nichtnullelemente auftreten. Im obigen Beispiel betragen die Markowitz-Kosten 9 für a_{11} und 18 für a_{16}.

Eine gemischte Pivotisierungsstrategie realisiert nun folgende Schritte:

1. In der i-ten Eliminationszeile werden Elemente ausgewählt, die einen vertretbaren numerischen Fehler bei der Auflösung aufweisen. Für ein vorgegebenes β zwischen 0 und 1 sind dies alle a_{il} mit

$$|a_{il}| \geq \beta \max_j |a_{ij}| \, .$$

2. Unter allen Elementen a_{il} wird als Pivotelement das mit den kleinsten Markowitz-Kosten gewählt.

Mit dem Parameter β kann man die Auflösung in dieser bzw. jener Richtung beeinflussen. β-Werte nahe bei Eins entsprechen der Spaltenpivotisierung, während β-Werte nahe bei Null hauptsächlich die Markowitz-Kosten als Auswahlkriterium nutzen.

3.2.2
Symmetrische Matrizen. Das Cholesky-Verfahren

Für eine symmetrische Koeffizientenmatrix gilt $a_{ij} = a_{ji}$ und es genügt, nur die Elemente a_{ij} mit $i \geq j$ abzuspeichern. Ist die Matrix darüber hinaus positiv definit (alle Eigenwerte sind positiv), so ist der Gaußsche Algorithmus mit Pivotelementen in der Hauptdiagonale stets theoretisch durchführbar. Nach jedem Reduktionsschritt entstehen symmetrische Matrizen, dies folgt aus

$$a_{ij}^{(1)} = a_{ij} - \frac{a_{i1} a_{1j}}{a_{11}} \, .$$

U kann als Produkt einer *Diagonalmatrix* D mit der zu L transponierten Matrix $L^\top$ dargestellt werden. Damit gilt im Fall symmetrischer, positiv definiter Matrizen

$$A = LDL^\top$$

mit

$$L = \begin{bmatrix} 1 & & & 0 \\ l_{21} & 1 & & \vdots \\ \vdots & & \ddots & \vdots \\ l_{N1} & l_{N,N-1} & & 1 \end{bmatrix}, \quad D = \begin{bmatrix} a_{11} & & & 0 \\ & a_{22}^{(1)} & & \\ & & \ddots & \\ 0 & & & a_{NN}^{(N-1)} \end{bmatrix} .$$

Ein Nachteil des Gaußschen Algorithmus für symmetrische Matrizen besteht darin, dass die berechneten l_{ij} ($i > j$) nicht sofort auf den Platz von a_{ij} ($i > j$) gespeichert werden können, da die $a_{ji} = a_{ij}$ noch zur Berechnung der reduzierten Koeffizientenmatrix benötigt werden. So kann l_{21} erst nach der Berechnung aller $a_{j2}^{(1)}$ ($j \geq 2$) auf den Platz von a_{21} gespeichert werden. Eine symmetrische Variante des Gaußschen Algorithmus, die diesen Nachteil vermeidet, ist das *Cholesky-Verfahren*.

Verwendet man die Abkürzung $k_{i1} = \frac{a_{i1}}{\sqrt{a_{11}}}, i = 1, \ldots, N$, so berechnet sich die Matrix nach dem ersten Reduktionsschritt nach der Formel

$$a_{ij}^{(1)} = a_{ij} - k_{i1} k_{j1}, \quad i, j \geq 2 \, .$$

Die k_{i1} können nun direkt auf den Platz der a_{i1} gespeichert werden, weil die a_{i1} zur Berechnung der $a_{ij}^{(1)} (i, j \geq 2)$ nicht mehr benötigt werden.

Auf diese Weise gelingt es gegenüber dem unsymmetrischen Fall, $N(N-1)/2$ Speicherplätze (bei vollbesetzter Matrix) einzusparen, allerdings müssen N Quadratwurzeln berechnet werden. Die Zahl der Multiplikationen bzw. Divisionen beträgt $(N^3 + 9N^2 + 2N)/6$.

Die Faktorisierung der Koeffizientenmatrix mit dem Cholesky-Verfahren kann interpretiert werden als Zerlegung

$$A = LL^\top$$

mit

$$L = \begin{bmatrix} k_{11} & 0 & \cdots & 0 \\ \vdots & \ddots & \ddots & \vdots \\ \vdots & & \ddots & 0 \\ k_{N1} & \cdots & \cdots & k_{NN} \end{bmatrix}.$$

Zusammengefasst erfolgt die Lösung mit dem Cholesky-Verfahren in den folgenden Schritten:

1. Faktorisierung

Für $l = 1, \ldots, N$ berechne man
$$k_{ll} = \sqrt{a_{ll}},$$
für $i = l + 1, \ldots, N$ berechne man
$$k_{il} = \frac{a_{il}}{k_{ll}},$$
für $j = l + 1, \ldots, N$ berechne man
$$a_{ij} = a_{ij} - k_{il} k_{jl}.$$

2. Vorwärtseinsetzen

Für $i = 1, \ldots, N$ berechne man
$$d = b_i,$$
für $j = 1, \ldots, i - 1$ berechne man
$$d = d - k_{ij} f_j,$$
$$f_i = \frac{d}{k_{ii}}.$$

3. Rückwärtseinsetzen

Für $j = N, N - 1, \ldots, 1$ berechne man
$$d = f_j,$$
für $i = j + 1, \ldots, N$ berechne man
$$d = d + k_{ij} x_i,$$
$$x_j = -\frac{d}{k_{jj}}.$$

Wir betrachten nun die Anwendung des Cholesky-Verfahrens auf eine symmetrische Bandmatrix mit der Bandbreite m. Dann ist die in jedem Reduktionsschritt neu entstehende Koeffizientenmatrix eine Bandmatrix mit einer Bandbreite kleiner oder gleich m. Im ersten Reduktionsschritt gilt nämlich

$$k_{i1} = 0 \quad \text{für} \quad |i - 1| > m,$$

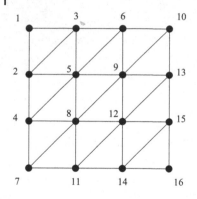 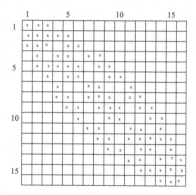

Abbildung 3.2 Verringerung der Bandbreite durch Umnummerierung.

und wegen

$$a_{ij}^{(1)} = a_{ij} - k_{i1}k_{j1} \quad (i, j \geq 2)$$

folgt

$$a_{ij}^{(1)} = 0 \quad \text{für} \quad |i - j| > m .$$

Das bedeutet, dass sich die Zerlegung einer symmetrischen positiv definiten Bandmatrix nur innerhalb des Bandes abspielt. Nutzt man diese Tatsache aus, können $(N - m)(N - m - 1)/2$ Speicherplätze zusätzlich eingespart werden. Außerdem benötigt man weniger Multiplikationen und Divisionen für einen Reduktionsschritt als bei einer vollbesetzten Matrix. Insgesamt hat man jetzt N Quadratwurzeln zu berechnen und höchstens $N m(m + 3)/2$ Multiplikationen bzw. Divisionen auszuführen.

Folglich ist zur Minimierung des Rechen- und Speicheraufwandes eine minimale Bandbreite wünschenswert. Man kann durch eine Umnummerierung der Knoten die Bandbreite verändern. Wir betrachten erneut das Beispiel aus Abschnitt 3.2.1, vgl. Abb. 3.1.

Nummeriert man die Knoten gemäß Abb. 3.2 links, so ergibt sich die im rechten Teil des Bildes angedeutete Koeffizientenmatrix. Man sieht, dass sich die Bandbreite auf 4 verringert hat. Es gibt Algorithmen zur systematischen Reduzierung der Bandbreite, wir verweisen hier auf die Literatur [54, 62, 63].

Zu Aspekten der Implementation des Cholesky-Verfahrens auf Parallelrechnern verweisen wir auf [39].

3.2.3
Weitere direkte Verfahren

Die Frontlösungsmethode wurde 1970 von Iron zur Lösung sehr großer linearer Gleichungssysteme mit symmetrischer, positiv definiter Koeffizientenmatrix unter Verwendung externer Speichermedien vorgeschlagen. Das Verfahren ermöglicht die direkte Lösung von Gleichungssystemen hoher Dimension, für die der vorhandene Hauptspeicher eines gegebenen Rechners nicht ausreichen würde, führt aber aufgrund der zusätzlichen Transferoperationen zwischen den Speichermedien zu einer erheblichen Erhöhung der Rechenzeit. 1976 untersuchte Hood den allgemeinen unsymmetrischen Fall. Obgleich der Aspekt des zu kleinen verfügbaren Hauptspeichers mit fortschreitender Rechnerentwicklung zunehmend in den Hintergrund rückt, spielen die zugrundeliegenden Konzepte bei der Entwicklung neuer direkter Lösungsverfahren eine wesentliche Rolle [21, 22, 24]. Der Einfachheit halber erläutern wir die Frontlösungsmethode für den symmetrischen, positiv definiten Fall.

Bei der Faktorisierung einer Bandmatrix der Bandbreite m nach dem Cholesky-Verfahren in $A = L \cdot L^\top$ werden für jeden Reduktionsschritt nur m aufeinanderfolgende Zeilen der Matrix im Hauptspeicher benötigt. Im ersten Reduktionsschritt ist nämlich $k_{i1} = 0$ für $|i - 1| > m$, d.h., die Zeilen mit den Nummern $i = m + 2, \ldots, N$ werden von der Elimination der Unbekannten x_1 nicht berührt. Die Frontlösungsmethode nutzt dies aus, indem das Gleichungssystem nur soweit aufgebaut wird, wie dies zur Elimination der ersten Zeilen erforderlich ist, die bereits eliminierten Zeilen werden auf einem externen Speichermedium aufgehoben. Auf diese Weise wechseln Aufbauschritte der Koeffizientenmatrix und Eliminationsschritte einander ab.

Seien A_h^μ die Elementmatrix zum finiten Element K_μ und q_μ die kleinste, p_μ die größte Knotennummer des Elements K_μ. Aus der Bandstruktur der Matrix $A_h = \sum_{\mu=1}^m A_h^\mu$ folgt, dass $p_\mu - q_\mu \leq m$ für jedes K_μ gilt. Wir nehmen an, dass die Elemente K_μ bereits so nummeriert wurden, dass $q_1 \leq q_2 \leq \ldots$. Man beginnt nun mit dem Aufbau der Koeffizientenmatrix gemäß

$$A_h = A_h^1 + A_h^2 + \ldots,$$

bis erstmals $q_l > 1$ gilt. Die Matrix

$$C_h = A_h^1 + \ldots + A_h^{l-2}$$

stimmt dann in den ersten $q_l - 1$ Zeilen und Spalten mit A_h überein, durch Addition aller weiterer Elementmatrizen $A_h^\mu (\mu \geq l)$ wird dieser Teil von A_h nicht verändert. Da $q_1 = q_2 = \ldots = q_{l-1} = 1$ gilt und in jedem K_μ die Differenz $p_\mu - q_\mu$ höchstens m beträgt, folgt $p_1, \ldots, p_{l-1} \leq m + 1$. Zu diesem Zeitpunkt sind in der Matrix A_h also erst $m + 1$ Zeilen und Spalten belegt. Dieser Teil der Matrix, die sogenannte Frontmatrix, wird im Hauptspeicher untergebracht (Abb. 3.3).

Nun können $q_l - 1$ Eliminationsschritte durchgeführt werden, wobei die berechneten k_{ij} im externen Speichermedium aufgehoben werden. Die Koeffizienten innerhalb des Bereiches der Frontmatrix (vgl. Abb. 3.3) stimmen zwar noch nicht alle mit den entsprechenden Matrixelementen von A_h überein, die Elimination kann aber aufgrund des Kommutativgesetzes der Addition

$$a_{ij} = \sum_{\mu=1}^{l-1} a_{ij}^\mu + \sum_{\mu \geq l} a_{ij}^\mu$$

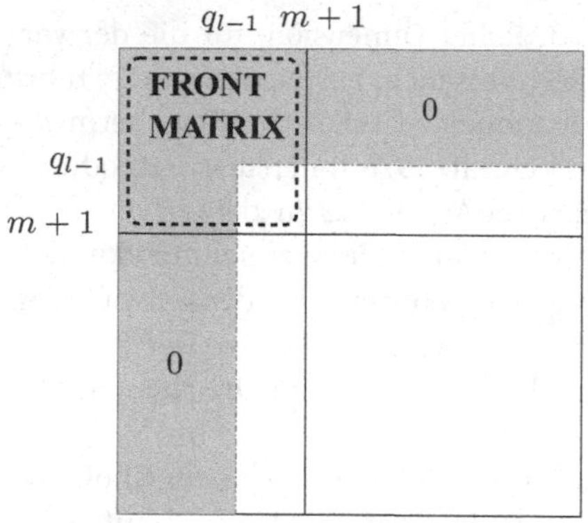

Abbildung 3.3 Frontmatrix mit vollständig aufgebauten Zeilen und Spalten (grau).

dennoch durchgeführt werden. Die nachfolgenden Schritte zum weiteren Aufbau von A_h führen zu den gleichen Elementen der Reduktionsmatrix, die man durch Elimination der vollständig aufgebauten Matrix A_h erhalten würde. Ist z. B. $q_1 = 1$ und $q_2 = 2$, so erhält man bei vollständig erzeugtem A_h

$$a_{22}^{(1)} = a_{22} - k_{21} k_{21} \, .$$

Im Fall der Frontlösungsmethode kann die erste Zeile bereits eliminiert werden, bevor A_h^2 berechnet wurde. Weiterer Aufbau von A_h führt zu

$$a_{22}^{(1)} = a_{22}^1 - k_{21} k_{21} + \sum_{\mu \geq 2} a_{22}^\mu$$

$$a_{22}^{(1)} = \sum_{\mu \geq 1} a_{22}^\mu - k_{21} k_{21} = a_{22} - k_{21} k_{21} \, .$$

Aufbau und Eliminationsschritte wechseln einander ab, im Hauptspeicher wird stets nur die Frontmatrix der Dimension $m + 1$ benötigt.

Für die Matrix gemäß Abb. 3.2 mit zugehöriger Knotennummerierung wird in Tabelle 3.1 in der letzten Spalte die Gleichungsnummer angegeben, die nach dem Aufbau bis zum entsprechenden Element eliminiert werden kann.

Beispielhaft betrachten wir den Aufbau und die ersten beiden Eliminationsschritte für die spezielle Matrix A_h aus Abschnitt 2.2. Die dort gegebene Elementnummerierung (vgl. Abb. 2.17) entspricht nicht der Forderung $q_1 \leq q_2 \leq \ldots$, z.B. ist $q_{10} = 1$ aber $q_5 = 2$. Bei der in Abb. 3.4 angegebenen Nummerierung ist diese Forderung erfüllt, die drei Randelemente, die keinen Beitrag zu A_h liefern, wurden von vornherein weggelassen.

Tabelle 3.1 Aufbau- und Eliminationsschritte.

Element	q_i	p_i	belegte Zeilen und Spalten der Frontmatrix	zu eliminierende Gleichung
1	1	3	1–3	1
2	2	5	2–5	–
3	2	5	2–5	2
4	3	6	3–6	3
5	4	8	4–8	–
6	4	8	4–8	4
7	5	9	5–9	–
8	5	9	5–9	5
9	6	10	6–10	6
10	7	11	7–11	7
11	8	12	8–12	–
12	8	12	8–12	8
13	9	13	9–13	–
14	9	13	9–13	9, 10
15	11	14	11–14	11
16	12	15	12–15	–
17	12	15	12–15	12, 13
18	14	16	14–16	14, 15, 16

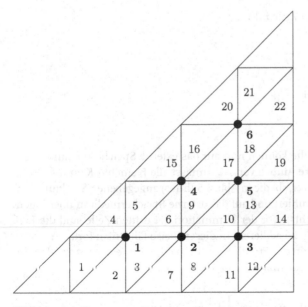

Abbildung 3.4 Elementnummerierung mit $q_1 \leq q_2 \leq \ldots$.

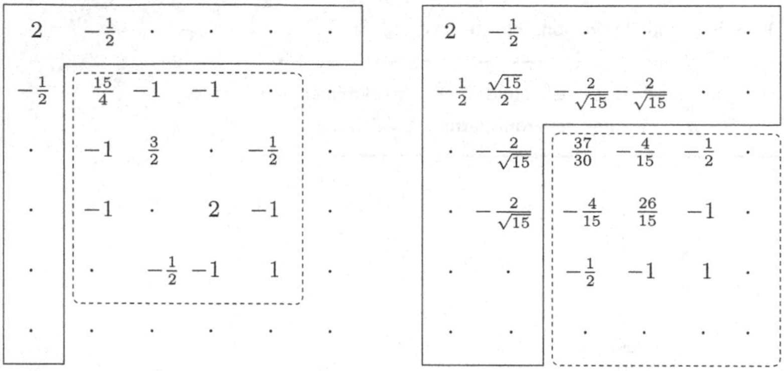

$$\begin{pmatrix} 2 & -\frac{1}{2} & \cdot & \cdot & \cdot & \cdot \\ -\frac{1}{2} & \frac{15}{4} & -1 & -1 & \cdot & \cdot \\ \cdot & -1 & \frac{3}{2} & \cdot & -\frac{1}{2} & \cdot \\ \cdot & -1 & \cdot & 2 & -1 & \cdot \\ \cdot & \cdot & -\frac{1}{2} & -1 & 1 & \cdot \\ \cdot & \cdot & \cdot & \cdot & \cdot & \cdot \end{pmatrix} \qquad \begin{pmatrix} 2 & -\frac{1}{2} & \cdot & \cdot & \cdot & \cdot \\ -\frac{1}{2} & \frac{\sqrt{15}}{2} & -\frac{2}{\sqrt{15}} & -\frac{2}{\sqrt{15}} & \cdot & \cdot \\ \cdot & -\frac{2}{\sqrt{15}} & \frac{37}{30} & -\frac{4}{15} & -\frac{1}{2} & \cdot \\ \cdot & -\frac{2}{\sqrt{15}} & -\frac{4}{15} & \frac{26}{15} & -1 & \cdot \\ \cdot & \cdot & -\frac{1}{2} & -1 & 1 & \cdot \\ \cdot & \cdot & \cdot & \cdot & \cdot & \cdot \end{pmatrix}$$

Abbildung 3.5 Bestimmung und schrittweise Übertragung der Cholesky-Zerlegung in den externen Speicher.

Da $q_1 = \ldots = q_6 = 1$ und $q_7 = 2$ ist, wird die Matrix A_h im ersten Schritt durch Addition der ersten sechs Elementmatrizen $A_h^1, \ldots, A_h^6$ aufgebaut. Man erhält

$$\begin{pmatrix} 4 & -1 & \cdot & \cdot & \cdot & \cdot \\ -1 & \frac{3}{2} & \cdot & -\frac{1}{2} & \cdot & \cdot \\ \cdot & -\frac{1}{2} & \cdot & 1 & \cdot & \cdot \\ \cdot & \cdot & \cdot & \cdot & \cdot & \cdot \\ \cdot & \cdot & \cdot & \cdot & \cdot & \cdot \end{pmatrix}$$

Die Elimination der ersten Zeile führt zu

$$\begin{pmatrix} 2 & -\frac{1}{2} & \cdot & \cdot & \cdot & \cdot \\ -\frac{1}{2} & \frac{5}{4} & \cdot & -\frac{1}{2} & \cdot & \cdot \\ \cdot & -\frac{1}{2} & \cdot & 1 & \cdot & \cdot \\ \cdot & \cdot & \cdot & \cdot & \cdot & \cdot \\ \cdot & \cdot & \cdot & \cdot & \cdot & \cdot \end{pmatrix}$$

Die erste Zeile und Spalte können nun auf das externe Speichermedium übertragen werden. Der weitere Aufbau von A_h umfasst alle Elemente K_μ mit $q_\mu = 2$, hier also $A_h^7, \ldots, A_h^{10}$. Dies ergibt die in Abb. 3.5 (links) angegebenen Struktur. Nun kann die zweite Zeile eliminiert und auf das externe Speichermedium übertragen werden (vgl. Abb. 3.5, rechts). Vor der Elimination der dritten Zeile sind die Elementmatrizen $A_h^{11}, \ldots, A_h^{14}$ zu addieren. In dieser Weise fährt man fort.

Das beschriebene Prinzip der Frontlösungsmethode kann erweitert werden, in dem man den Aufbau der Koeffizientenmatrix gemäß

$$A_h = \sum_{\mu=1}^{m} A_h^\mu = \underbrace{\left[A_h^1 + \cdots + A_h^k \right]}_{C_h^1} + \underbrace{\left[A_h^{k+1} + \cdots + A_h^l \right]}_{C_h^2} + \ldots$$

hierarchisch betrachtet. Für jeden Klammerausdruck kann man eine Frontalmatrix aufbauen, man spricht dann von einer Multifrontlösungsmethode [24].

Moderne direkte Lösungsverfahren für schwach besetzte Systeme verbinden die in Abschnitt 3.1 dargestellten Prinzipien der Pivotsuche mit Frontlösungskonzepten und erlauben die Lösung von Gleichungssystemen von bis zu 100 000 Unbekannten in akzeptabler Rechenzeit. Der direkte Löser UMFPACK V4.3 [21] wurde für schwach besetzte Systeme mit unsymmetrischer Koeffizientenmatrix A entwickelt und findet in der viel genutzten MATLAB$^{\circledR}$-Umgebung als $x = A \backslash b$ Anwendung. UMFPACK faktorisiert die Matrix $PRAQ$ in das Produkt LU. Der Permutationsmatrix Q entspricht eine Umnummerierung der Spalten, die ausgewählt wird, um eine gute obere Schranke für das „fill in" zu sichern, wobei die Nummerierung im Prozess der Faktorisierung weiter verfeinert wird, ohne die „fill in" Schranke zu überschreiten. Die durch die Matrix P ausgedrückte Zeilennummerierung wird während der Faktorisierung so gewählt, dass numerische Stabilität gewährleistet und die schwache Besetztheit erhalten bleibt. Die Diagonalmatrix R dient der Zeilenskalierung der Matrix A. Für Details verweisen wir auf [21, 22].

3.3
Iterative Verfahren

3.3.1
Allgemeine Bemerkungen

Ein *lineares Einschrittverfahren* zur iterativen Lösung des linearen Gleichungssystems

$$Ax = b$$

besitzt die allgemeine Form

$$B \frac{x^{k+1} - x^k}{\tau_k} + Ax^k = b , \quad k = 0, 1, 2, \ldots , \tag{3.1}$$

dabei sind die τ_k Iterationsparameter, und B ist eine nichtsinguläre Matrix. Für ein explizites Iterationsverfahren ist B die Einheitsmatrix, und zur Berechnung einer neuen Näherung x^{k+1} gemäß

$$x^{k+1} = x^k + \tau_K(b - Ax^k)$$

ist im wesentlichen eine Matrix-Vektor-Multiplikation erforderlich. Diese Verfahren heißt *Richardson-Iteration*. Implizite Iterationsverfahren ($B \neq E$) erfordern zusätzlich die Auflösung eines Gleichungssystems $By = d$. Andererseits beeinflusst die Wahl von B die Anzahl der notwendigen Iterationsschritte für einen akzeptablen Näherungswert. Im Extremfall ist $B = \tau_k A$, für eine beliebige Anfangsnäherung x^0 wird in einem Iterationsschritt die Lösung erreicht, wobei jedoch die

Lösung des Systems $By = d$ ebensoviel arithmetische Operationen erfordert wie die direkte Lösung des Ausgangssystems $Ax = b$. Die Wahl von B hat nun so zu erfolgen, dass die Systeme $By = d$ mit geringem Aufwand gelöst werden können und die Zahl der Iterationen gering bleibt. Ist x^* die exakte Lösung von (3.1) und bezeichnet man mit $e^k = x^k - x^*$ die Folge der Fehlervektoren, so gilt die Iterationsvorschrift

$$e^{k+1} = T_k e^k, \quad e^0 = x^0 - x^*$$

mit der *Iterationsmatrix*

$$T_k = I - \tau_k B^{-1} A.$$

Oft betrachtet man Verfahren mit $\tau_k = \tau$ für alle k, dann folgt auch $T_k = T$ für alle k, und es gilt

Satz 3.1

Das Einschrittverfahren (3.1) mit $\tau_k = \tau$ für alle k konvergiert genau dann für alle Startvektoren x^0 gegen die exakte Lösung x^*, wenn alle Eigenwerte der Iterationsmatrix T dem Betrage nach kleiner als Eins sind.

Im Gegensatz zu den direkten Verfahren benötigt man bei iterativen Verfahren ein Abbruchkriterium, nach dem entschieden wird, wann die Iteration gestoppt wird. Ein Maß für den Fehler ist der Abstand des Lösungsvektors $x^* = (x_1^*, \ldots, x_N^*)$ zum k-ten Näherungsvektor $x^k = (x_1^k, \ldots, x_N^k)$. Man nennt diesen Abstand auch *euklidische Norm* und führt die Bezeichnung ein

$$\|x^* - x^k\| = \sqrt{\sum_{i=1}^{N} \left(x_i^* - x_i^k\right)^2}. \tag{3.2}$$

Im Idealfall hat man eine Fehlerabschätzung

$$\|x^* - x^k\| \le C_k \|x^0 - x^*\|$$

und stoppt das Verfahren, wenn C_k kleiner ist als eine vorgegebene Schranke $\varepsilon > 0$. C_k ist der Faktor, um den sich der Anfangsfehler $\|x^0 - x^*\|$ nach k Iterationen mindestens reduziert hat. Praktisch stoppt man ein Verfahren oft, wenn für die Differenz zweier aufeinanderfolgender Näherungen gilt

$$\|x^{k+1} - x^k\| < \varepsilon, \tag{3.3}$$

oder wenn für den Rest $r^k = b - Ax^k$ (auch *Residuum* oder *Defekt* genannt) gilt

$$\|r^k\| < \varepsilon. \tag{3.4}$$

Beide Kriterien (3.3) und (3.4) besitzen den Nachteil, dass der Fehler $e^k = x^k - x^*$ auch für kleine ε relativ groß sein kann. Man benötigt noch gewisse Zusatzinformationen, um aus (3.3) bzw. (3.4) auf die Güte der Näherung x^k schließen zu können. Aus der Beziehung

$$(I - T)e^k = -(x^{k+1} - x^k)$$

folgt

$$\|e^k\| \leq \frac{\|x^{k+1} - x^k\|}{\sqrt{|\mu_{\min}|}} \ .$$

$\mu_{\min}$ ist der (betragmäßig) kleinste Eigenwert der Matrix $(I - T)^\top \cdot (I - T)$. Für symmetrische Matrizen T gilt insbesondere $\sqrt{|\mu_{\min}|} = 1 - |\lambda_{\max}|$, dabei ist $\lambda_{\max}$ der betragsmäßig größte Eigenwert von T.

Im Falle des Kriteriums (3.4) erhalten wir aus

$$r^k = Ae^k$$

sofort

$$\|e^k\| \leq \frac{\|r^k\|}{\sqrt{|\nu_{\min}|}}$$

mit dem betragsmäßig kleinsten Eigenwert $\nu_{\min}$ der Matrix $A^\top A$. Für symmetrische Matrizen A gilt speziell $\sqrt{|\nu_{\min}|} = |\lambda_{\min}|$, dabei ist $\lambda_{\min}$ der betragsmäßig kleinste Eigenwert von A. Um also die Güte der Approximation x^k bei Anwendung der Abbruchkriterien (3.3) bzw. (3.4) sicher beurteilen zu können, benötigt man Abschätzungen für die entsprechenden Eigenwerte.

3.3.2
Das Jacobi-Verfahren, das Gauß-Seidel-Verfahren und das Verfahren der sukzessiven Überrelaxation (SOR)

Wählt man $\tau = 1$ und für B die Diagonale von A, so erhält man das *Jacobi-Verfahren*. Die Auflösung der Systeme $By = d$ ist wegen

$$B = \begin{bmatrix} a_{11} & & 0 \\ & \ddots & \\ 0 & & a_{NN} \end{bmatrix}$$

sehr einfach und in nur N arithmetischen Operationen möglich. Das Iterationsverfahren (3.1) kann somit in der Form

$$a_{ii}x_i^{k+1} = b_i - \sum_{j \neq i} a_{ij}x_j^k \ , \quad i = 1, \ldots, N \ ,$$

dargestellt werden. Alle Komponenten x_i^{k+1} der neuen Näherung x^k können gleichzeitig, in einem Schritt aus x^k berechnet werden. Man nennt das Jacobi-Verfahren daher auch Gesamtschrittverfahren. Neben dem Speicherplatzbedarf für die Koeffizientenmatrix, dem Vektor der rechten Seite und dem ‚neuen' Lösungsvektor ist zusätzlich ein temporärer Vektor der Länge N für die ‚alte' Näherung abzuspeichern. Wegen der bei der Methode der finiten Elemente üblichen schwachen Besetztheit der Koeffizientenmatrix kann die *i*-te Komponente der neuen Näherung x^k aus wenigen benachbarten Größen des Finiten-Elemente-Netzes berechnet werden, ein Umstand, der für das Rechnen auf Parallelrechnern mit verteiltem Speicher besondere Bedeutung besitzt [29].

Wählt man im Iterationverfahren (3.1) $\tau = 1$ und für B die untere Dreiecksmatrix von A, so erhält man das *Gauß-Seidel-Verfahren*. Die Auflösung der Systeme $By = d$ entspricht jetzt dem Prozess des Vorwärtseinsetzens. Unter Berücksichtigung von

$$B = \begin{bmatrix} a_{11} & & 0 \\ \vdots & \ddots & \\ a_{N1} & \cdots & a_{NN} \end{bmatrix}$$

kann das Verfahren in der Form

$$a_{ii} x_i^{k+1} = b_i - \sum_{j<i} a_{ij} x_j^{k+1} - \sum_{j>i} a_{ij} x_j^k \,, \quad i = 1, \ldots, N \,,$$

dargestellt werden. Ausgehend von einer Näherung x^k berechnet man die erste Komponente x_1^{k+1} der folgenden Näherung x^{k+1} aus der ersten Gleichung. Zur Berechnung von $x_2^{k+1}, \ldots, x_N^{k+1}$ wird x_1^k nicht mehr benötigt. Also speichert man zweckmäßigerweise den berechneten Wert x_1^{k+1} gleich auf dem Platz von x_1^k. Entsprechend werden die Werte $x_2^{k+1}, \ldots, x_N^{k+1}$ unmittelbar nach ihrer Berechnung auf den Platz $x_2^k, \ldots, x_N^k$ gespeichert. Eine parallele Berechnung aller Lösungskomponenten ist nun allerdings nicht mehr möglich. Im Unterschied zum Jacobi-Verfahren nennt man daher das Gauß-Seidel-Verfahren auch Einzelschrittverfahren. Die Anzahl der wesentlichen arithmetischen Operationen für einen Iterationsschritt beträgt bei vollbesetzter Matrix N^2. Im Fall einer Bandmatrix reduziert sie sich auf δN, wobei δ die mittlere Anzahl der Nichtnullelemente in einer Zeile bezeichnet. Die schwache Besetztheit der Matrix A kann somit voll ausgenutzt werden, im Verlauf der Rechnung wird kein zusätzlicher Speicherplatz benötigt.

Für die Durchführung des Jacobi- und Gauß-Seidel-Verfahrens ist notwendig, dass die Diagonale von A nur aus Nichtnullelementen besteht, also $a_{11}, a_{22}, \ldots,$ a_{NN} verschieden von Null sind. Hinreichend für die Konvergenz der Methoden sind folgende Kriterien:

Lemma 3.1

Das Jacobi-Verfahren konvergiert für einen beliebigen Startwert x^0, falls das Zeilensummenkriterium

$$\max_i \sum_{j \neq i} \left| \frac{a_{ij}}{a_{ii}} \right| < 1$$

oder das Spaltensummenkriterium

$$\max_{j} \sum_{i \neq j} \left| \frac{a_{ij}}{a_{ii}} \right| < 1$$

gilt.

Lemma 3.2

Das Gauß-Seidel-Verfahren konvergiert für einen beliebigen Startwert x^0, wenn $\gamma_1, \ldots, \gamma_N < 1$ gilt, wobei

$$\gamma_1 = \sum_{j=2}^{N} \left| \frac{a_{1j}}{a_{11}} \right|,$$

$$\gamma_i = \sum_{j=1}^{i-1} \left| \frac{a_{ij}}{a_{ii}} \right| \gamma_j + \sum_{j=i+1}^{N} \left| \frac{a_{ij}}{a_{ii}} \right|, \quad i = 2, \ldots, N.$$

Es sei vermerkt, dass das in Lemma 3.1 formulierte Zeilensummenkriterium hinreichend dafür ist, dass $\gamma_1, \ldots, \gamma_N < 1$ gilt. Bezüglich schwächerer Konvergenzkriterien für spezielle Matrizen verweisen wir auf [35].

Für das Lösen der bei der FEM entstehenden großen Gleichungssysteme ist die Abhängigkeit der Konvergenzgeschwindigkeit des Jacobi- und Gauß-Seidel-Verfahrens von der Feinheit h des Netzes interessant. Leider verringert sich die Konvergenzgeschwindigkeit beider Verfahren mit Verfeinerung des Netzes. Eine genaue Analyse des in Kapitel 2 behandelten Modellproblems zeigt, dass de r Faktor der Fehlerreduktion C_1 in jedem Iterationsschritt in Abhängigkeit von der Netzweite $h = 1/M$ der Beziehung

$$C_1 = 1 - O(h^2)$$

genügt. In Abb. 3.6 ist der Faktor der Fehlerreduktion in Abhängigkeit von der Anzahl der Iterationen für die Schrittweiten $h = 1/16$, $h = 1/32$, $h = 1/64$ und $h = 1/128$ dargestellt. Während das Gauß-Seidel-Verfahren etwas schneller konvergiert, ist die qualitative Verschlechterung der Konvergenzgeschwindigkeit bei beiden Verfahren gleich.

Eine Verbesserung gelang 1950 mit dem *Verfahren der sukzessiven Überrelaxation* (SOR), das bei optimaler Wahl des Relaxationsparameters eine Fehlerreduktion in jedem Iterationsschritt um

$$C_1 = 1 - O(h)$$

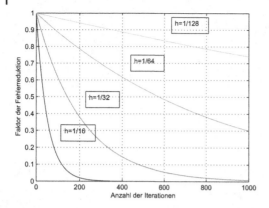

Abbildung 3.6 Faktor der Fehlerreduktion beim Gesamtschrittverfahren.

ermöglicht. Man erhält das Verfahren der sukzessiven Überrelaxation, indem man die Änderung $x_i^* - x_i^k$ in jedem Gauß-Seidel-Einzelschritt

$$a_{ii} x_i^* = b_i - \sum_{j<i} a_{ij} x_j^{k+1} - \sum_{j>i} a_{ij} x_j^k$$

mit einem Faktor ω multipliziert, also

$$x_i^{k+1} = x_i^k + \omega \left(x_i^* - x_i^k \right) \; .$$

Das SOR-Verfahren ist auch in der Form (3.1) darstellbar, hierzu wählt man $\tau = \omega$ und

$$B = \begin{bmatrix} a_{11} & & & 0 & \cdot \\ \omega\,a_{21} & \ddots & & & \\ \vdots & & \ddots & & \ddots \\ \omega\,a_{N,1} & \cdots & & \omega\,a_{N,N-1} & a_{NN} \end{bmatrix} .$$

Da B ebenfalls Dreiecksstruktur besitzt, ist der Aufwand an wesentlichen arithmetischen Operationen in einem Iterationsschritt ebenso hoch wie beim Gauß-Seidel-Verfahren. In Komponentenschreibweise lautet das SOR-Verfahren

$$a_{ii} x_i^{k+1} = \omega \left(b_i - \sum_{j<i} a_{ij} x_j^{k+1} - \sum_{j>i} a_{ij} x_j^k \right) + (1-\omega) a_{ii} x_i^k \; ,$$

$i = 1, \ldots, N$. Für die Realisierbarkeit des Verfahrens ist wieder notwendig, dass die Diagonalelemente von A, also $a_{11}, a_{22}, \ldots, a_{NN}$ von Null verschieden sind.

Lemma 3.3

Ist A symmetrisch und positiv definit, so sind alle Diagonalelemente a_{ii} von Null verschieden und das SOR-Verfahren konvergiert für alle ω mit $0 < \omega < 2$ gegen die exakte Lösung x^* des Gleichungssystems. Als Spezialfall des SOR-Verfahrens ($\omega = 1$) konvergiert unter gleichen Voraussetzungen auch das Gauß-Seidel-Verfahren.

Die Frage nach der Wahl des optimalen (im Sinne einer schnellen Konvergenz des Iterationsverfahrens) Relaxationsparameters ω kann nur in Spezialfällen beantwortet werden. So ist für bestimmte Klassen von Matrizen die Abhängigkeit des Faktors der Fehlerreduktion C_1 in einem SOR-Iterationsschritt vom Relaxationsparameter und vom größten Eigenwert β der Iterationsmatrix des Jacobi-Verfahrens bekannt [35]:

$$
C_1(\omega, \beta) = \begin{cases} 1 - \omega + \dfrac{1}{2}\omega^2\beta^2 + \omega\beta\sqrt{1 - \omega + \dfrac{\omega^2\beta^2}{4}} & \text{für } 0 < \omega \le \omega_{\text{opt}} \\ \omega - 1 & \text{für } \omega_{\text{opt}} \le \omega < 2 \end{cases}
$$

mit $\omega_{\text{opt}} = \dfrac{2}{1 + \sqrt{1 - \beta^2}}$. Um nun β zu schätzen, bietet sich die folgende Vorgehensweise an: Man wählt $\omega < \omega_{\text{opt}}$ (z.B. $\omega = 1$), führt einige Iterationsschritte durch und bestimmt aus den Quotienten $\dfrac{\|x^{k+1} - x^k\|}{\|x^k - x^{k-1}\|}$ eine Näherung für $C_1(\omega, \beta)$. Hieraus kann ein Näherungswert für β und damit auch für ω_{opt} bestimmt werden. Die oben angegebene Berechnungsformel zeigt ein schnelleres Anwachsen von C_1 für $\omega < \omega_{\text{opt}}$ als für $\omega > \omega_{\text{opt}}$. Deshalb sollte man $\omega \sim \omega_{\text{opt}}$ eher zu groß wählen.

3.3.3
Das Verfahren der konjugierten Gradienten (CG)

Wir erläutern hier die klassische Variante des *Verfahrens der konjugierten Gradienten*, bei der vorausgesetzt wird, dass die Matrix A symmetrisch und positiv definit ist. Am Ende dieses Abschnittes zeigen wir, wie Gleichungssysteme mit unsymmetrischer Koeffizientenmatrix A gelöst werden können.

Das CG-Verfahren (engl.: **C**onjugate **G**radient method) beruht auf der Tatsache, dass die Lösung x^* des linearen Gleichungssystems $Ax = b$ zugleich die quadratische Funktion

$$
F(x) = \frac{1}{2}x^\top A x - b^\top x
$$

minimiert.

Seien x^0 ein Startwert und $r^k = b - Ax^k$ der Defekt im k-ten Iterationsschritt. Der neue Näherungswert x^{k+1} wird in der Form

$$
x^{k+1} = x^k + \lambda_0 r^0 + \cdots + \lambda_k r^k
$$

angesetzt, und die Koeffizienten λ_i werden aus der Forderung

$$F(x^{k+1}) = \min_{\lambda_i} F(x^k + \lambda_0 r^0 + \cdots + \lambda_k r^k)$$

bestimmt. Diese Idee führt zu dem erstmals von Hestenes und Stiefel im Jahre 1952 vorgestellten Algorithmus:

1. Für einen Startwert x^0 berechne man

$$r^0 = b - Ax^0, \qquad p^0 = r^0.$$

2. Für $k = 0, 1, 2, \ldots$ teste man, ob $p^k = 0$.
   Wenn ja, ist x^k Lösungsvektor.
   Wenn nicht, berechne man

$$\alpha_k = \frac{(r^k)^\top r^k}{(p^k)^\top Ap^k},$$

$$x^{k+1} = x^k + \alpha_k p^k,$$

$$r^{k+1} = r^k - \alpha_k Ap^k,$$

$$\beta_k = \frac{(r^{k+1})^\top r^{k+1}}{(r^k)^\top r^k},$$

$$p^{k+1} = r^{k+1} + \beta_k p^k.$$

Theoretisch endet das CG-Verfahren in N Schritten mit der exakten Lösung x^*, aufgrund von Rundungsfehlern wird dies auf Computern i. allg. nicht erreicht. Die Genauigkeit der k-ten Näherung x^k hängt vom Startwert x^0 und von der Verteilung der Eigenwerte der Matrix A ab, im günstigsten Fall kommt man mit weniger als N Schritten aus. Verwendet man als Maß für den Fehler nicht die euklidische Norm $\|y\|$, sondern die durch die symmetrische, positiv definite Matrix A erzeugte energetische Norm $\|y\|_A = \sqrt{y^\top A y}$, so hat man folgende Aussage für das CG-Verfahren:

Lemma 3.4

Sind $\lambda_{\min}, \lambda_{\max}$ der kleinste bzw. größte Eigenwert einer symmetrischen, positiv definiten Matrix A und ist $\kappa = \dfrac{\lambda_{\max}}{\lambda_{\min}}$, so gilt die Fehlerabschätzung

$$\|x^k - x^*\|_A \leq \left(\frac{\sqrt{\kappa} - 1}{\sqrt{\kappa} + 1}\right)^k \|x^0 - x^*\|_A.$$

κ heißt auch *Kondition der Matrix A*.

Extrem günstig ist also die Anwendung des Verfahrens für Matrizen mit Konditionszahlen nahe bei Eins. Allerdings ist die angegebene Fehlerabschätzung oft zu pessimistisch, weil die konkrete Verteilung aller Eigenwerte innerhalb des Intervalls $[\lambda_{\min}, \lambda_{\max}]$ in der Abschätzung unberücksichtigt bleibt. Tatsächlich liefern schon wenige CG-Schritte akzeptable Näherungen, wenn die Eigenwerte sich in wenigen Gruppen häufen. Treten im Extremfall nur $l \ll N$ verschiedene Eigenwerte auf, endet das Verfahren theoretisch in l Schritten.

Für elliptische Randwertprobleme zweiter Ordnung genügt die Kondition der beim Verfahren der finiten Elemente erzeugten Matrizen der Abschätzung (in Abschnitt 9.3 zeigen wir dies für ein Modellproblem)

$$\kappa \leq C h^{-2}.$$

Fordert man dann

$$\left(\frac{\sqrt{\kappa}-1}{\sqrt{\kappa}+1}\right)^k \leq \left(\frac{\sqrt{C}-h}{\sqrt{C}+h}\right)^k < \varepsilon,$$

so erhält man für die Zahl der für eine Fehlerreduktion um den Faktor ε erforderlichen Iterationen

$$k \approx \frac{C}{h} \ln \frac{1}{\varepsilon}.$$

Die Faktoren der Fehlerreduktion sind damit beim CG-Verfahren und beim SOR-Verfahren asymptotisch gleich. Der wesentliche Vorteil des CG-Verfahrens gegenüber dem SOR-Verfahren besteht jedoch darin, dass zur Durchführung des CG-Verfahrens auf die Kenntnis des optimalen Relaxationsparameters ω_{opt} verzichtet werden kann.

Bei der rechentechnischen Realisierung des CG-Verfahrens ist die Speicherung der vier Vektoren x^k, r^k, p^k, Ap^k erforderlich. Die Zahlenparameter α_k und β_k besitzen nur kurzzeitig Bedeutung. Damit ist der Speicher- und Rechenaufwand für einen CG-Schritt im Fall einer Bandmatrix mit fester Bandbreite proportional zur Dimension N des Gleichungssystems.

Die Durchführung eines Iterationsschrittes erfordert nicht unbedingt die explizite Kenntnis der Koeffizientenmatrix A und damit nicht notwendig deren Speicherung. Wie in Abschnitt 2.2.1 beschrieben, setzt sich die Koeffizientenmatrix A aus den Elementmatrizen A^μ, $\mu = 1, \ldots, M$, additiv zusammen, also

$$A = \sum_{\mu=1}^{M} A^\mu.$$

Folglich kann der im CG-Verfahren benötigte Vektor $w^k = Ap^k$ auch elementweise nach der Vorschrift

$$w^k = \sum_{\mu=1}^{M} A^\mu p^k$$

berechnet werden.

Lineare Gleichungssysteme mit unsymmetrischer Koeffizientenmatrix können im einfachsten Fall durch Übergang zum System

$$A^\top A x = A^\top b$$

mit dem CG-Verfahren gelöst werden, denn $B = A^\top A$ ist symmetrisch und positiv definit. Wegen

$$\kappa(A^\top A) = [\kappa(A)]^2$$

verschlechtert sich i. allg. die Kondition signifikant, deshalb wendet man diese Idee meist nicht an.

Eine andere Idee basiert auf der Tatsache, dass für symmetrische, positiv definite Matrizen die dem CG-Verfahren zugrunde liegende quadratische Form $F(x)$ auch in der Form

$$F(x) = \frac{1}{2} \|Ax - b\|_{A^{-1}}^2 - \frac{1}{2} \|b\|_{A^{-1}}^2$$

dargestellt werden kann. Mit A symmetrisch, positiv definit ist nämlich auch A^{-1} symmetrisch und positiv definit, daher die Norm $\|\cdot\|_{A^{-1}}$ definiert. Darüberhinaus gilt mit gewissen Koeffizienten $\mu_1, \ldots, \mu_m$

$$x^{m+1} = x^0 + \mu_0 r^0 + \cdots + \mu_k A^{m-1} r^0 \ .$$

Die Minimierung von F zur Bestimmung des $(m+1)$-ten Näherungswertes x^{m+1} ist damit äquivalent der Minimierung des Defektes auf dem *Krylov-Raum* $K_m(r^0, A)$ in der Norm $\|.\|_{A^{-1}}$, wobei der Raum $K_m(r^0, A)$ definiert ist als Menge aller Vektoren z der Form

$$z = \mu_0 r^0 + \cdots + \mu_k A^{m-1} r^0$$

mit geeignet gewählten Koeffizienten $\mu_1, \ldots, \mu_m$. Diese Idee, die Minimierung des Defektes in einer bestimmten Norm, kann auf unsymmetrische Matrizen übertragen werden. Für unsymmetrische bzw. nicht positiv definite Matrizen A ist jedoch $\sqrt{y^\top A^{-1} y}$ nicht notwendig eine Norm. Das von Saad und Schultz 1983 vorgestellte GMRES-Verfahren (engl.: **G**eneralized **M**inimal **RES**idual method) verwendet stattdessen die euklidische Norm $\|.\|$. Während beim CG-Verfahren die Lösung des entsprechenden Minimumproblems auf die oben beschriebenen rekursiven Formeln führt und man mit der Speicherung von vier Vektoren auskommt, benötigt man beim GMRES-Verfahren für die Lösung der Minimumaufgabe

$$\|b - Ax^{m+1}\| = \min_{z \in K_m(r^0, A)} \|b - A(x^0 + z)\| = \min_{z \in K_m(r^0, A)} \|r^0 - Az)\|$$

alle den Krylov-Raum aufspannenden Vektoren $r^0, Ar^0, \ldots, A^{m-1} r^0$. Dies führt aber sehr schnell zu hohen Speicherplatzanforderungen. In der Praxis begrenzt man daher die Dimension des Krylov-Raumes auf eine den Speicherressourcen entsprechende Zahl m und startet mit dem erreichten Residuum nach m Schritten das Verfahren neu.

Restart-Version von GMRES(m):

1. Start: Für einen Startwert x^0 berechne man

$$r^0 = b - Ax^0 \,.$$

2. Iteration: Seien x^k und r^k gegeben. Für $k = 0, 1, 2, \ldots$

   a. ermittle man $\hat{z} \in K_m(r^k, A)$ aus

   $$\|r^k - A\hat{z}\| = \min_{z \in K_m(r^k, A)} \|r^k - Az\|$$

   b. und setze $x^{k+1} = x^k + \hat{z}$.

Für die Abnahme der Residuen beim GMRES(m)-Verfahren gilt folgende Konvergenzaussage:

Lemma 3.5

Ist der symmetrische Anteil S von A, $S := \frac{1}{2}(A + A^\top)$, positiv definit, so gilt für das GMRES(m)-Verfahren die Abschätzung

$$\|r^k\| \leq \left(1 - \frac{\lambda_{\min}^2(S)}{\lambda_{\max}(A^\top A)}\right)^{\frac{mk}{2}} \|r^0\|$$

Zu beachten ist, dass bei schlecht konditionierter Matrix die Abnahme des Residuums in den ersten Iterationsschritten nicht zwangsläufig zu einer Abnahme des Fehlers führen muss, vgl. Abschnitt 3.3.1. In der Tat gibt es Fälle, bei denen eine Abnahme des Fehlers wesentlich später als die Abnahme des Residuums eintritt.

3.3.4
Vorkonditionierte CG-Verfahren (PCG)

Das CG-Verfahren wird zu einer sehr effizienten Methode, wenn man die Kondition der Koeffizientenmatrix des zu lösenden Gleichungssystems verbessert. Die Vorkonditionierung (engl.: Preconditioning) kann durch Multiplikation des Gleichungssystems mit einer geeigneten Matrix C^{-1} erreicht werden, man erhält

$$C^{-1}Ax = C^{-1}b \,.$$

Ideal wäre $C = A$, weil dann $C^{-1}A$ die Einheitsmatrix ist, die die Konditionszahl $\kappa(I) = 1$ hat. Eine gute Kondition kann deshalb erwartet werden, wenn C näherungsweise mit A übereinstimmt.

Da $C^{-1}A$ auch für symmmetrisches C und A nicht notwendig symmetrisch ist, kann zur Lösung des obigen Gleichungssystems das CG-Verfahren nicht unmittelbar verwendet werden. Seien C und A symmetrische, positiv definite Matrizen und $C = LL^\top$ die Cholesky-Zerlegung der Matrix C. Wendet man nun das CG-Verfahren auf das Gleichungssystem

$$A^* x^* = b^*$$

mit $A^* = L^{-1}A(L^{-1})^\top, x^* = L^\top x, b^* = L^{-1}b$ an, so ist A^* symmetrisch und positiv definit und die Eigenwerte von A^* und $C^{-1}A$ stimmen überein.

Die Umrechnung auf die alten Größen A, b und x ergibt folgende Variante des vorkonditionierten CG-Verfahrens:

1. Man wähle $C = LL^\top$ und berechne für einen Startwert x^0

$$r^0 = b - Ax^0, \qquad s^0 \quad \text{aus} \quad Cs^0 = r^0, \quad q^0 = s^0.$$

2. Für $k = 0, 1, 2, \ldots$ teste man, ob $r^k = 0$.
   Wenn ja, ist x^k Lösungsvektor.
   Wenn nicht, berechne man

$$\alpha_k = \frac{(r^k)^\top s^k}{(q^k)^\top A q^k},$$

$$x^{k+1} = x^k + \alpha_k q^k,$$

$$r^{k+1} = r^k - \alpha_k A q^k,$$

$$s^{k+1} \quad \text{aus} \quad Cs^{k+1} = r^{k+1},$$

$$\beta_k = \frac{(r^{k+1})^\top s^{k+1}}{(r^k)^\top s^k},$$

$$q^{k+1} = s^{k+1} + \beta_k q^k.$$

Im Vergleich zum nicht vorkonditionierten CG-Verfahren erhöht sich der Aufwand durch die zusätzliche Speicherung des Vektors s^k und durch die Auflösung des Gleichungssystems $Cs^{k+1} = r^{k+1}$ in jedem CG-Schritt. Dieser Mehraufwand ist dann gerechtfertigt, wenn er zu einer Senkung der erforderlichen Iterationsschritte und damit zu einer Senkung des Gesamtaufwandes führt.

Skalierung

Eine sehr einfache Vorkonditionierung erreicht man bereits, indem für die Matrix C die Diagonale von A, also

$$c_{ii} = a_{ii}, \quad i = 1, \ldots, N, \quad c_{ij} = 0, \quad i \neq j, \quad i, j = 1, \ldots, N$$

gewählt wird. Verallgemeinerungen hiervon benutzen für C Blockdiagonalmatrizen von A mit invertierbaren Einzelblöcken.

Unvollständige Cholesky-Faktorisierung

Für schwach besetzte, symmetrische, positiv definite Matrizen A bietet sich eine unvollständige Cholesky-Faktorisierung (engl. Incomplete Cholesky factorization) zur Vorkonditionierung des CG-Verfahrens an. Der entstehende Gleichungslöser heißt auch ICCG-Verfahren. Die Idee geht auf Meijerink und van der Vorst (1977) zurück. Man wählt eine Indexmenge P, so dass die zugeordneten Matrixelemente symmetrisch zur Hauptdiagonalen liegen. Aus (i, j) gehört zu P folgt dann (j, i) gehört auch zu P. Vor dem l-ten Reduktionsschritt der Cholesky-Faktorisierung werden alle Elemente $a_{il}^{(l-1)}$ der Reduktionsmatrix weggelassen, für die (i, l) zu P gehört. Im Ergebnis entsteht die Aufspaltung

$$A = LL^\top + R \,,$$

wobei die Elemente von L und R den Beziehungen $k_{ij} = 0$ für $(i, j) \in P$ und $r_{ij} = 0$ für $(i, j) \notin P$ genügen. Das IC-Verfahren erläutern wir am Beispiel der in Abb. 3.1 (rechts) angegebenen Bandmatrix. Dazu sei $P = \{(i, j)$ für $|i - j| \geq 2\}$, das bedeutet, dass außerhalb der Haupt- und den angrenzenden Nebendiagonalen die Matrizen L bzw. $L^\top$ nicht besetzt werden. Vor dem ersten Schritt werden nun die Elemente $a_{15} = a_{51}, a_{16} = a_{61}$ Null gesetzt, folglich entsteht an den Stellen $a_{25}^{(1)} = a_{52}^{(1)}$ keine Auffüllung. Die Reduktionsmatrix nach dem ersten Schritt besitzt die in Abb. 3.7 gezeigte Struktur. Vor dem nächsten Reduktionsschritt werden $a_{26}^{(1)} = a_{62}^{(1)}$ und $a_{27}^{(1)} = a_{72}^{(1)}$ Null gesetzt, und danach wird die Elimination durchgeführt. Die Plätze a_{36} und a_{63} werden nicht aufgefüllt, insbesondere bleiben im 2. Reduktionsschritt die 6. und 7. Zeile unverändert. Dieser Prozess ist so lange ausführbar, solange die Diagonalelemente $a_{11}, a_{22}^{(1)}, \ldots$ positiv sind. Wie Meijerink und von der Vorst zeigten, kann dies für die Klasse der M-Matrizen gesichert werden. Eine Matrix A heißt dabei *M-Matrix*, falls alle Elemente außerhalb der Hauptdiagonalen nicht positiv und alle Elemente von A^{-1} nicht negativ sind. Die bei der Methode der finiten Elemente zu lösenden Gleichungssysteme erfüllen in der Regel diese Forderung nicht (nur für lineare Elemente und unter bestimmten geometrischen Bedingungen an die Zerlegung ist die Forderung realistisch). Deshalb sind verschiedene Modifikationen der unvollständigen Cholesky-Faktorisierung entwickelt worden, die die Ausführbarkeit der Faktorisierung sichern. Die einfachste Idee stammt von Kerschaw (1978). In dem Fall, dass während der Faktorisierung ein nichtpositives Diagonalelement entsteht, ersetzt man dieses durch eine positive Zahl und setzt den Eliminationsprozess fort. Eine andere Variante ergibt sich durch Einführung eines Parameters α (Manteuffel (1980)). Sei

$$A_\alpha = \frac{\alpha}{1 + \alpha} E + \frac{1}{1 + \alpha} A \,.$$

Da A_α für große α der Einheitsmatrix nahekommt, existiert für $\alpha > \alpha_0$ stets eine unvollständige Cholesky-Faktorisierung $L_\alpha L_\alpha^\top$. A_α stimmt andererseits mit A für kleiner werdendes α immer besser überein. Wünschenswert wäre eine Abschätzung des minimalen α, das eine unvollständige Faktorisierung mit Diagonalelementen sichert, die nicht kleiner als eine vorgegebene positive Schranke werden.

	1				5					10
1	x	x								
	x	x	x			x	x			
		x	x	x		x	x			
			x	x			x			
5				x	x				x	x
		x			x	x	x			x
	x	x			x	x	x			
			x	x		x	x			
					x				x	x
10					x	x			x	x

Abbildung 3.7 Besetztheitsmuster der Matrix aus Abb. 3.1 (rechts) nach einem IC-Schritt.

Für nicht symmetrische Matrizen kann analog eine unvollständige LU-Zerlegung mittels ILU-Verfahren (engl. Incomplete LU-factorization) erzeugt werden.

Vorkonditionierer, die auf der Verwendung mehrerer Gitter basieren

Durch Ausnutzung der Informationen auf verschiedenen Gitterebenen können sehr effiziente Vorkonditionierer für symmetrische Probleme konstruiert werden. Wir beschreiben hier nur die grundlegenden Ideen, für die Details verweisen wir auf [74, 75] und [10].

Die dem diskreten Problem

$$\text{Finde } u_h \in V_h, \text{ so dass für alle } v_h \in V_h : \quad a(u_h, v_h) = (f, v_h)$$

entsprechende Matrix A ist von der in V_h gewählten Basis abhängig. Bisher haben wir nur die Knotenbasis betrachtet, d. h. Basisfunktionen, die in einem Gitterpunkt den Wert 1 und in allen anderen den Wert 0 annehmen. Für Gitter, die durch sukzessive Verfeinerung aus einem Anfangsgitter entstehen, bieten sich auch *hierarchische Basisfunktionen* an. Dabei nimmt man mit jeder Verfeinerung des Gitters, die zu den neu entstehenden Gitterpunkten gehörenden Knotenbasisfunktionen hinzu. Auf der k-ten Verfeinerungsstufe bezeichnen wir die Menge der Gitterpunkte mit N_k und die zugehörigen Knotenbasisfunktionen mit $\psi_i^{(k)}$, $i \in N_k \setminus N_{k-1}$ (vgl. Abb. 3.8). Jede Funktion u_h auf dem feinen Gitter der Stufe l kann dann in der Form

$$u_h = \sum_{k=0}^{l} \sum_{i \in N_k \setminus N_{k-1}} u_{ik} \, \psi_i^{(k)}$$

dargestellt werden. Bezeichnen wir die hierarchischen Basisfunktionen beginnend mit der Verfeinerungsstufe 0 der Reihe nach durch $\Phi_1, \Phi_2, \ldots$, so ist die

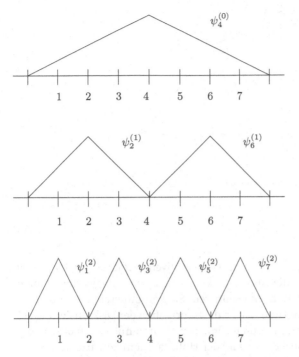

Abbildung 3.8 Hierarchische Basisfunktionen im eindimensionalen Fall.

dieser Basis entsprechende Matrix $\widehat{A}$ durch $\hat{a}_{ij} = a(\Phi_j, \Phi_i)$ gegeben. Ein gu-
ter Vorkonditionierer $L\ L^\top$ kann durch eine Blockdiagonalmatrix, die aus der
0-ten Verfeinerungsstufe entsprechenden Matrix $\widehat{A}_0$ und weiteren Diagonalelementen zur Skalierung besteht, konstruiert werden. Man kann zeigen [74], dass
im zweidimensionalen Fall die Kondition der resultierenden Matrix $L^{-1}\widehat{A}(L^{-1})^\top$
nur noch quadratisch mit der Anzahl der Verfeinerungsstufen wächst. Dies bedeutet insbesondere, dass die Kondition der im CG-Verfahren verwendeten Matrix
bei Verfeinerung des Netzes nur noch wie $|\log h|^2$ wächst, im Gegensatz hier-
zu wächst die Kondition der der Knotenbasis entsprechenden Matrix A wie h^{-2}.
Die Folge ist eine kleinere Anzahl von Iterationen, um eine Fehlerreduktion um
den Faktor ϵ zu erreichen. Leider gilt diese Aussage für den dreidimensionalen
Fall nicht. Von Bramble, Pasciak und Xu wurde ein ähnlicher Vorkonditionierer
entwickelt, der diesen Nachteil im dreidimensionalen Fall vermeidet [12].

Die der hierarchischen Basis entsprechende Matrix $\widehat{A}$ ist im Vergleich zur Matrix, die der üblichen Knotenbasis entspricht, stärker besetzt. Sie wird im PCG-
Verfahren allerdings nicht direkt benötigt, zu berechnen ist jeweils nur die Wirkung $\widehat{A}q$ bei Multiplikation mit q. Diese kann geschickt mit optimalem Aufwand
berechnet werden [74].

Abschließend sei vermerkt, dass PCG-Verfahren auch für nichtsymmetrische
Gleichungssysteme entwickelt wurden [67].

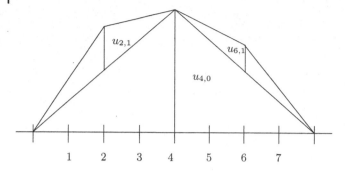

Abbildung 3.9 Darstellung von u_h in der hierarchischen Basis.

3.3.5
Mehrgitterverfahren

Mehrgitterverfahren gehören zu den schnellsten iterativen Verfahren zur Auflösung linearer Gleichungssysteme, die aus der Diskretisierung von Randwertproblemen für partielle Differentialgleichungen resultieren. Sie kombinieren die Vorteile direkter und iterativer Verfahren und nutzen die Information der Diskretisierung auf unterschiedlich feinen Gittern. Dadurch können Verfahren mit asymptotisch optimalem Aufwand (proportional der Anzahl der Unbekannten) konstruiert werden. Zunächst wurden Mehrgitterverfahren nur für symmetrische Aufgaben eingesetzt und dabei hervorragende Konvergenzbeschleunigungen iterativer Methoden beobachtet. Die den Mehrgitterverfahren zugrunde liegenden Ideen lassen sich direkt auf den unsymmetrischen Fall übertragen. Auch wenn die erreichten Konvergenzbeschleunigungen oft geringer als im symmetrischen Fall ausfallen, gehören sie zu den effektivsten Verfahren zur Lösung von Gleichungssystemen hoher Dimension.

Für das Modellproblem aus Kapitel 2 beschrieb Fedorenko im Jahre 1961 das *Zweigitterverfahren* [26] und 1964 ein Mehrgitterverfahren. Für eine ausführliche Darstellung der mathematischen Eigenschaften des Verfahrens verweisen wir auf die Monographie [34].

Mehrgitterverfahren werden im räumlich eindimensionalen Fall nicht benötigt, da die bei der Diskretisierung durch stückweise lineare Ansätze entstehenden tridiagonalen Gleichungssysteme bereits durch den Gaußschen Algorithmus mit optimalem Aufwand gelöst werden. Zur Vereinfachung der Darstellung erklären wir dennoch die Grundbausteine des Mehrgitterverfahrens am eindimensionalen Beispiel des Randwertproblems

$$-u''(x) = f(x) \quad x \in (0,1), \quad u(0) = u(1) = 0.$$

Bei einer äquidistanten Unterteilung des Intervalls $(0,1)$ in Intervalle $[x_i, x_{i+1}]$ der Länge h und stückweise linearen Ansatzfunktionen φ_i erhalten wir für die Näherungswerte $u_i = u_h(x_i)$ das Gleichungssytem

$$-u_{i-1} + 2u_i - u_{i+1} = \frac{1}{h} \int_0^1 f(t)\varphi_i(t)\,dt\,, \quad i = 1,\dots,N\,.$$

Wir beginnen mit der Erklärung der Zweigittermethode. Im Abschnitt 3.3.2 sahen wir bereits, dass die iterativen Verfahren in jedem Iterationsschritt nur eine langsame Fehlerreduktion um den Faktor $1 - O(h^\lambda)$, mit $\lambda > 0$, sichern. Eine genaue Untersuchung zeigt, dass hierfür jedoch nur gewisse Fehleranteile verantwortlich sind. Wir demonstrieren dies am Beispiel des Jacobi-Verfahrens. Im obigen Fall genügen die Komponenten des Fehlervektors e^{k+1} im $(k+1)$-ten Iterationsschritt der Beziehung

$$e_i^{k+1} = \frac{e_{i-1}^k + e_{i+1}^k}{2}\,, \quad i = 1,\dots,N\,.$$

Stellt man den Fehler in der hierarchischen Basis (vgl. Abschnitt 3.3.4) $\psi_i^{(j)}$, mit $j = 0,\dots,l$ dar, d.h.

$$e_h(x) = \sum_{j=0}^{l} \sum_{i \in N_j \setminus N_{j-1}} E_{ij}\,\psi_i^{(j)}(x)\,,$$

so lassen sich langwellige und kurzwellige Fehleranteile unterscheiden. Langwellige Fehleranteile entsprechen dabei Linearkombinationen der Basisfunktionen $\psi_i^{(j)}$ von $j = 0$ bis $l - 1$, kurzwellige nur der Linearkombination über alle Basisfunktionen $\psi_i^{(l)}$ auf dem feinsten Level l. Wesentlich ist nun die unterschiedliche Wirkung des Jacobi-Verfahrens auf die beiden Fehleranteile. Während kurzwelligen Fehleranteile in jedem Iterationsschritt um die Hälfte unabhängig von der Netzweite h reduziert werden, gelingt dies für die langwelligen Fehleranteile nicht. Beim langwelligen Fehleranteil wird im ungünstigsten Fall nur die Spitze um $O(h^\lambda)$, mit $\lambda > 0$, gekürzt. Für die langsame Konvergenz der im Abschnitt 3.3.2 beschriebenen iterativen Verfahren sind folglich langwellige Fehleranteile verantwortlich, während die kurzwelligen in wenigen Schritten verschwunden (geglättet) sind. Die langwelligen Fehleranteile lassen sich aber auf groben Gittern darstellen. Die grundlegende Idee der Zweigittermethode besteht nun darin, durch ein glättendes Iterationsverfahren die kurzwelligen Fehleranteile zu reduzieren und durch die Berechnung einer Korrektur auf einem gröberen Gitter den langwelligen Fehleranteil zu approximieren. Im mehrdimensionalen Fall bedeutet dies eine beträchtlichen Reduktion des Rechenaufwandes, da die Anzahl der Gitterpunkte bei Vergrößerung eines gleichmäßigen Netzes auf ein Viertel bzw. ein Achtel sinkt.

Zur Kennzeichnung von Größen des feinen bzw. des groben Gitters verwenden wir die Indizes h bzw. H. Sei nun u_h^0 ein Startwert zur Lösung des Gleichungssystems auf dem feinem Gitter

$$A_h u_h = b_h\,.$$

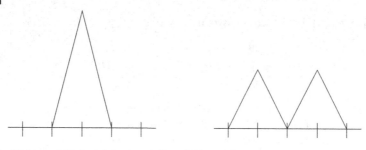

Abbildung 3.10 Reduktion kurzwelliger Fehleranteile.

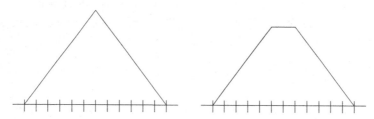

Abbildung 3.11 Reduktion langwelliger Fehleranteile.

Wir führen zunächst ν_1 Glättungsschritte mit einem iterativen Löser $u_h \to S u_h$ aus und erhalten $\bar{u}_h = S^{\nu_1} u_h^0$. Das Gleichungssystem für die exakte Korrektur $w_h = u_h - \bar{u}_h$

$$A_h w_h = d_h \quad \text{mit dem Defekt} \quad d_h := b_h - A_h \bar{u}_h$$

hat die gleiche Dimension wie das Feingittersystem. Da der Fehler w_h durch das Iterationsverfahren bereits geglättet ist, ersetzt man nun dieses System durch das Grobgittersystem

$$A_H w_H = d_H$$

niedrigerer Dimension und berechnet die Korrektur w_H mit einem direkten Verfahren. Dazu wird der Feingitterdefekt d_h auf d_H restringiert, also $d_H = R d_h$ mit einer Rechteckmatrix R. Die neue Näherung auf dem feinen Gitter ergibt sich mit Hilfe der Prolongation P zu

$$\hat{u}_h = \bar{u}_h + P w_H \, .$$

Als Glättungsiteration können beispielsweise das Jacobi-, das Gauß-Seidel-, das SOR- oder das ILU-Verfahren verwendet werden. Bei konformen finiten Elementen, d.h. $V_H \subset V_h$, gibt es eine natürliche Wahl für das Grobgitterproblem. Sei $a(u, v)$ die Bilinearform des zugeordneten stetigen Problems, dann lautet das Grobgitterproblem:

$$\text{Finde } w_H \in V_H, \text{ so dass für alle } v_H \in V_H : \quad a(w_H, v_H) = d(v_H)$$

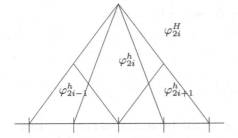

Abbildung 3.12 Darstellung einer Grobgitterbasisfunktion durch Feingitterbasisfunktionen.

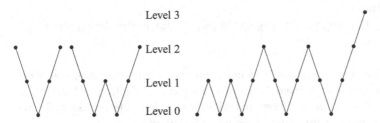

Abbildung 3.13 V- und W-Zyklus (links) sowie geschachteltes Mehrgitter (rechts).

mit $d(v_H) = (f, v_H) - a(\bar{u}_h, v_H)$. Die Matrizen für die Restriktion R, Prolongation P und Grobgittermatrix A_H können nun direkt berechnet werden. Mit den Basisfunktionen φ_i^H und φ_i^h für das grobe bzw. feine Gitter erhalten wir

$$(A_H)_{ij} := a\left(\varphi_j^H, \varphi_i^H\right), (d_H)_i := d\left(\varphi_i^H\right), (d_h)_i := d\left(\varphi_i^h\right).$$

Die Basisfunktionen des groben Gitters lassen sich durch die des feinen Gitters ausdrücken, im eindimensionalen Fall von stückweise linearen Ansätzen gilt beispielsweise

$$\varphi_{2i}^H = \frac{1}{2}\varphi_{2i-1}^h + \varphi_{2i}^h + \frac{1}{2}\varphi_{2i+1}^h,$$

woraus wegen der Linearität des Funktionals $d(.)$

$$(d_H)_{2i} = \frac{1}{2}(d_h)_{2i-1} + (d_h)_{2i} + \frac{1}{2}(d_h)_{2i+1}$$

folgt. Die der Restriktion entsprechende Rechteckmatrix R wäre somit eine Tridiagonalmatrix mit den Zeilen

$$\begin{bmatrix} \ldots & \frac{1}{2} & 1 & \frac{1}{2} & \ldots \end{bmatrix}.$$

Da für konforme finite Elemente jede Funktion $w_H \in V_H$ zugleich auch in V_h liegt, kann die Prolongation als Interpolation aufgefasst werden und es gilt $P = R^\top$.

Zusammenfassend sind also folgende Schritte durchzuführen:

Zweigitterverfahren: $u_h^k \to u_h^{k+1}$

1. Vorglättung.
   Führe ν_1 Glättungsschritte aus, das Ergebnis sei $\bar{u}_h^k$.
2. Grobgitterkorrektur.
   Restringiere den Defekt $d_h = b_h - A_h \bar{u}_h^k$ auf das grobe Gitter und berechne die Korrektur w_H als Lösung von $A_H w_H^k = d_H$. Prolongiere w_H^k auf das feine Gitter und setze $\hat{u}_h^k = \bar{u}_h^k + P w_H^k$.
3. Nachglättung.
   Führe ν_2 Glättungsschritte beginnend mit $\hat{u}_h^k$ durch, dies liefert schließlich u_h^{k+1}.

Das exakte Lösen von $A_H w_H = d_H$ kann immer noch sehr aufwendig sein. Wendet man nun ein Zweigitterverfahren zur Lösung des Grobgitterproblems an, so erhält man ein Dreigitterverfahren und rekursiv ein Mehrgitterverfahren. Seien l das Verfeinerungslevel und k der Zähler der Mehrgitteriteration.

Mehrgitterverfahren MGM(l): $u_l^k \to u_l^{k+1}$
Sei u_l^k eine Näherung auf dem Level $l \geq 0$.

1. Vorglättung.
   Führe ν_1 Glättungsschritte aus, dies liefert $\bar{u}_l^k = S^{\nu_1} u_l^k$.
2. Grobgitterkorrektur.
   Ist $l = 0$, so berechne die Lösung des Grobgitterproblems exakt, anderfalls bestimme man eine Näherung w^l durch Anwendung von γ Schritte von MGM(l-1) mit dem Startwert $w_{l-1}^0 = 0$. Setze $\hat{u}_l^k = \bar{u}_l^k + P w^l$.
3. Nachglättung.
   Führe ν_2 Glättungsschritte beginnend mit $\hat{u}_l^k$ durch, dies liefert schließlich u_l^{k+1}.

Die Wahl des Parameters γ steuert den Ablauf der Mehrgitteriteration. Ist $\gamma = 1$, so spricht man vom V-Zyklus, $\gamma = 0$ entspricht dem W-Zyklus. Oft wird der Startwert für die Mehrgitteriteration auf jedem Level durch Prolongation entsprechender Näherungen auf dem gröberen Level gewonnen. Man spricht dann von der geschachtelten Iteration (engl. nested iteration).

Kapitel 4
Konvergenzaussagen

4.1
Allgemeine Bemerkungen zur Konvergenzproblematik

Die Methode der finiten Elemente liefert uns statt der exakten Lösung $u \in V$ der gegebenen Variationsgleichung die Lösung $u_h \in V_h$ des diskreten Problems. Wünschenswert wäre nun, auf der Basis des berechneten $u_h \in V_h$ Schranken für den Fehler $u - u_h$ angeben zu können. Dies ist Gegenstand von a posteriori Fehlerabschätzungen, dem widmen wir uns erst in Kapitel 10.

In diesem Abschnitt beschränken wir uns auf a *priori Abschätzungen* für den Fehler. Das sind asymptotische Aussagen über das Verhalten des Fehlers, wenn der maximale Durchmesser der verwendeten Elemente gegen Null strebt, die aber noch Informationen über die exakte Lösung des Problems enthalten.

Sei h der maximale Durchmesser der verwendeten Elemente der Zerlegung von Ω. Als Maß für den Fehler wählen wir $\|u - u_h\|$ mit einer geeigneten Norm $\| \cdot \|$ (wir benutzen fast immer die L^2-Norm und die H^1-Norm).

Man bezeichnet das Verfahren als *von der Ordnung l konvergent*, wenn es für kleine h eine nicht von h abhängende Konstante C gibt mit

$$\|u - u_h\| \leq C h^l,$$

eine oft verwendete Schreibweise ist auch $\|u - u_h\| = O(h^l)$. Für die Größe der Konstanten C und der Ordnung l spielen folgende Faktoren eine wesentliche Rolle:

1. Die Art der Zerlegung des Gebietes;
2. die Wahl der Ansatz- oder Formfunktionen, genauer das maximale k, so dass $P_K \supset P_k$;
3. die Glätteeigenschaften der exakten Lösung u;
4. die verwendeten Quadraturformeln zur Berechnung der auftretenden Integrale;
5. die Art und Weise der Approximation des krummlinigen Randes des Gebietes.

Während man oft das bestmögliche l kennt, weiß man von C im allgemeinen nur, dass solch eine Konstante existiert, quantitativ brauchbare Abschätzungen für C gibt es nur in Spezialfällen.

Die Finite-Elemente-Methode für Anfänger. Herbert Goering, Hans-Görg Roos und Lutz Tobiska
Copyright © 2010 WILEY-VCH Verlag GmbH & Co. KGaA, Weinheim
ISBN: 978-3-527-40964-8

In diesem Kapitel 4 setzen wir grundsätzlich voraus, dass die auftretenden Integrale exakt berechnet werden und das Gebiet Ω beschränkt und polygonal ist. Wir untersuchen also nur die Faktoren 1, 2 und 3. Der Einfluss der Faktoren 4 und 5 ist Gegenstand von Kapitel 5 bzw. Kapitel 6.

In Abschnitt 4.2 wird zunächst demonstriert, wie man das Konvergenzproblem auf ein Approximationsproblem zurückführen kann. Am Beispiel von Dreieckelementen vom Typ 1 wird dann gezeigt, wie man die notwendigen Approximationsaussagen gewinnt und aus diesen schließlich Fehlerabschätzungen herleitet. Der nur an den Resultaten und den daraus zu schließenden Folgerungen interessierte Leser kann Abschnitt 4.2 (oder Teile davon) überspringen.

Wir benötigen zur Beschreibung insbesondere der Glätteeigenschaften der exakten Lösung des gegebenen Problems noch weitere Funktionenräume. Eine Funktion g, die zum $H^1(\Omega)$ gehört, gehört zum Funktionenraum $H^2(\Omega)$, wenn die verallgemeinerten Ableitungen $\frac{\partial^2 g}{\partial x^2}, \frac{\partial^2 g}{\partial x \partial y}, \frac{\partial^2 g}{\partial y^2}$ auch zum $L^2(\Omega)$ gehören. Eine Norm im $H^2(\Omega)$ ist

$$
\|g\|_2 = \left(\int_\Omega g^2 \, \mathrm{d}\Omega + \int_\Omega \left(\frac{\partial g}{\partial x} \right)^2 \mathrm{d}\Omega + \int_\Omega \left(\frac{\partial g}{\partial y} \right)^2 \mathrm{d}\Omega \right.
$$

$$
\left. + \int_\Omega \left(\frac{\partial^2 g}{\partial x^2} \right)^2 \mathrm{d}\Omega + 2 \int_\Omega \left(\frac{\partial^2 g}{\partial x \partial y} \right)^2 \mathrm{d}\Omega + \int_\Omega \left(\frac{\partial^2 g}{\partial y^2} \right)^2 \mathrm{d}\Omega \right)^{1/2} .
$$

Analog kann man nacheinander die Räume $H^3(\Omega), H^4(\Omega), \ldots, H^k(\Omega)$ (k natürliche Zahl) einführen.

Eine im üblichen Sinn differenzierbare Funktion bezeichnet man als *glatt*, wenn sie hinreichend oft differenzierbar ist. Ähnlich heißt eine Funktion $u \in H^k(\Omega)$ genügend glatt, wenn das k ausreichend groß ist. Die sogenannten Sobolevschen Einbettungssätze garantieren, dass eine Funktion des $H^k(\Omega)$ auch im klassischen Sinn r-mal differenzierbar ist, wenn $k > r + \frac{d}{2}$ (es ist $d = 2$ im zweidimensionalen Fall, $d = 3$ im dreidimensionalen).

4.2
Ein Beweis einer Fehlerabschätzung für Dreieckselemente vom Typ 1

4.2.1
Zurückführung des Konvergenzproblems auf ein Approximationsproblem

Sei u die exakte Lösung des Problems:

Gesucht ist $u \in V$ mit $\quad a(u, v) = f(v) \quad$ für alle $v \in V$.

Das *Galerkin-Verfahren* definiert eine Näherungslösung $u_h \in V_h$ als Lösung des diskreten Problems

$$a(u_h, v_h) = f(v_h) \quad \text{für alle} \quad v_h \in V_h .$$

Liegt v_h in V_h, so wegen $V_h \subset V$ auch in V, also gilt

$$a(u, v_h) = f(v_h) \quad \text{für alle} \quad v_h \in V .$$

Differenzbildung ergibt

$$a(u - u_h, v_h) = 0 \quad \text{für alle} \quad v_h \in V_h . \tag{4.1}$$

Diese Beziehung charakterisiert die *Fehlerorthogonalität* des Galerkin-Verfahrens und wird häufig in Umformungen ausgenutzt.

Die Fehlerorthogonalität ermöglicht die Umformung ($v_h - u_h \in V_h$!)

$$
\begin{aligned}
a(u - u_h, u - u_h) &= a(u - u_h, u - v_h + v_h - u_h) \\
&= a(u - u_h, u - v_h) + a(u - u_h, v_h - u_h) \\
&= a(u - u_h, u - v_h) .
\end{aligned}
$$

Nun seien die Voraussetzungen des Satzes 2.1 erfüllt. Man erhält

$$
\begin{aligned}
\alpha \|u - u_h\|^2 &\leq a(u - u_h, u - u_h) = a(u - u_h, u - v_h) \\
&\leq \beta \|u - u_h\| \, \|u - v_h\| ,
\end{aligned}
$$

also

$$\|u - u_h\| \leq \frac{\beta}{\alpha} \|u - v_h\| .$$

Diese Abschätzung gilt für ein beliebiges $v_h \in V_h$, deswegen auch für das Infimum bei Variation über alle $v_h \in V_h$.

Satz 4.1 (Cea)

Es existiert eine von V_h unabhängige Konstante C, so dass

$$\|u - u_h\| \leq C \inf_{v_h \in V_h} \|u - v_h\| . \tag{4.2}$$

Dieser Satz zeigt: Der Abstand zwischen u und u_h ist (bis auf den Faktor C) so gut wie der minimale Abstand von u zu allen Elementen von V_h. Damit ist das Konvergenzproblem auf ein Approximationsproblem zurückgeführt, denn die Aufgabe, das Infimum von $\|u - v_h\|$ zu ermitteln (bzw. abzuschätzen) ist die Approximationsaufgabe, u durch Elemente von V_h möglichst gut zu approximieren. Man charakterisiert (4.2) auch als die *Quasi-Optimalität* des Galerkin-Verfahrens.

4.2.2
Die Approximation durch stückweise lineare Funktionen

Da es im allgemeinen schwierig ist, den Approximationsfehler im obigen Satz anzugeben, ersetzt man oft den Approximationsfehler durch einen Interpolationsfehler: Ist $u_p \in V_h$, so gilt

$$\inf_{v_h \in V_h} \|u - v_h\| \leq \|u - u_p\| .$$

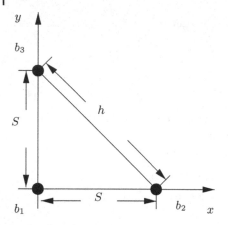

Abbildung 4.1 Spezielles Referenzgebiet.

Dabei ist es naheliegend, wenn möglich, für u_p eine Interpolierende von u zu wählen und dann den Interpolationsfehler abzuschätzen. Diesen Gedanken verfolgen wir nun für lineare finite Elemente im Detail.

Es sei Ω ein beschränktes polygonales Gebiet in der Ebene. Dieses Gebiet werde mit Hilfe von Dreiecken zerlegt, wir verwenden Elemente vom Typ 1, also stückweise lineare Ansatzfunktionen. Zunächst betrachten wir ein spezielles Dreieck K, gekennzeichnet durch $0 \leq x \leq S, 0 \leq y \leq S - x$ (s. Abb. 4.1).

Wir untersuchen die Aufgabe, eine auf K gegebene Funktion u durch eine lineare Funktion zu approximieren, also durch eine Funktion der Form $d_1\lambda_1 + d_2\lambda_2 + d_3\lambda_3$ (d_1, d_2, d_3 Konstanten, λ_1, λ_2, λ_3 Dreieckskoordinaten bezüglich K). Es ist naheliegend, $d_i = u(b_i)$ zu wählen. Damit ist die approximierende Funktion also wirklich eine Interpolierende.

Wir beschäftigen uns also im folgenden mit dem Interpolationsfehler

$$u - u_p \quad \text{mit} \quad u_p = \sum_{i=1}^{3} u(b_i)\lambda_i \; ;$$

genauer wollen wir $\| u - u_p \|_1$ abschätzen mit

$$\| u - u_p \|_1^2 = \int\limits_{K} \left[(u - u_p)^2 + \left(\frac{\partial}{\partial x}(u - u_p) \right)^2 + \left(\frac{\partial}{\partial y}(u - u_p) \right)^2 \right] \mathrm{d}K \; .$$

Zunächst gewinnen wir Integralidentitäten für $u - u_p$ unter der Annahme, dass u eine zweimal differenzierbare Funktion ist.

Aus der Linearität von u_p folgern wir

$$\frac{\partial}{\partial x}(u - u_p) = \frac{\partial u}{\partial x} - \frac{u(S, 0) - u(0, 0)}{S} \; ;$$

dies kann man schreiben als

$$\frac{\partial}{\partial x}(u - u_p) = \frac{\partial u}{\partial x} - \frac{1}{S}\int_0^S \frac{\partial u}{\partial \xi}(\xi, 0)\mathrm{d}\xi$$

bzw.

$$\frac{\partial}{\partial x}(u - u_p) = \frac{1}{S}\int_0^S \left[\frac{\partial u}{\partial x}(x, y) - \frac{\partial u}{\partial \xi}(\xi, y) + \frac{\partial u}{\partial \xi}(\xi, y) - \frac{\partial u}{\partial \xi}(\xi, 0)\right]\mathrm{d}\xi$$

bzw.

$$\frac{\partial}{\partial x}(u - u_p) = \frac{1}{S}\int_0^S \left[\int_\xi^x \frac{\partial^2 u(\mu, y)}{\partial \mu^2}\mathrm{d}\mu + \int_0^y \frac{\partial^2 u(\xi, \nu)}{\partial \xi \partial \nu}\mathrm{d}\nu\right]\mathrm{d}\xi\ .$$

Aus dieser Identität gewinnen wir gewisse Abschätzungen mit Hilfe der Unglei-chung von Schwarz. Wir gehen aus von

$$\int_K \left(\frac{\partial}{\partial x}(u - u_p)\right)^2 \mathrm{d}K$$

$$= \int_K \left\{\frac{1}{S}\int_0^S \left[\int_\xi^x \frac{\partial^2 u(\mu, y)}{\partial \mu^2}\mathrm{d}\mu + \int_0^y \frac{\partial^2 u(\xi, \nu)}{\partial \xi \partial \nu}\mathrm{d}\nu\right]\mathrm{d}\xi\right\}^2 \mathrm{d}K\ .$$

Aus der Ungleichung

$$(a + b)^2 \le 2(a^2 + b^2)$$

folgt

$$\int_K \left(\frac{\partial}{\partial x}(u - u_p)\right)^2 \mathrm{d}K$$

$$\le \frac{2}{S^2}\int_K \left[\left(\int_0^S \int_\xi^x \frac{\partial^2 u(\mu, y)}{\partial \mu^2}\mathrm{d}\mu\mathrm{d}\xi\right)^2 + \left(\int_0^S \int_0^y \frac{\partial^2 u(\xi, \nu)}{\partial \xi \partial \nu}\mathrm{d}\nu\mathrm{d}\xi\right)^2\right]\mathrm{d}K\ .$$

Die Schwarzsche Ungleichung

$$\left(\int_G g\mathrm{d}G\right)^2 \le \mu(G)\int_G g^2\mathrm{d}G \quad (\mu(G) \text{ ist der Inhalt von } G)$$

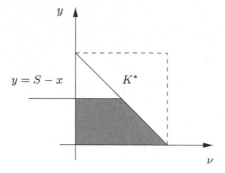

Abbildung 4.2 Symmetrische Fortsetzung.

ergibt

$$\int\limits_{K} \left(\frac{\partial}{\partial x}(u - u_p) \right)^2 dK$$

$$\leq 2 \int\limits_{K} \left[\int\limits_{0}^{S} \int\limits_{\xi}^{x} \left(\frac{\partial^2 u(\mu, \gamma)}{\partial \mu^2} \right)^2 d\mu d\xi + \int\limits_{0}^{S} \int\limits_{0}^{\gamma} \left(\frac{\partial^2 u(\xi, \nu)}{\partial \xi \partial \nu} \right)^2 d\nu d\xi \right] dK .$$

Wir betrachten nacheinander diese beiden Integrale. Es gilt

$$J_1 = \int\limits_{K} \int\limits_{0}^{S} \int\limits_{0}^{\gamma} \left(\frac{\partial^2 u(\xi, \nu)}{\partial \xi \partial \nu} \right)^2 d\nu d\xi dK$$

$$= \int\limits_{0}^{S} \int\limits_{0}^{S-x} \int\limits_{0}^{S} \int\limits_{0}^{\gamma} \left(\frac{\partial^2 u(\xi, \nu)}{\partial \xi \partial \nu} \right)^2 d\nu d\xi d\gamma dx .$$

Wir setzen den Integranden symmetrisch auf K^* fort (s. Abb. 4.2). Das führt zu

$$J_1 \leq \frac{S}{2} \int\limits_{0}^{S} \int\limits_{0}^{S} \int\limits_{0}^{S} \left(\frac{\partial^2 u(\xi, \nu)}{\partial \xi \partial \nu} \right)^2 d\nu d\gamma d\xi$$

$$= \frac{S^2}{2} \int\limits_{0}^{S} \int\limits_{0}^{S} \left(\frac{\partial^2 u(\xi, \nu)}{\partial \xi \partial \nu} \right)^2 d\nu d\xi ,$$

also

$$J_1 \leq S^2 \int\limits_{K} \left(\frac{\partial^2 u(x, \gamma)}{\partial x \partial \gamma} \right)^2 dK .$$

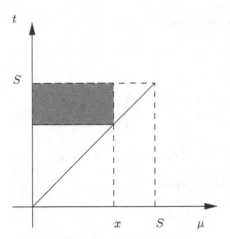

Abbildung 4.3 Behandlung von J_2.

Weiter gilt (s. Abb. 4.3)

$$J_2 = \int_0^S \int_0^{S-x} \int_0^S \int_\xi^x \left(\frac{\partial^2 u(\mu, \gamma)}{\partial \mu^2} \right)^2 d\mu d\xi d\gamma dx \, ,$$

$$\leq S \int_0^S \int_0^{S-x} \int_0^x \left(\frac{\partial^2 u(\mu, \gamma)}{\partial \mu^2} \right)^2 d\mu d\gamma dx \, .$$

Daraus folgt

$$J_2 \leq \frac{S}{2} \int_0^S \left(\int_0^S \int_0^S \left(\frac{\partial^2 u(\mu, t)}{\partial \mu^2} \right)^2 dt d\mu \right) dx \, ,$$

also wieder

$$J_2 \leq \frac{S^2}{2} \int_K \left(\frac{\partial^2 u(x, \gamma)}{\partial x^2} \right)^2 dK \, .$$

Insgesamt hat man also

$$\int_K \left(\frac{\partial}{\partial x} (u - u_p) \right)^2 dK \leq S^2 \int_K \left[\left(\frac{\partial^2 u}{\partial x^2} \right)^2 + \left(\frac{\partial^2 u}{\partial x \partial \gamma} \right)^2 \right] dK \, , \qquad (4.3)$$

dies kann man noch nach oben weiter abschätzen

$$\int_K \left(\frac{\partial}{\partial x} (u - u_p) \right)^2 dK$$

$$\leq S^2 \left(\int_K \left[\left(\frac{\partial^2 u}{\partial x^2} \right)^2 + 2 \left(\frac{\partial^2 u}{\partial x \partial \gamma} \right)^2 + \left(\frac{\partial^2 u}{\partial \gamma^2} \right)^2 \right] dK \right)^2 \, . \qquad (4.4)$$

Analog gewinnt man durch Vertauschung von x und y die Abschätzung

$$\int\limits_K \left(\frac{\partial}{\partial y}(u - u_p) \right)^2 \mathrm{d}K$$

$$\leq S^2 \left(\int\limits_K \left[\left(\frac{\partial^2 u}{\partial x^2}\right)^2 + 2\left(\frac{\partial^2 u}{\partial x \partial y}\right)^2 + \left(\frac{\partial^2 u}{\partial y^2}\right)^2 \right] \mathrm{d}K \right)^2. \tag{4.5}$$

Es sei $(u - u_p)(x, y) = u(x, y) - u_p(x, y)$. Dann folgt aus der Darstellung

$$(u - u_p)(x, y) = (u - u_p)(x, y) - (u - u_p)(x, 0)$$

$$+ (u - u_p)(x, 0) - (u - u_p)(0, 0)$$

die Beziehung

$$(u - u_p)(x, y) = \int\limits_0^y \frac{\partial(u - u_p)}{\partial \eta}(x, \eta)\mathrm{d}\eta + \int\limits_0^x \frac{\partial(u - u_p)}{\partial \xi}(\xi, 0)\mathrm{d}\xi$$

bzw.

$$(u - u_p)(x, y) = \int\limits_0^y \frac{\partial(u - u_p)}{\partial \eta}(x, \eta)\mathrm{d}\eta$$

$$+ \int\limits_0^x \frac{\partial(u - u_p)}{\partial \xi}(\xi, y)\mathrm{d}\xi - \int\limits_0^x \int\limits_0^y \frac{\partial^2 u}{\partial \xi \partial \eta}(\xi, \eta)\mathrm{d}\eta\mathrm{d}\xi \,.$$

Die Abschätzungen (4.4), (4.5) liefern dann eine Abschätzung für

$$\int\limits_K (u - u_p)^2 \mathrm{d}K \,.$$

Durch z.B. Grenzübergang kann man zeigen, dass die gewonnenen Ergebnisse nicht nur für zweimal differenzierbare Funktionen gelten, sondern für jede Funktion mit $u \in H^2(K)$. Ersetzt man noch S durch die maximale Seitenlänge $h = S\sqrt{2}$ von K, so folgt

Lemma 4.1

Für jede Funktion $u \in H^2(K)$ genügt der Interpolationsfehler $u - u_p$ hinsichtlich der linearen Interpolierenden u_p von u mit $u_p(b_i) = u(b_i)$ auf K den Abschätzungen

$$\|u - u_p\|_0 \leq C_1 h^2 \|u\|_2 \,, \quad \|u - u_p\|_1 \leq C_2 h \|u\|_2 \,,$$

mit Konstanten C_1, C_2.

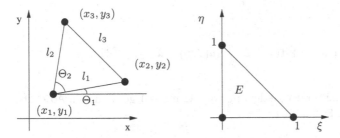

Abbildung 4.4 Transformation auf das Referenzelement.

Die Aussage des Lemmas bleibt richtig, wenn ein von achsenparallelen Geraden begrenztes Gebiet durch gleichschenklige rechtwinklige Dreiecke (Katheten parallel zu den Achsen) zerlegt wird, h ist dann die maximale Seitenlänge.

Wir übertragen jetzt diese Abschätzungen des Interpolationsfehlers auf die Interpolation einer Funktion $u \in H^2(\Omega)$ durch stückweise lineare Funktionen bei Zerlegung von Ω in zunächst beliebige Dreiecke.

Es sei K_i ein beliebiges Dreieck der Zerlegung von Ω (s. Abb. 4.4), h_i sei die maximale Seitenlänge von K_i, h das Maximum aller h_i. Wir bilden K_i wie in Abschnitt 2.2 auf das Einheitsdreieck in der ξ, η-Ebene ab. Es war

$$x = x_1 + (x_2 - x_1)\xi + (x_3 - x_1)\eta \, ,$$
$$y = y_1 + (y_2 - y_1)\xi + (y_3 - y_1)\eta$$

bzw.

$$\xi = \frac{(y_3 - y_1)(x - x_1) - (x_3 - x_1)(y - y_1)}{(y_3 - y_1)(x_2 - x_1) - (x_3 - x_1)(y_2 - y_1)} \, ,$$

$$\eta = \frac{(y_2 - y_1)(x - x_1) - (x_2 - x_1)(y - y_1)}{(y_2 - y_1)(x_3 - x_1) - (x_2 - x_1)(y_3 - y_1)} \, .$$

Sei u_p die stückweise lineare Funktion mit $u_p(b_j) = u(b_j)$ in sämtlichen Knoten b_j. Für Funktionen $u \in H^k(\Omega)$ ist es nicht unbedingt sinnvoll, von Funktionswerten in einem Punkt zu sprechen. Im zweidimensionalen Fall mit $u \in H^2(\Omega)$ sichern aber die sogenannten Sobolevschen Einbettungssätze, dass u stetig ist und damit $u(b_j)$ einen Sinn hat. Um eine Abschätzung für

$$\|u - u_p\|_{L^2(\Omega)}^2 = \sum_{i=1}^M \|u - u_p\|_{L^2(K_i)}^2 = \sum_{i=1}^M \int_{K_i} (u - u_p)^2 \mathrm{d}K_i$$

zu gewinnen, gehen wir aus von $\int_{K_i} (u - u_p)^2 \mathrm{d}K_i$ und führen eine Variablentransformation aus. Wir ersetzen x, y nach den obigen Formeln durch ξ, η, so dass K_i übergeht in E. Im Integranden kommt dann als Faktor der Betrag der Funktionaldeterminante hinzu. In Abschnitt 2.2 haben wir uns überlegt, dass die Funktionaldeterminante eine Konstante ist; diese ist gleich dem zweifachen Flächeninhalt von K_i. Damit gilt

$$\int_{K_i} (u(x,y) - u_p(x,y))^2 \mathrm{d}K_i = D_i \int_E (u(\xi,\eta) - u_p(\xi,\eta))^2 \mathrm{d}E \ .$$

Jetzt benutzen wir die bei der Herleitung von Lemma 4.1 gewonnenen Abschätzungen (mit $S = 1$). Es folgt

$$\int_{K_i} (u(x,y) - u_p(x,y))^2 \mathrm{d}K_i$$

$$\leq C|D_i| \int_E \left[\left(\frac{\partial^2 u}{\partial \xi^2}\right) + 2\left(\frac{\partial^2 u}{\partial \xi \partial \eta}\right) + \left(\frac{\partial^2 u}{\partial \eta^2}\right)^2 \right] \mathrm{d}E \ .$$

Nun transformieren wir zurück auf x-y-Koordinaten. Die entsprechende Funktionaldeterminante ist gleich dem reziproken Wert der obigen Funktionaldeterminante, also

$$\begin{vmatrix} \dfrac{\partial \xi}{\partial x} & \dfrac{\partial \xi}{\partial y} \\[2mm] \dfrac{\partial \eta}{\partial x} & \dfrac{\partial \eta}{\partial y} \end{vmatrix} = \frac{1}{D_i} \ .$$

Wir müssen jetzt aber noch die Ableitungen des Integranden umrechnen und erhalten

$$u_{\xi\xi} = x_\xi^2 u_{xx} + 2x_\xi y_\xi u_{xy} + y_\xi^2 u_{yy} \ ,$$
$$u_{\eta\eta} = x_\eta^2 u_{xx} + 2x_\eta y_\eta u_{xy} + y_\eta^2 u_{yy} \ ,$$
$$u_{\xi\eta} = x_\xi x_\eta u_{xx} + (x_\xi y_\eta + y_\xi x_\eta) u_{xy} + y_\xi y_\eta u_{yy} \ .$$

Wir benutzen nun die Schwarzsche Ungleichung für Summen

$$\left(\sum_{i=1}^n a_i b_i\right)^2 \leq \left(\sum_{i=1}^n a_i^2\right) \cdot \left(\sum_{i=1}^n b_i^2\right)$$

und folgern

$$u_{\xi\xi}^2 \leq (x_\xi^2 + y_\xi^2)^2 (u_{xx}^2 + 2u_{xy}^2 + u_{yy}^2) \ ,$$
$$u_{\eta\eta}^2 \leq (x_\eta^2 + y_\eta^2)^2 (u_{xx}^2 + 2u_{xy}^2 + u_{yy}^2) \ ,$$
$$2u_{\xi\eta} \leq (x_\xi^2 + x_\eta^2 + y_\xi^2 + y_\eta^2)^2 (u_{xx}^2 + 2u_{xy}^2 + u_{yy}^2) \ ,$$

also insgesamt

$$u_{\xi\xi}^2 + 2u_{\xi\eta}^2 + u_{\eta\eta}^2 \leq 2(x_\xi^2 + x_\eta^2 + y_\xi^2 + y_\eta^2)^2 (u_{xx}^2 + 2u_{xy}^2 + u_{yy}^2) \ .$$

Die Berücksichtigung dieser Ungleichung führt zu

$$\int_{K_i} (u - u_p)^2 \mathrm{d}K_i \leq C(x_\xi^2 + x_\eta^2 + y_\xi^2 + y_\eta^2)^2$$

$$\times \int_{K_i} \left[\left(\frac{\partial^2 u}{\partial x^2} \right)^2 + 2 \left(\frac{\partial^2 u}{\partial x \partial y} \right)^2 + \left(\frac{\partial^2 u}{\partial y^2} \right)^2 \right] \mathrm{d}K_i .$$

Letztlich haben wir

$$x_\xi^2 = (x_2 - x_1)^2 \leq l_1^2, \quad x_\eta^2 = (x_3 - x_1)^2 \leq l_2^2 ,$$
$$y_\xi^2 = (y_2 - y_1)^2 \leq l_1^2, \quad y_\eta^2 = (y_3 - y_1)^2 \leq l_2^2 ,$$

also

$$\int_{K_i} (u - u_p)^2 \mathrm{d}K_i \leq C(\max(l_1, l_2))^4 \|u\|_{2, K_i}^2 .$$

Summation über die K_i ergibt

$$\|u - u_p\|_{L^2(\Omega)}^2 \leq C h^4 \|u\|_{2, \Omega}^2$$

bzw.

$$\|u - u_p\|_0 \leq C h^2 \|u\|_2 .$$

Dies ist die angestrebte Interpolationsfehlerabschätzung in der L^2-Norm.
  Nun zur Abschätzung in der H^1-Norm. Wir gehen aus von

$$\int_{K_i} \left(\frac{\partial}{\partial x} (u - u_p) \right)^2 \mathrm{d}K_i$$

und transformieren auf ξ-η-Koordinaten. Zunächst gilt

$$u_x = \xi_x u_\xi + \eta_x u_\eta ;$$

die Schwarzsche Ungleichung für Summen liefert

$$u_x^2 \leq (\xi_x^2 + \eta_x^2)(u_\xi^2 + u_\eta^2) .$$

Folglich erhalten wir

$$\int_{K_i} \left(\frac{\partial}{\partial x} (u - u_p) \right)^2 \mathrm{d}K_i \leq |D_i|(\xi_x^2 + \eta_x^2)$$

$$\times \int_E \left[\left(\frac{\partial}{\partial \xi} (u - u_p) \right)^2 + \left(\frac{\partial}{\partial \eta} (u - u_p) \right)^2 \right] \mathrm{d}E .$$

Mit dem Integral verfahren wir genau wie eben bei der L^2-Abschätzung und kommen zu

$$\int\limits_{K_i} \left(\frac{\partial}{\partial x}(u - u_p)\right)^2 dK_i \leq C(\max(l_1, l_2))^4 (\xi_x^2 + \eta_x^2)\|u\|_{2,K_i}^2 .$$

Nun ist

$$\xi_x = \frac{y_3 - y_1}{D_i} , \quad \text{also} \quad \xi_x^2 \leq \frac{l_2^2}{l_1^2 l_2^2 \sin \theta} = \frac{1}{l_1^2 \sin \theta}$$

mit dem Innenwinkel $\theta = \theta_2 - \theta_1$ des Dreiecks K_i (s. Abb. 4.4). Analog gilt

$$\eta_x^2 \leq \frac{1}{l_2^2 \sin \theta} .$$

Folglich erhalten wir

$$\int\limits_{K_i} \left(\frac{\partial}{\partial x}(u - u_p)\right)^2 dK_i \leq C \frac{(\max(l_1, l_2))^4}{\min(l_1, l_2))^2 \sin \theta}\|u\|_{2,K_i}^2 .$$

Sei $\tilde{\theta}$ der kleinste Winkel im Dreieck K_i, $\tilde{h}_i$ die minimale Seitenlänge. Dann gilt

$$\tilde{h}_i \geq \frac{h_i}{2} \sin \tilde{\theta} .$$

Daraus folgt

$$\int\limits_{K_i} \left(\frac{\partial}{\partial x}(u - u_p)\right)^2 dK_i \leq \tilde{C} \frac{h^2}{(\sin \tilde{\theta})^2}\|u\|_{2,K_i}^2 .$$

Summation über die Dreiecke K_i liefert

Satz 4.2

Sei h der maximale Durchmesser aller Dreiecke der Zerlegung, $\theta_{\min}$ der minimale Innenwinkel auf der betrachteten Familie von Zerlegungen. Dann gilt für den Fehler bei linearer Interpolation

$$\|u - u_p\|_0 \leq C_1 h^2 \|u\|_2 , \quad \|u - u_p\|_1 \leq C_2 h \|u\|_2 ,$$

vorausgesetzt $u \in H^2(\Omega)$. Die Konstanten $C_{1,2}$ sind von h unabhängig; C_1 ist auch unabhängig von $\theta_{\min}$, C_2 genügt der Abschätzung

$$C_2 \leq \frac{C}{(\sin \theta_{\min})} .$$

Die für die Gültigkeit der H^1-Abschätzung implizit formulierte Bedingung, dass der minimale Winkel für die Familie der betrachteten Dreieckszerlegungen gleich-mäßig nach unten beschränkt ist (man beachte, dass es nicht ausreicht, eine Zerlegung im Auge zu haben, da man ja h gegen Null gehen lassen möchte), die sogenannte *Minimalwinkelbedingung*, ist hinreichend, aber nicht notwen-dig.

Falls man ausgehend von (4.3) etwas subtiler abschätzt, so stellt man fest, dass nur Winkel auszuschliessen sind, die zu nahe an π liegen (Maximalwinkelbedin-gung), siehe z.B. [33].

4.2.3
Fehlerabschätzung für Dreieckelemente vom Typ 1

Wir gehen davon aus, dass die Voraussetzungen des Satzes 2.1 erfüllt sind und dass die Lösung unserer Variationsgleichung im $H^2(\Omega)$ liegt. Der Satz 4.1 liefert dann

$$\|u - u_h\|_1 \leq C \inf_{v_h \in V_h} \|u - v_h\|_1 \, .$$

Nun gilt aber entsprechend Satz 4.2

$$\inf_{v_h \in V_h} \|u - v_h\|_1 \leq \|u - u_p\|_1 \leq C_2 h \|u\|_2 \, ,$$

also hat man insgesamt die a priori Fehlerabschätzung

$$\|u - u_h\|_1 \leq C h \|u\|_2$$

für das Verfahren der finiten Elemente bei Verwendung linearer finiter Elemente.

Die erste Approximationsaussage in Satz 4.2 legt die Vermutung nahe, dass für den Fehler in der L^2-Norm

$$\|u - u_h\|_0 \leq C h^2 \|u\|_2$$

gilt. Der Beweis erfordert aber einen zusätzlichen Trick (den sogenannten *Dua-litätstrick* oder auch Nitsche-Trick) und zusätzliche Voraussetzungen.

Wir betrachten den Spezialfall eines homogenen Dirichlet-Problems für die La-placesche Differentialgleichung in einem konvexen Gebiet. z sei die Lösung der Hilfsaufgabe

$$-\Delta z = u - u_h \quad \text{in } \Omega \, , \quad z = 0 \quad \text{auf } \Gamma \, .$$

Dann gilt

$$\|u - u_h\|_0^2 = \int_\Omega (u - u_h)^2 \mathrm{d}\Omega = -\int_\Omega (u - u_h) \Delta z \, \mathrm{d}\Omega \, .$$

Die Anwendung des Gaußschen Integralsatzes liefert

$$\|u - u_h\|_0^2 = \int_\Omega \left[\frac{\partial(u - u_h)}{\partial x} \frac{\partial z}{\partial x} + \frac{\partial(u - u_h)}{\partial y} \frac{\partial z}{\partial y} \right] \mathrm{d}\Omega \, .$$

Jetzt kommt wieder die Fehlerorthogonalität des Galerkin-Verfahrens ins Spiel:

$$a(u - u_h, v_h) = 0 \quad \text{für alle } v_h \in V_h \, .$$

In unserem Spezialfall bedeutet dies

$$\int\limits_{\Omega} \left[\frac{\partial(u - u_h)}{\partial x} \frac{\partial v_h}{\partial x} + \frac{\partial(u - u_h)}{\partial y} \frac{\partial v_h}{\partial y} \right] d\Omega = 0 \quad \text{für alle } v_h \in V_h \, .$$

Sei z_p die stückweise lineare Funktion, die in den Knoten mit z übereinstimmt, also die lineare Interpolierende. Dann können wir $v_h = z_p$ wählen und in der eben hergeleiteten Beziehung für $\|u - u_h\|_0^2$ Null subtrahieren:

$$\|u - u_h\|_0^2 = \int\limits_{\Omega} \left[\frac{\partial(u - u_h)}{\partial x} \frac{\partial(z - z_p)}{\partial x} + \frac{\partial(u - u_h)}{\partial y} \frac{\partial(z - z_p)}{\partial y} \right] d\Omega \, .$$

Die Schwarzsche Ungleichung führt zu

$$\|u - u_h\|_0^2 \leq \sqrt{\int\limits_{\Omega} \left[\left(\frac{\partial(u - u_h)}{\partial x} \right)^2 + \left(\frac{\partial(u - u_h)}{\partial y} \right)^2 \right] d\Omega}$$

$$\times \sqrt{\int\limits_{\Omega} \left[\left(\frac{\partial(z - z_p)}{\partial x} \right)^2 + \left(\frac{\partial(z - z_p)}{\partial y} \right)^2 \right] d\Omega} \, .$$

Ersetzt man jeden Faktor der rechten Seite durch die entsprechende H^1-Norm, so wird die rechte Seite höchstens größer, es gilt also

$$\|u - u_h\|_0^2 \leq \|u - u_h\|_1 \, \|z - z_p\|_1 \, .$$

Nun berücksichtigen wir einerseits die bereits abgeleitete Fehlerabschätzung

$$\|u - u_h\|_1 \leq C h \|u\|_2 \, ,$$

andererseits die Interpolationsfehlerabschätzung gemäß Satz 4.2

$$\|z - z_p\|_1 \leq C h \|z\|_2 \, .$$

Das liefert

$$\|u - u_h\|_0^2 \leq C h^2 \|u\|_2 \, \|z\|_2 \, .$$

z hängt natürlich gemäß der Konstruktion der Hilfsaufgabe von $u - u_h$ ab. Nach der Theorie elliptischer Differentialgleichungen liegt die Lösung der Laplaceschen Differentialgleichung mit homogenen Dirichlet-Bedingungen in einem konvexen Gebiet im Raum $H^2(\Omega)$, zudem gilt die Abschätzung

$$\|z\|_2 \leq C \|u - u_h\|_0 \, .$$

Damit erhalten wir unter den genannten zusätzlichen Voraussetzungen die angestrebte Fehlerabschätzung in der L^2-Norm

$$\|u - u_h\|_0 \le C h^2 \|u\|_2 \ .$$

Bei nichtkonvexem Gebiet oder komplizierteren Randbedingungen z.B. kann man diese Fehlerordnung nicht garantieren.

4.3
Zusammenfassung der Resultate

V sei der Funktionenraum $H_0^1(\Omega)$ oder $H^1(\Omega)$ oder ein Raum zwischen diesen beiden Räumen (falls etwa auf einem Teil des Randes homogene Dirichlet-Bedingungen gestellt sind). Für das Ausgangsproblem

$$a(u, v) = f(v) \quad \text{für alle } v \in V$$

seien die Voraussetzungen des Satzes 2.1 erfüllt. Es sei V_h ein endlichdimensionaler Teilraum von V von stetigen Funktionen, u_h genüge

$$a(u_h, v_h) = f(v_h) \quad \text{für alle } v_h \in V_h \ .$$

Ω sei ein beschränktes polygonales Gebiet, wir setzen grundsätzlich voraus, dass die auftretenden Integrale exakt berechnet werden.

Wir setzen weiter stets voraus, dass die Zerlegung zulässig sei und bei Verfeinerung des Gitters $h = \max h_K$ gegen Null strebe, wenn h_K den Durchmesser des Elementes K, also den maximale Abstand zweier Punkte aus K, darstellt. Hingewiesen sei explizit darauf, dass bei den folgenden Konvergenzaussagen immer eine Familie von Zerlegungen im Hintergrund steht, die bei immer feiner werdendem Gitter entsteht.

Unsere Familie von Elementen sei affin äquivalent; K, Ansatzfunktionen und Freiheitsgrade auf K seien das Bild eines Referenzelementes bei linearer Abbildung. Das bedeutet, dass alle Elemente der Zerlegung geometrisch vom gleichen Typ sind und auf jedem Element K Formfunktionen von gleichem Typ verwendet werden (ausgeschlossen wird damit die gleichzeitige Verwendung von Rechteck- und Dreieckelementen (s. Abb. 4.5), eine theoretische Analyse dieser Situation bei passenden Elementen wäre bei Abbildung auf zwei Referenzelemente möglich).

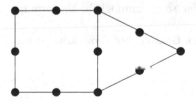

Abbildung 4.5 Hybride Zerlegung in Viereckelemente vom Typ 2′ und Dreieckelemente vom Typ 2.

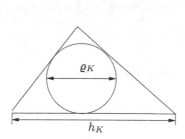
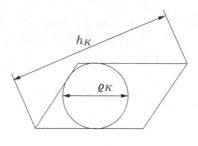

Abbildung 4.6 Element und einbeschriebener Kreis.

Im folgenden bezeichnen wir mit ϱ_K den Durchmesser des größten in K enthaltenen Kreises (s. Abb. 4.6), im dreidimensionalen Fall ist dies eine Kugel.

Nun definieren wir zwei wichtige Klassifizierungen von Familien von Zerlegungen.

(Z 5) Die Familie von Zerlegungen ist *quasiuniform*, wenn es eine Konstante σ_1 gibt mit

$$\frac{h_K}{\varrho_K} \leq \sigma_1 \quad \text{für alle } K \text{ einer Zerlegung in unserer Zerlegungsfamilie.}$$

Für Dreieckzerlegungen ist (Z 5) äquivalent zu der Bedingung, dass der minimale Innenwinkel aller Dreiecke eine positive Schranke nicht unterschreitet. Bei Zerlegungen durch Parallelogramme bedeutet (Z 5), dass für die Dreieckzerlegung, die man aus der Parallelogrammzerlegung durch Zerlegen jedes Parallelogramms in zwei Dreiecke durch eine Diagonale erhält, wieder (Z 5) gilt.

Leider wird die Bezeichnung *quasiuniforme Zerlegung* nicht einheitlich verwendet. In manchen Darstellungen wird statt quasiuniform die Bezeichnung „shaperegular" benutzt, und es ist verwirrend, dass eine *uniforme Zerlegung* in unserem Sinne bei anderen quasiuniform heißt.

(Z 6) Die Familie von Zerlegungen ist *uniform*, wenn es eine Konstante σ_2 gibt mit

$$\frac{h}{h_K} \leq \sigma_2 \quad \text{für alle } K \text{ einer Zerlegung in unserer Zerlegungsfamilie.}$$

Manche theoretische Analysen sind für uniforme Zerlegungen möglich, ohne vorausgesetzte Uniformität aber schwierig oder sogar unmöglich. Uniformität schließt lokale Gitterverfeinerungen aus!

Erster Konvergenzsatz: *Sind die Polynome ersten Grades in den Form- bzw. Ansatzfunktionen enthalten, so gilt bei quasiuniformer Zerlegung*

$$\lim_{h \to 0} \| u - u_h \|_1 = 0 \,.$$

Da die praktisch verwendeten Form- bzw. Ansatzfunktionen diese Eigenschaft immer besitzen, ist also die Konvergenz des Verfahrens der finiten Elemente in der

H^1-Norm stets gesichert. Die Konvergenzgeschwindigkeit hängt nun ab von den verwendeten Formfunktionen und den Glätteeigenschaften der exakten Lösung.

Zweiter Konvergenzsatz: *Es gelte $P_k \subset P_K$, die Lösung u des Ausgangsproblems liege im $H^{k+1}(\Omega)(k \geq 1)$. Dann gilt*

$$\|u - u_h\|_1 \leq Ch^k \,,$$

also erst recht

$$\|u - u_h\|_0 \leq Ch^k \,.$$

Unter zusätzlichen Regularitätsvoraussetzungen erhält man sogar

$$\|u - u_h\|_0 \leq Ch^{k+1} \,.$$

Die Konstante C ist insbesondere abhängig von der Norm der exakten Lösung und von der Konstanten σ_1 in der Voraussetzung (Z 5).

Als numerisches Beispiel betrachten wir die Laplace-Gleichung $-\Delta u = f$ im Einheitsquadrat $\Omega = (0,1) \times (0,1)$ unter homogenen Randbedingungen $u = 0$ auf Γ. Die rechte Seite f sei so gewählt, dass $u(x,y) = \sin \pi x \sin \pi y$ die Lösung ist. Das Einheitsquadrat werde in gleichgroße Quadrate der Seitenlänge 2^{-l}, $l = 1, \ldots, 6$, zerlegt. Im Fall von Dreieckelementen jedes Quadrat zusätzlich durch Einzeichnen einer Diagonalen in 2 Dreiecke. In den Tabellen 4.1–4.4 sind die Fehler in der L^2- und H^1-Norm dokumentiert; sie bestätigen die theoretischen Konvergenzordnungen $k+1$ und k für P_k bzw. Q_k Elemente, die nach der im Anhang A.2 angegebenen Formel berechnet wurden. Die Ergebnisse der Testrechnungen wurden mit dem Programm MooNMD ermittelt, können aber auch mit der im Anhang beschriebenen Software erzielt werden.

Der zweite Konvergenzsatz zeigt, dass sich die Genauigkeit nicht notwendig erhöht, wenn man den Grad der verwendeten Polynome erhöht. Ist z.B. sicher, dass die Lösung u zwar im $H^2(\Omega)$ liegt, aber in keinem „besseren" Raum, so liefert die Verwendung linearer Ansatzfunktionen $\|u - u_h\|_1 \leq Ch$, die Ordnung des Fehlers erhöht sich bei quadratischen Ansatzfunktionen nicht notwendig.

Tabelle 4.1 Konvergenz für lineare Dreieckelemente P_1.

Level l	L^2-Norm	Ordnung	H^1-Norm	Ordnung
1	0.2499e+00		0.1502e+01	
2	0.7909e−01	1.66	0.8385e+00	0.84
3	0.2113e−01	1.90	0.4318e+00	0.96
4	0.5378e−02	1.97	0.2175e+00	0.99
5	0.3504e−02	1.99	0.1090e+00	1.00
6	0.3380e−03	2.00	0.5451e−01	1.00

Tabelle 4.2 Konvergenz für quadratische Dreieckelemente P_2.

Level l	L^2-Norm	Ordnung	H^1-Norm	Ordnung
1	0.2878e−01		0.4681e+00	
2	0.3783e−02	2.93	0.1296e+00	1.85
3	0.4760e−03	2.99	0.3340e−01	1.96
4	0.5958e−04	3.00	0.8420e−02	2.00
5	0.7451e−05	3.00	0.2110e−02	2.00
6	0.9315e−06	3.00	0.5277e−03	2.00

Tabelle 4.3 Konvergenz für bilineare Viereckelemente Q_1.

Level l	L^2-Norm	Ordnung	H^1-Norm	Ordnung
1	0.1220e+00		0.9965e+00	
2	0.3040e−01	2.00	0.5014e+00	0.99
3	0.7602e−02	2.00	0.2515e+00	0.99
4	0.1901e−02	2.00	0.1259e+00	1.00
5	0.4752e−03	2.00	0.6295e−01	1.00
6	0.1188e−03	2.00	0.3148e−01	1.00

Tabelle 4.4 Konvergenz für biquadratische Viereckelemente Q_2.

Level l	L^2-Norm	Ordnung	H^1-Norm	Ordnung
1	0.1442e−01		0.2020e+00	
2	0.1932e−02	2.90	0.5098e−01	1.99
3	0.2451e−03	2.98	0.1276e−01	2.00
4	0.3075e−04	2.99	0.3191e−02	2.00
5	0.3846e−05	3.00	0.7979e−03	2.00
6	0.4809e−06	3.00	0.1995e−03	2.00

Die Aussage des zweiten Konvergenzsatzes ist nur von Bedeutung, wenn die exakte Lösung mindestens im $H^2(\Omega)$ liegt. Leider ist das für die von uns betrachteten Probleme (wir denken an die Beispiele in Abschnitt 2.1) nicht garantiert. Man kann grob folgende Glätteaussagen treffen:

1. Ist das Gebiet konvex und hat man auf dem ganzen Rand eine Randbedingung vom gleichen Typ, so liegt die Lösung im $H^2(\Omega)$.

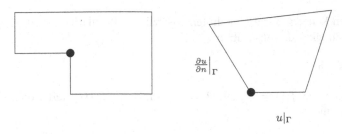

Abbildung 4.7 Kritische Situationen: $u \notin H^2(\Omega)$.

2. Die Lösung liegt i. allg. nicht im $H^2(\Omega)$, wenn in Randpunkten, wo Dirichlet-Bedingungen und Neumann-Bedingungen aufeinandertreffen, der Rand einen inneren Öffnungswinkel hat, der nicht kleiner als $\pi/2$ ist.

Ist also z.B. das Gebiet nicht konvex, (s. Abb. 4.7) oder stoßen in einem „stumpfen" Eckpunkt unterschiedliche Randbedingungen zusammen, so kann man eine Konvergenzgeschwindigkeit gemäß des zweiten Konvergenzsatzes nicht erwarten. Genauere Aussagen zur Glätte der Lösung in solchen Fällen findet man in [32].
Beispielsweise liegt die Lösung $u = r^{2/3} \sin \frac{2}{3}\varphi$ der Randwertaufgabe

$$-\Delta u = 0 \quad \text{in } \Omega = \left\{(r, \varphi) : 0 \leq r < 1, 0 < \varphi < \frac{3}{2}\pi\right\}, \quad u = g \quad \text{auf } \Gamma$$

nicht im $H^2(\Omega)$, sondern nur im $H^s(\Omega)$ mit $s < 1 + \frac{2}{3}$. Das Gebiet, ein Sektor des Einheitskreises mit Innenwinkel $3\pi/2$ ist nicht konvex und wir müssen mit einer Reduktion der Konvergenzordnung rechnen. In Tabelle 4.5 wird dies am Beispiel linearer und quadratischer Dreieckselemente deutlich. Die Rate in der H^1-Norm entspricht $2/3 \approx 0{,}66$. Insbesondere erkennt man auch, dass die Verringerung der Konvergenzrate nicht durch Elemente höherer Ordnung ausgeglichen werden kann. Hier hilft eine adaptive Gitteranpassung, deren Grundzüge wir in Kapitel 10 behandeln werden.

Tabelle 4.5 Konvergenz in der H^1-Norm für lineare und quadratische Dreieckelemente.

Level l	P_1-Element	Ordnung	P_2-Element	Ordnung
1	0.2437e+00		0.1139e+00	
2	0.1583e+00	0.62	0.6508e−01	0.80
3	0.1015e+00	0.64	0.3970e−01	0.71
4	0.6472e−01	0.65	0.2481e−01	0.68
5	0.4112e−01	0,65	0.1568e−01	0.66
6	0.2610e−02	0.66	0.1006e−01	0.65

Zu den im zweiten Konvergenzsatz erwähnten zusätzlichen Regularitätsvoraussetzungen für die Gültigkeit der Abschätzung

$$\|u - u_h\|_0 \leq C h^{k+1}$$

ist folgendes zu sagen: Sei $f(v) = \int_\Omega g v \mathrm{d}\Omega = (g, v)$ mit $g \in L^2(\Omega)$ und z die Lösung der Hilfsaufgabe

$$a(v, z) = (g, v) \quad \text{für alle } v \in V .$$

Dann ist die obige Abschätzung richtig, wenn z im Raum $H^2(\Omega)$ liegt und die Abschätzung

$$\|z\|_2 \leq C \|g\|_0$$

gilt. Ist Ω konvex, so ist diese zusätzliche Regularitätsvoraussetzung z.B. für homogene Dirichlet-Probleme oder für homogene Neumann-Probleme erfüllt.

Zu bemerken ist noch, dass die Aussagen der beiden ersten Konvergenzsätze sinngemäß auch für dreidimensionale Aufgaben richtig sind.

Schwierig wird es, wenn man den Fehler punktweise abschätzen will bzw. in der *Maximumnorm*

$$\|v\|_\infty = \sup_{(x,y)\in\Omega} |v(x, y)| .$$

Man nennt die Menge aller Funktionen, für die diese Norm endlich ist, den Raum $L^\infty(\Omega)$.

Die Herleitung optimaler Abschätzungen ist zum einen kompliziert, zum anderen verlangen sie starke Voraussetzungen an die Glätte der Lösung. Oft sind z.B. Forderungen an die Glätte des Randes des Gebietes notwendig, und zwar solche Forderungen, die für Gebiete mit Ecken (die praktisch häufig auftreten) nicht erfüllt sind. Deswegen skizzieren wir nur ein konkretes Resultat. Betrachtet wird das spezielle Problem

$$-\Delta u = f \quad \text{in } \Omega , \quad u = 0 \quad \text{auf } \Gamma .$$

Ω sei wie immer ein zweidimensionales Polygon, zusätzlich konvex, und von f fordern wir, dass f eine stetige Funktion ist. Die Zerlegung des Gebietes sei zulässig, quasiuniform und zusätzlich uniform.

Dritter Konvergenzsatz: *Sei $P_K = P_k (k \geq 1)$. Dann gilt die Fehlerabschätzung*

$$\|u - u_h\|_\infty \leq C h^{k+1}, \qquad \text{wenn } k \geq 2 ,$$
$$\|u - u_h\|_\infty \leq C h^2 |\ln h| , \qquad \text{wenn } k = 1 ,$$

und die exakte Lösung ausreichend glatt ist.

Für dreidimensionale Aufgaben bleibt die erste Abschätzung richtig, in der zweiten ändert sich die Potenz des Logarithmus. Lange war unklar, ob der Faktor $|\ln h|$

wirklich notwendig ist, 1983 wurde diese Frage von Haverkamp [38] positiv entschieden.

Bemerkt sei abschliessend, dass für lineare Elemente präzise vorauszusetzen ist, dass die zweiten Ableitungen der exakten Lösung im $L^\infty(\Omega)$ liegt. Bereits für nur $u \in H^2(\Omega)$ kann die Fehlerordnung in der Maximumnorm auf Eins fallen (statt der optimalen Ordnung „fast" Zwei).

Kapitel 5
Numerische Integration

5.1
Allgemeine Bemerkungen

Die Berechnung von Elementmatrizen und die Berechnung des Beitrages jedes Elements zum Vektor $[f_j]$ des diskreten Problems erfordert die Ausführung einer Integration über das Element K. Oft ist es nicht möglich oder nicht zweckmäßig, die entsprechenden Integrale exakt zu berechnen; man verwendet Formeln zur näherungsweisen Integration.

Wir setzen voraus, dass alle Elemente K mit Hilfe einer linearen Transformation eineindeutig auf ein Einheitselement E abgebildet werden können, E sei ein Einheitsdreieck oder ein Einheitsquadrat in der ξ-η-Ebene. Unter einer *Quadraturformel* zur näherungsweisen Berechnung des Integrals $\int_E \varphi(\xi, \eta)\mathrm{d}E$ versteht man eine Ersetzung des Integrals durch eine Summe der Form $\sum_{\nu=1}^{L} \omega_\nu \varphi(\xi_\nu, \eta_\nu)$. Wir schreiben symbolisch

$$\int_E \varphi(\xi, \eta)\mathrm{d}E \approx \sum_{\nu=1}^{L} \omega_\nu \varphi(\xi_\nu, \eta_\nu) \,, \tag{5.1}$$

die ω_ν heißen *Gewichte* (sie seien grundsätzlich positiv), die Punkte (ξ_ν, η_ν) heißen *Stützstellen* (sie mögen grundsätzlich in E liegen).

Ein Beispiel einer Quadraturformel für das Einheitsdreieck ist

$$\int_E \varphi(\xi, \eta)\mathrm{d}E \approx \frac{1}{24}[\varphi(0,0) + \varphi(0,1) + \varphi(1,0)] + \frac{3}{8}\varphi\left(\frac{1}{3}, \frac{1}{3}\right). \tag{5.2}$$

Berechnet man mit dieser Quadraturformel etwa

$$\int_E \left(\frac{2}{1 \mid \xi \mid \eta}\right)^2 \mathrm{d}E \,,$$

so erhält man den Näherungswert 0,79 anstelle des exakten Wertes (vierstellig) 0,7726.

Die Finite-Elemente-Methode für Anfänger. Herbert Goering, Hans-Görg Roos und Lutz Tobiska
Copyright © 2010 WILEY-VCH Verlag GmbH & Co. KGaA, Weinheim
ISBN: 978-3-527-40964-8

Es reicht aus, eine Quadraturformel für das Einheitselement anzugeben, denn nach der Transformationsformel für Flächenintegrale gilt

$$\int_K \varphi(x, y)\mathrm{d}K = D \int_E \varphi^*(\xi, \eta)\mathrm{d}E$$

und man kann nun (5.1) verwenden, um das Integral über K näherungsweise zu berechnen.

Die entscheidende Frage ist: Wie muss man die Quadraturformel wählen, damit der Quadraturfehler in Einklang steht mit dem Diskretisierungsfehler? Wählt man eine zu grobe Quadraturformel, so übertrifft der Quadraturfehler den Diskretisierungsfehler und der Gesamtfehler ist unnötig groß. Wählt man eine zu genaue Quadraturformel, so wird der Quadraturfehler den Gesamtfehler kaum beeinflussen, dafür wird aber der Rechenaufwand unnötig hoch.

Im Abschnitt 5.2 gehen wir auf diese Frage für lineare Elemente bzw. Dreieckelemente vom Typ 1 detailliert ein. Im Abschnitt 5.3 geben wir aus der allgemeinen Theorie der Methode der finiten Elemente folgende Resultate an, es folgt eine Übersicht passender Integrationsformeln.

5.2
Der Quadraturfehler für lineare Elemente

Es sei Ω ein zweidimensionales Polygon, das Ausgangsproblem sei wie immer dadurch gekennzeichnet, dass die Voraussetzungen des Satzes 2.1 erfüllt sind. Das stetige Problem ist also

$$a(u, v) = f(v) \quad \text{für alle } v \in V \,, \tag{5.3}$$

das diskrete Problem

$$a(u_h, v_h) = f(v_h) \quad \text{für alle } v_h \in V_h \subset V \,.$$

Wendet man nun Quadraturformeln an, so verändern sich i. allg. die Bilinearform und die Linearform im diskreten Problem.

Wir untersuchen jetzt folgenden Fall: Verwendet werden Dreieckelemente vom Typ 1, die Bilinearform ändere sich nicht (besitzt der Differentialausdruck etwa konstante Koeffizienten, so kann man die Integrale exakt auswerten, vgl. Abschnitt 2.2.2), die Linearform sei $f(v_h) = \int_\Omega g v_h \mathrm{d}\Omega$, und dieses Integral werde mit Hilfe einer Quadraturformel näherungsweise berechnet.

Durch die Anwendung der Quadraturformel wird aus der Linearform $f(v_h)$ eine andere Linearform $f_h(v_h)$. Das diskrete Problem bei der Anwendung der Quadraturformel ist dann folglich

$$a(u_h, v_h) = f_h(v_h) \quad \text{für alle } v_h \in V_h \,. \tag{5.4}$$

Man kann den Satz 4.1 (Cea) nun nicht mehr direkt anwenden, sondern muss ihn geeignet modifizieren. Ähnlich wie in Abschnitt 4.2.1 gehen wir aus von

$$\alpha \| u_h - v_h \|^2 \leq a(u_h - v_h, u_h - v_h)$$

und formen die rechte Seite der Ungleichung um:

$$\alpha \| u_h - v_h \|^2 \leq a(u - v_h, u_h - v_h) - a(u - u_h, u_h - v_h)$$
$$= a(u - v_h, u_h - v_h) - [f(u_h - v_h) - f_h(u_h - v_h)]$$

(bei Berücksichtigung von (5.3), $V_h \subset V$ und (5.4)). Unter Ausnutzung der Stetigkeit der Bilinearform

$$\alpha \| u_h - v_h \|^2 \leq \beta \| u - v_h \| \| u_h - v_h \| + | f(u_h - v_h) - f_h(u_h - v_h) |$$

bzw.

$$\| u_h - v_h \| \leq \frac{\beta}{\alpha} \| u - v_h \| + \frac{1}{\alpha} \frac{| f(u_h - v_h) - f_h(u_h - v_h) |}{\| u_h - v_h \|} \, .$$

Nun ersetzen wir den zweiten Summanden durch sein Supremum, dann gilt die Abschätzung erst recht:

$$\| u_h - v_h \| \leq \frac{\beta}{\alpha} \| u - v_h \| + \frac{1}{\alpha} \sup_{w_h \in V_h} \frac{| f(w_h) - f_h(w_h) |}{\| w_h \|} \, .$$

Die Dreiecksungleichung

$$\| u - u_h \| \leq \| u - v_h \| + \| u_h - v_h \|$$

ergibt

$$\| u - u_h \| \leq \left(1 + \frac{\beta}{\alpha} \right) \| u - v_h \| + \frac{1}{\alpha} \sup_{w_h \in V_h} \frac{| f(w_h) - f_h(w_h) |}{\| w_h \|} \, .$$

Da das $v_h \in V_h$ beliebig war, können wir den ersten Summanden durch sein Infimum ersetzten und erhalten letztlich

Lemma 5.1

Es existiert eine von V_h unabhängige Konstante C, so dass

$$\| u - u_h \| \leq C \left\{ \inf_{v_h \in V_h} \| u - v_h \| + \sup_{w_h \in V_h} \frac{| f(w_h) - f_h(w_h) |}{\| w_h \|} \right\} .$$

Man sieht, dass der erste Summand wie in Abschnitt 4.2.1 dem Approximationsfehler entspricht, während der zweite Summand die Güte der Quadraturformel widerspiegelt.

Wir untersuchen nun den zweiten Summanden für unseren speziellen Fall linearer Elemente. Entsprechend (5.1) definieren wir *den Quadraturfehler Q* auf dem Einheitselement als

$$Q(\varphi) = \int_E \varphi(\xi, \eta)\mathrm{d}E - \sum_{\nu=1}^{L} \omega_\nu \varphi(\xi_\nu, \eta_\nu) \, .$$

Daraus folgt für die Differenz $f(w_h) - f_h(w_h)$ aus

$$f(w_h) = \int_\Omega g w_h \mathrm{d}\Omega = \sum_{\mu=1}^{M} \int_{K_\mu} g w_h \mathrm{d}K_\mu = \sum_{\mu=1}^{M} D_\mu \int_E g w_h \mathrm{d}E \, ,$$

$$f_h(w_h) = \sum_{\mu=1}^{M} D_\mu \left[\sum_{\nu=1}^{L} \omega_\nu (g w_h)(\xi_\nu, \eta_\nu) \right]$$

die Beziehung

$$f(w_h) - f_h(w_h) = \sum_{\mu=1}^{M} D_\mu \, Q(g w_h) \, .$$

Wir benötigen nun eine spezielle Version eines bekannten Hilfssatz, den wir nicht beweisen wollen (vgl. [33]).

Lemma 5.2 (Bramble, Hilbert)

Es sei $h(v)$ eine stetige Linearform auf dem $H^1(\Omega)$, die für konstante v verschwindet. Dann existiert eine von v unabhängige Konstante C, so dass

$$|h(v)| \leq C |v|_{1,\Omega}$$

mit

$$|v|_{1,\Omega} = \left(\int_\Omega \left[\left(\frac{\partial v}{\partial x} \right)^2 + \left(\frac{\partial v}{\partial y} \right)^2 \right] \mathrm{d}\Omega \right)^{1/2} \, .$$

Um Lemma 5.2 anwenden zu können, müssen wir sichern, dass $Q(g w_h)$ einerseits definiert ist, andererseits eine stetige Linearform auf dem H^1, die für Konstanten verschwindet. Hinreichend dafür ist $g \in H^2$, wenn wir zudem voraussetzen, dass die von uns verwendete Quadraturformel Konstanten exakt integriert. Dann folgt

$$|f(w_h) - f_h(w_h)| \leq C \sum_{\mu=1}^{M} |D_\mu| \cdot |g w_h|_{1,E} \, .$$

Nun ist

$$|g w_h|_{1,E} \leq |g|_{1,E} \|w_h\|_{0,\infty,E} + \|g\|_{0,E} |\nabla w_h|_{0,\infty,E} \, .$$

Aus der Äquivalenz der Normen auf endlichdimensionalen Räumen folgt

$$|gw_h|_{1,E} \leq C(|g|_{1,E}\|w_h\|_{0,E} + \|g\|_{0,E}|w_h|_{1,E}) \,,$$

daraus schließlich

$$|f(w_h) - f_h(w_h)| \leq C \sum_{\mu=1}^{M} |D_\mu|(|g|_{1,E}\|w_h\|_{0,E} + \|g\|_{0,E}|w_h|_{1,E}) \,.$$

Wie in Abschnitt 4.2 ergibt sich durch Transformation der Flächenintegrale und Umrechnung der Ableitungen

$$\|g\|_{0,E} = |D_\mu|^{-1/2}\|g\|_{0,K_\mu} \,,$$

$$|g|_{1,E} \leq Ch|D_\mu|^{-1/2}|g|_{1,K_\mu} \,.$$

Daraus folgt

$$|f(w_h) - f_h(w_h)| \leq Ch \sum_{\mu=1}^{M} (|g|_{1,K_\mu}\|w_h\|_{0,K_\mu} + \|g\|_{0,K_\mu}|w_h|_{1,K_\mu}) \,.$$

Die Schwarzsche Ungleichung für Summen liefert

$$|f(w_h) - f_h(w_h)|$$

$$\leq Ch \sum_{\mu=1}^{M} (|g|_{1,K_\mu}^2 + \|g\|_{0,K_\mu}^2)^{1/2}(\|w_h\|_{0,K_\mu}^2 + |w_h|_{1,K_\mu}^2)^{1/2} \,.$$

Nun ist aber

$$(|v|_1^2 + \|v\|_0^2)^{1/2} = \|v\|_1 \,,$$

also hat man

$$|f(w_h) - f_h(w_h)| \leq Ch\|g\|_1\|w_h\|_1$$

bzw.

$$\frac{|f(w_h) - f_h(w_h)|}{\|w_h\|_1} \leq Ch\|g\|_1 \,.$$

Damit besitzt der Quadraturfehler die gleiche Größenordnung wie der Diskretisierungsfehler, wenn man im Fall von linearen Elementen für die „rechte" Seite eine Quadraturformel benutzt, die Konstanten exakt integriert. Dies ist eine sehr schwache Forderung an die Quadraturformel.

Satz 5.1

Es sei $P_K = P_1$, die verwendete Quadraturformel integriere Konstanten exakt. Dann gilt für die Lösung des diskreten Problems (5.4) die Fehlerabschätzung

$$\|u - u_h\|_1 \le Ch,$$

wenn zudem

$$f(v) = \int_\Omega gv\,d\Omega \quad \text{mit} \quad g \in H^2(\Omega).$$

Berechnet man nun auch die die Bilinearform $a(u_h, v_h)$ erzeugenden Integrale durch Anwendung einer Quadraturformel, so entsteht eine neue Bilinearform $a_h(u_h, v_h)$. Zusätzliche theoretische Probleme werden dadurch verursacht, dass nicht mehr gesichert ist, dass in dem neuen diskreten Problem

$$a_h(u_h, v_h) = f_h(v_h) \quad \text{für alle } v_h \in V_h \tag{5.5}$$

die Bilinearform $a_h(\cdot, \cdot)$ die Eigenschaft der V_h-Elliptizität besitzt (diese sichert auch die eindeutige Lösbarkeit des diskreten Problems).

Man kann mit etwas mehr Aufwand als beim Beweis von Satz 5.1 allerdings zeigen, dass V_h-Elliptizität vorliegt und zudem die Aussage des Satzes gültig bleibt, wenn die Koeffizienten des die Bilinearform erzeugenden Differentialausdrucks genügend glatt sind.

5.3
Eine Übersicht: passende Integrationsformeln

Es sei Ω ein zweidimensionales Polygon, das Ausgangsproblem erneut

$$a(u, v) = f(v) \quad \text{für alle } v \in V$$

mit

$$f(v) = \int_\Omega gv\,d\Omega.$$

Wir setzen voraus, dass die Koeffizienten des die Bilinearform erzeugenden Differentialausdrucks und g genügend glatte Funktionen sind. Weiter mögen die Voraussetzungen des zweiten Konvergenzsatzes aus Abschnitt 4.3 erfüllt sein, bei *exakter* Berechnung der Integrale gelte also für $P_k \subset P_K$ für den Diskretisierungsfehler

$$\|u - u_h\|_1 \le Ch^k. \tag{5.6}$$

Nun wird die Quadraturformel (5.1) zur näherungsweisen Berechnung der auftretenden Integrale benutzt. Das bedeutet, dass die Bilinearform durch eine neue

Bilinearform $a_h(\cdot,\cdot)$ ersetzt wird, die Linearform durch eine neue Linearform $f_h(\cdot)$. Das diskrete Problem bei numerischer Integration sei also

$$a_h(u_h, v_h) = f_h(v_h) \quad \text{für alle } v_h \in V_h .$$

Wir geben nun im folgenden zunächst Bedingungen an Quadraturformeln und dann Beispiele von Quadraturformeln derart an, dass das diskrete Problem nach wie vor eine eindeutige Lösung besitzt und die asymptotische Fehlerabschätzung (5.6) gültig bleibt, natürlich mit einer veränderten Konstanten C.

Satz 5.2

Es sei $P_K = P_k$, die Quadraturformel integriere Polynome $(2k-2)$-ten Grades exakt. Dann gilt für den Fehler mit Quadratur ebenfalls die asymptotische Abschätzung

$$\|u - u_h\|_1 \leq C h^k .$$

Dieser Satz ist auf Dreieckelemente vom Typ k zugeschnitten.

Wie konstruiert man überhaupt Quadraturformeln?

Angenommen, wir suchen eine Formel, die über einem Dreieck Polynome möglichst gut integriert und „billig" ist, also nur drei Stützstellen verwendet. Dann wird man aus Symmetriegründen bei Integration über dem Einheitsdreieck die Mittelpunkte der Seiten verwenden, also mit unbekannten Gewichten setzen

$$\int_E \varphi(\xi, \eta) \mathrm{d}E \approx \omega_1 \varphi\left(\frac{1}{2}, 0\right) + \omega_2 \varphi\left(0, \frac{1}{2}\right) + \omega_3 \varphi\left(\frac{1}{2}, \frac{1}{2}\right) .$$

Nun bestimmen wir die Gewichte aus der Exaktheitsforderung der Formel für gewisse Polynome; natürlich beginnend mit linearen Polynomen:

$$\varphi \equiv 1 \quad \text{liefert} \qquad \frac{1}{2} = \omega_1 + \omega_2 + \omega_3 ,$$

$$\varphi \equiv \xi \quad \text{ergibt} \qquad \frac{1}{6} = \frac{1}{2}\omega_1 + \frac{1}{2}\omega_3 ,$$

$$\varphi \equiv \eta \quad \text{schließlich} \qquad \frac{1}{6} = \frac{1}{2}\omega_2 + \frac{1}{2}\omega_3 .$$

Aus diesen drei Gleichungen folgt

$$\omega_1 = \omega_2 = \omega_3 = \frac{1}{6} .$$

Da die Formel für die Polynome $1, \xi, \eta$ exakt ist, ist sie für alle Polynome ersten Grades exakt. Wir probieren, wie Polynome zweiten Grades integriert werden. Es gilt

$$\int\limits_E \xi^2 \mathrm{d}E = \frac{1}{12} = \frac{1}{6}\left(\frac{1}{4} + \frac{1}{4}\right),$$

$$\int\limits_E \eta^2 \mathrm{d}E = \frac{1}{12} = \frac{1}{6}\left(\frac{1}{4} + \frac{1}{4}\right),$$

$$\int\limits_E \xi\eta\,\mathrm{d}E = \frac{1}{24} = \frac{1}{6}\cdot\frac{1}{4}\,;$$

die Seitenmittelpunktsregel

$$\int\limits_E \varphi(\xi,\eta)\mathrm{d}E \approx \frac{1}{6}\left[\varphi\left(\frac{1}{2},0\right) + \varphi\left(0,\frac{1}{2}\right) + \varphi\left(\frac{1}{2},\frac{1}{2}\right)\right] \tag{5.7}$$

integriert also auch alle Polynome zweiten Grades (wie in Tabelle 5.1 vermerkt) exakt.

Polynome dritten Grades werden i. allg. nicht exakt integriert, beispielsweise ist

$$\int\limits_E \xi^3 \mathrm{d}E = \frac{1}{20} \neq \frac{1}{6}\left(\frac{1}{8} + \frac{1}{8}\right).$$

Ähnlich kann man weitere Quadraturformeln konstruieren, wenn man sich die Stützstellen vorgibt: Exaktheitsforderungen für gewisse Polynome führen zu linearen Gleichungssystemen für die Gewichte.

So ist beispielsweise die Quadraturformel

$$\int\limits_E \varphi(\xi,\eta)\mathrm{d}E \approx \frac{1}{120}\left[3(\varphi(0,0) + \varphi(1,0) + \varphi(0,1)) + 8\left(\varphi\left(\frac{1}{2},0\right)\right.\right.$$

$$\left.\left. + \varphi\left(0,\frac{1}{2}\right) + \varphi\left(\frac{1}{2},\frac{1}{2}\right)\right) + 27\varphi\left(\frac{1}{3},\frac{1}{3}\right)\right] \tag{5.8}$$

für Polynome dritten Grades exakt.

In [33] findet man auch Quadraturformeln, exakt für Polynome vom Grad vier und fünf.

Verwendet man nicht vollständige Polynomräume über Dreiecken als Ansatzfunktionen, so kann man hinreichende Bedingungen für die zu verwendenden Quadraturformeln dem folgenden Satz entnehmen.

Satz 5.3

Es sei $P_k \subset P_K \subset P_l$. Die Quadraturformel integriere Polynome $(k + l - 2)$-ten Grades exakt, außerdem enthalte die Menge der Stützstellen der Quadraturformel eine Teilmenge, die Polynome $(l - 1)$-ten Grades eindeutig bestimmt. Dann gilt

$$\|u - u_h\|_1 \leq Ch^k.$$

Tabelle 5.1 Übersicht: Quadraturformeln für Dreieckselemente vom Typ 1, 2, 2*, 3'.

Typ	Stützstellen und Quadraturformel	exakt für Polynome vom Grad	Fehlerabschätzung
	$\frac{1}{2}\varphi\left(\frac{1}{3},\frac{1}{3}\right)$	1	$\|u - u_h\|_1 \leq Ch$
	(5.7)	2	$\|u - u_h\|_1 \leq Ch^2$
	(5.8)	3	$\|u - u_h\|_1 \leq Ch^2$
	(5.8)	3	$\|u - u_h\|_1 \leq Ch^2$

Betrachten wir z. B. die Dreieckselemente 2* oder 3', so ist $k = 2$ und $l = 3$. Die Zusatzforderung im Satz 5.3 ist für die angegebene Quadraturformel (5.8) erfüllt, denn Polynome zweiten Grades sind eindeutig bestimmt durch die Vorgabe ihrer Funktionswerte in den Ecken und in den Seitenmitten.

Nun kommen wir zu dem Fall einer affinen Familie von Viereckselementen.

Satz 5.4

Es sei $P_k \subset P_K \subset Q_k$. Die Quadraturformel integriere Funktionen aus dem Q_{2k-1} exakt, außerdem enthalte die Menge der Stützstellen der Quadraturformel eine Teilmenge, die Polynome $(2k-1)$-ten Grades in Q_k eindeutig bestimmt. Dann gilt

$$\|u - u_h\|_1 \leq Ch^k .$$

Die Konstruktion von Quadraturformeln für das Einheitsquadrat ist einfacher als für das Einheitsdreieck. Das Einheitsquadrat E in der ξ-η-Ebene werde beschrieben durch $-1 \leq \xi \leq 1, -1 \leq \eta \leq 1$. Es sei

$$\int_{-1}^{1} \psi(t)\mathrm{d}t \approx \sum_{\nu=1}^{L} \omega_\nu \psi(t_\nu) \tag{5.9}$$

eine Quadraturformel für den eindimensionalen Fall, die für Polynome k-ten Grades exakt ist. Dabei seien die Gewichte ω_ν positiv, für die Stützstellen gelte $t_\nu \in [-1, 1]$.

Dann erzeugt diese eindimensionale Quadraturformel eine für Funktionen des Q_k exakte Integrationsformel im zweidimensionalen Fall, und zwar

$$\int_E \varphi(\xi, \eta) dE \approx \sum_{\nu=1}^{L} \sum_{\mu=1}^{L} \omega_\nu \omega_\mu \varphi(t_\nu, t_\mu) \,. \tag{5.10}$$

Ist nämlich $\varphi \in Q_k$, so gilt mit Konstanten c_{ij}

$$\varphi(\xi, \eta) = \sum_{i=0}^{k} \sum_{j=0}^{k} c_{ij} \xi^i \eta^j \,.$$

Dann folgt für das Integral über E

$$\int_E \varphi(\xi, \eta) dE = \sum_{i=0}^{k} \sum_{j=0}^{k} c_{ij} \int_E \xi^i \eta^j dE$$

$$= \sum_{i=0}^{k} \sum_{j=0}^{k} c_{ij} \int_{-1}^{1} t^i dt \int_{-1}^{1} t^j dt$$

$$= \sum_{i=0}^{k} \sum_{j=0}^{k} c_{ij} \sum_{\nu=1}^{L} \omega_\nu t_\nu^i \sum_{\mu=1}^{L} \omega_\mu t_\mu^j$$

$$= \sum_{\nu=1}^{L} \sum_{\mu=1}^{L} \omega_\nu \omega_\mu \sum_{i=0}^{k} \sum_{j=0}^{k} c_{ij} t_\nu^i t_\mu^j$$

$$= \sum_{\nu=1}^{L} \sum_{\mu=1}^{L} \omega_\nu \omega_\mu \varphi(t_\nu, t_\mu) \,,$$

d.h., die Quadraturformel (5.10) ist für Polynome vom Typ Q_k exakt.

Damit müssen wir lediglich über eindimensionale Quadraturformeln und die Gültigkeit der Zusatzbedingung in Satz 5.4 nachdenken.

Für die wichtigsten Elementtypen mit $k = 1$ und $k = 2$ benötigen wir Quadraturformeln, die für den Q_1 bzw. Q_3 exakt sind. Nach dem eben Beschriebenen liefert (5.10) solche Formeln, wenn (5.9) für den eindimensionalen Fall eine exakte Formel für Polynome ersten bzw. dritten Grades ist.

Nun beschreiben wir die grundlegenden Zusammenhänge für eindimensionale Quadraturformeln wie (5.9).

Die Formel (5.9) heißt *vom Newton-Cotes-Typ*, wenn man die Stützstellen vorgibt, $\psi(t)$ durch das entsprechende Lagrangesche Interpolationspolynom ersetzt und dieses exakt integriert.

Es sei z.B. $L = 2$, $t_1 = -1$, $t_2 = 1$. Das Polynom ersten Grades, welches an den Stützstellen t_1, t_2 mit ψ übereinstimmt (das Lagrangesche Interpolationspolynom) ist

$$p_1(t) = -\frac{1}{2} \psi(-1)(t - 1) + \frac{1}{2} \psi(1)(t + 1) \,.$$

Integration liefert

$$\int\limits_{-1}^{1} p_1(t)\mathrm{d}t = \psi(-1) + \psi(1)\,,$$

also ist

$$\int\limits_{-1}^{1} \psi(t)\mathrm{d}t \approx \psi(-1) + \psi(1)\,,$$

eine für Polynome ersten Grades exakte Quadraturformel (die sogenannte *Trapez-regel*). Diese Formel induziert die Quadraturformel

$$\int\limits_{E} \varphi(\xi, \eta)\mathrm{d}E \approx \varphi(-1,-1) + \varphi(-1,1) + \varphi(1,-1) + \varphi(1,1)\,; \tag{5.11}$$

diese Formel ist für Polynome des Q_1 exakt.

Wählt man $L = 4$, $t_1 = -1$, $t_2 = -\frac{1}{3}$, $t_3 = \frac{1}{3}$, $t_4 = 1$, so liefert das Lagrangesche Interpolationspolynom

$$p_3(t) = \psi(-1)\frac{\left(t + \frac{1}{3}\right)\left(t - \frac{1}{3}\right)(t - 1)}{\left(-1 + \frac{1}{3}\right)\left(-1 - \frac{1}{3}\right)(-1 - 1)}$$

$$+ \psi\left(-\frac{1}{3}\right)\frac{(t + 1)\left(t - \frac{1}{3}\right)(t - 1)}{\left(-\frac{1}{3} + 1\right)\left(-\frac{1}{3} - \frac{1}{3}\right)\left(-\frac{1}{3} - 1\right)}$$

$$+ \psi\left(\frac{1}{3}\right)\frac{(t + 1)\left(t + \frac{1}{3}\right)(t - 1)}{\left(\frac{1}{3} + 1\right)\left(\frac{1}{3} + \frac{1}{3}\right)\left(\frac{1}{3} - 1\right)}$$

$$+ \psi(1)\frac{(t + 1)\left(t + \frac{1}{3}\right)\left(t - \frac{1}{3}\right)}{(1 + 1)\left(1 + \frac{1}{3}\right)\left(1 - \frac{1}{3}\right)}\,,$$

die für Polynome dritten Grades exakte Formel (die sogenannte $\frac{3}{8}$-*Regel*)

$$\int\limits_{-1}^{1} \psi(t)\mathrm{d}t \approx \frac{1}{4}\left[\psi(-1) + 3\psi\left(-\frac{1}{3}\right) + 3\psi\left(\frac{1}{3}\right) + \psi(1)\right].$$

Der Name $\frac{3}{8}$-Regel rührt daher, dass man den Vorfaktor $\frac{1}{4}$ oft schreibt als $\frac{3}{8} \cdot \frac{2}{3}$; $\frac{2}{3}$ ist der Abstand benachbarter Stützstellen. So entsteht gemäß (5.10) eine Quadraturformel, die für Polynome des Q_3 exakt ist:

$$\int_E \varphi(\xi, \eta)\,\mathrm{d}E \approx \frac{1}{16}\left\{\varphi(-1, -1) + \varphi(-1, 1) + \varphi(1, -1) + \varphi(1, 1)\right.$$

$$+ 3\left[\varphi\left(-1, \frac{1}{3}\right) + \varphi\left(-1, -\frac{1}{3}\right) + \varphi\left(1, \frac{1}{3}\right) + \varphi\left(1, -\frac{1}{3}\right)\right.$$

$$\left. + \varphi\left(\frac{1}{3}, 1\right) + \varphi\left(-\frac{1}{3}, 1\right) + \varphi\left(\frac{1}{3}, -1\right) + \varphi\left(-\frac{1}{3}, 1\right)\right]$$

$$\left. + 9\left(\varphi\left(\frac{1}{3}, \frac{1}{3}\right) + \varphi\left(-\frac{1}{3}, \frac{1}{3}\right) + \varphi\left(-\frac{1}{3}, -\frac{1}{3}\right) + \varphi\left(\frac{1}{3}, -\frac{1}{3}\right)\right)\right\}. \quad (5.12)$$

Die Quadraturformel (5.9) heißt *Formel vom Gauß-Legendre-Typ*, wenn man die L Stützstellen und L Gewichte (man hat $2L$ Unbekannte) so bestimmt, dass Polynome vom Grad $2L - 1$ (dies entspricht $2L$ Bedingungen) exakt integriert werden. Im Gegensatz zu den Newton-Cotes-Typ-Formeln gibt man sich also die Stützstellen nicht vor, sondern berechnet diese in gewisser Weise nach einem Optimalitätskriterium.

Ist z.B. $L = 2$, so bekommt man das Gleichungssystem

$$\omega_1 + \omega_2 = 2, \quad \omega_1 t_1 + \omega_2 t_2 = 0,$$

$$\omega_1 t_1^2 + \omega_2 t_2^2 = \frac{2}{3}, \quad \omega_1 t_1^3 + \omega_2 t_2^3 = 0$$

Tabelle 5.2 Übersicht: Quadraturformeln für Rechteckelemente vom Typ 1, 2, 2′.

Typ	Stützstellen und Quadraturformel		exakt für Polynome vom Typ	Fehlerabschätzung
		(5.11)	Q_1	$\|u - u_h\|_1 \leq Ch$
		(5.13)	Q_3	$\|u - u_h\|_1 \leq Ch$
		(5.12)	Q_3	$\|u - u_h\|_1 \leq Ch^2$
		(5.14)	Q_5	$\|u - u_h\|_1 \leq Ch^2$

mit der Lösung $\omega_1 = \omega_2 = 1$, $t_1 = -\sqrt{\frac{1}{3}}$, $t_2 = \sqrt{\frac{1}{3}}$. Die sich damit ergebende Formel

$$\int_E \varphi(\xi, \eta)\,\mathrm{d}E \approx \varphi\left(-\sqrt{\frac{1}{3}}, -\sqrt{\frac{1}{3}}\right) + \varphi\left(-\sqrt{\frac{1}{3}}, \sqrt{\frac{1}{3}}\right)$$

$$+ \varphi\left(\sqrt{\frac{1}{3}}, -\sqrt{\frac{1}{3}}\right) + \varphi\left(\sqrt{\frac{1}{3}}, \sqrt{\frac{1}{3}}\right) \tag{5.13}$$

integriert Polynome des Q_3 exakt.

Für $L > 2$ ist die Bestimmung insbesondere der Stützstellen nicht ganz einfach. Diese sind die Nullstellen der sogenannten Legendre-Polynome. Wir beschränken uns auf die Angabe einer resultierenden Quadraturformel für das Einheitsquadrat mit $L = 3$:

$$\int_E \varphi(\xi, \eta)\,\mathrm{d}E \approx \frac{1}{81}\left\{25\left[\varphi\left(\sqrt{\frac{3}{5}}, \sqrt{\frac{3}{5}}\right) + \varphi\left(\sqrt{\frac{3}{5}}, -\sqrt{\frac{3}{5}}\right)\right.\right.$$

$$\left. + \varphi\left(-\sqrt{\frac{3}{5}}, \sqrt{\frac{3}{5}}\right) + \varphi\left(-\sqrt{\frac{3}{5}}, -\sqrt{\frac{3}{5}}\right)\right]$$

$$+ 40\left[\varphi\left(0, \sqrt{\frac{3}{5}}\right) + \varphi\left(0, -\sqrt{\frac{3}{5}}\right) + \varphi\left(\sqrt{\frac{3}{5}}, 0\right)\right.$$

$$\left.\left. + \varphi\left(-\sqrt{\frac{3}{5}}, 0\right)\right] + 64\varphi(0, 0)\right\}. \tag{5.14}$$

Die Formel (5.14) ist exakt für Polynome des Q_5.

Gemäß Satz 5.4 müssen wir aber noch untersuchen, ob die Menge der Stützstellen der Quadraturformel eine Teilmenge enthält, die Polynome $(2k - 1)$-ten Grades in Q_k eindeutig bestimmt.

Sei $k = 1$. Polynome ersten Grades sind eine Teilmenge des Q_1, sie sind eindeutig bestimmt durch die Vorgabe der Funktionswerte in drei verschiedenen Punkten. Beide Quadraturformeln (5.11) und (5.13) arbeiten mit vier Stützstellen, erfüllen also diese Bedingung.

Sei $k = 2$. Polynome dritten Grades im Q_2 sind Linearkombinationen der acht Polynome 1, ξ, η, ξ^2, $\xi\eta$, η^2, $\xi\eta^2$, $\xi^2\eta$ (ξ^3 liegt z.B. nicht im Q_2, im Q_2 liegt auch das Polynom 4. Grades $\xi^2\eta^2$). Man benötigt acht geeignete Punkte, um durch Vorgabe der Funktionswerte in diesen Punkten solch ein Polynom eindeutig bestimmen zu können. Obwohl die Quadraturformel (5.13) Polynome aus dem Q_3 exakt integriert, genügt sie also für $k = 2$ den Voraussetzungen des Satzes 5.4 nicht.

Die Quadraturformeln (5.12) bzw. (5.14) arbeiten mit 16 bzw. 9 Stützstellen. In beiden Fällen ist es möglich, acht Stützstellen so zu wählen, dass ein Polynom dritten Grades im Q_2 eindeutig bestimmt ist.

Betrachten wir z.B. die neun Stützstellen von (5.14). Entsprechend der geometrischen Lage der Punkte kann man die Untersuchung für die neun Punkte $(\pm 1, \pm 1)$,

$(0, \pm 1)$, $(\pm 1, 0)$, $(0, 0)$ führen. Wir eliminieren den Punkt $(1, 1)$. Ein Polynom vom beschriebenen Typ ist genau dann eindeutig bestimmt, wenn die Determinante vom Format 8×8 der Funktionswerte der obigen acht Polynome in den 8 Punkten von Null verschieden ist. Diese Determinante ist

$$\begin{vmatrix} 1 & 0 & 0 & 0 & 0 & 0 & 0 & 0 \\ 1 & 0 & 1 & 0 & 0 & 1 & 0 & 0 \\ 1 & -1 & 1 & 1 & -1 & 1 & -1 & 1 \\ 1 & -1 & 0 & 1 & 0 & 0 & 0 & 0 \\ 1 & -1 & -1 & 1 & 1 & 1 & -1 & -1 \\ 1 & 0 & -1 & 0 & 0 & 1 & 0 & 0 \\ 1 & 1 & -1 & 1 & -1 & 1 & 1 & -1 \\ 1 & 1 & 0 & 1 & 0 & 0 & 0 & 0 \end{vmatrix}.$$

Kombiniert man die zweite und die sechste Zeile und die vierte und die achte, so kommt man auf die Determinante vom Format 3×3

$$\begin{vmatrix} -1 & -1 & 1 \\ 1 & -1 & -1 \\ -1 & 1 & -1 \end{vmatrix},$$

sie ist von Null verschieden. Hätte man allerdings den Punkt $(0, 0)$ eliminiert, so käme man zu einer Determinante mit dem Wert Null, die acht „äußeren" Punkte bestimmen solch ein Polynom also nicht eindeutig.

Für dreidimensionale Probleme kann man analog Quadraturformeln (manchmal auch Kubaturformeln genannt) herleiten. Wir demonstrieren dies an einem sehr einfachen Beispiel. Wählt man etwa für das Einheitstetraeder E mit den Stützstellen $(0, 0, 0)$, $(1, 0, 0)$, $(0, 1, 0)$, $(0, 0, 1)$ den Ansatz

$$\int_E \varphi(\xi, \eta, \zeta) \mathrm{d}E \approx \omega_1 \varphi(0, 0, 0) + \omega_2 \varphi(1, 0, 0) + \omega_3 \varphi(0, 1, 0) + \omega_4 \varphi(0, 0, 1)$$

und bestimmt die Gewichte ω_i so, dass die Formel für lineare Integranden exakt ist, so erhält man durch Koeffizientenvergleich wegen

$$\int_E \mathrm{d}E = \frac{1}{6}, \quad \int_E \xi \mathrm{d}E + \int_E \eta \mathrm{d}E = \int_E \zeta \mathrm{d}E = \frac{1}{24}$$

die Eckpunktregel für Tetraederelemente mit

$$\omega_1 = \omega_2 = \omega_3 = \omega_4 = \frac{1}{24}.$$

Kapitel 6
Randapproximation. Isoparametrische Elemente

6.1
Approximation des Gebietes Ω durch ein Polygon

In den vorherigen Kapiteln gingen wir grundsätzlich davon aus, dass das Gebiet Ω ein zweidimensionales Polygon ist. Jetzt lassen wir diese Voraussetzung fallen, Ω sei ein zulässiges zweidimensionales Gebiet (vgl. Abschnitt 2.1), der Rand von Ω ist also stückweise durch zumindest Lipschitz-stetige Funktionen beschreibbar.

Zunächst untersuchen wir, was geschieht, wenn man Ω durch einen Polygonzug approximiert (s. Abb. 6.1).

Es sei Ω konvex, $\Omega_h \subset \Omega$ das durch das approximierende Polygon erzeugte Gebiet. Wir betrachten eine Randwertaufgabe mit homogenen Dirichletschen Randbedingungen auf dem Rand Γ und verwenden zur Approximation lineare Elemente über einer Triangulation von Ω_h. Zudem sei $v_h|_{\Gamma_h} = 0$ für alle $v_h \in V_h$. Die Lösung des diskreten Problems u_h ist dann nur in Ω_h definiert. Im restlichen Gebiet $\Omega \setminus \Omega_h$ setzen wir u_h gleich Null. Dann gilt $u_h \in H_0^1(\Omega)$, und jedes $v_h \in V_h$ liegt bei gleicher Fortsetzung ebenfalls im $H_0^1(\Omega)$. Folglich können wir den Satz 4.1 anwenden und erhalten

$$\|u - u_h\|_1 \leq C \inf_{v_h \in V_h} \|u - u_h\|_1 .$$

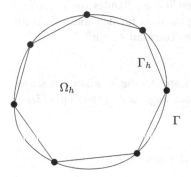

Abbildung 6.1 Approximation von Ω durch ein Polygon Ω_h.

Die Finite-Elemente-Methode für Anfänger. Herbert Goering, Hans-Görg Roos und Lutz Tobiska
Copyright © 2010 WILEY-VCH Verlag GmbH & Co. KGaA, Weinheim
ISBN: 978-3-527-40964-8

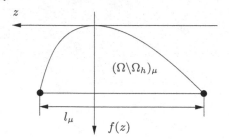

Abbildung 6.2 Teil der Randapproximation.

Nun bleibt zu untersuchen, wie gut man u durch Funktionen des V_h approximieren kann. Sei u_p die stückweise lineare Funktion, die in den Knoten mit u übereinstimmt und in $\Omega \setminus \Omega_h$ gleich Null ist. Laut Definition der Norm gilt dann

$$\|u - u_p\|_1^2 = \int_{\Omega} \left[(u - u_p)^2 + \left(\frac{\partial}{\partial x}(u - u_p)\right)^2 + \left(\frac{\partial}{\partial y}(u - u_p)\right)^2 \right] d\Omega \; ,$$

$$\|u - u_p\|_1^2 = \int_{\Omega \setminus \Omega_h} \left[u^2 + \left(\frac{\partial u}{\partial x}\right)^2 + \left(\frac{\partial u}{\partial y}\right)^2 \right] d(\Omega \setminus \Omega_h)$$

$$+ \int_{\Omega_h} \left[(u - u_p)^2 + \left(\frac{\partial}{\partial x}(u - u_p)\right)^2 + \left(\frac{\partial}{\partial y}(u - u_p)\right)^2 \right] d\Omega_h \; .$$

Das zweite Integral kann man mit Hilfe von Satz 4.2 abschätzen. Unter der Voraussetzung, dass u so glatt ist, dass der Integrand des ersten Integrals beschränkt ist, ist dieses Integral maximal das Produkt einer Konstanten mit dem Inhalt von $\Omega \setminus \Omega_h$.

Wir betrachten einen Teil $(\Omega \setminus \Omega_h)_\mu$ von $\Omega \setminus \Omega_h$ (s. Abb. 6.2), l_μ sei die Länge des entsprechenden Teiles von Γ_h.

Wir setzen voraus, dass die Knoten zur Approximation des Randes geeignet gewählt sind, insbesondere im Fall von „Ecken" von Γ die Ecken auch Knoten der Triangulation sind. Legt man ein lokales Koordinatensystem (s. Abb. 6.2) so an, dass die z-Achse parallel ist zum entsprechenden Teil des Randes von Γ_h, so liest man unmittelbar aus einer Taylor-Entwicklung ab, dass für den maximalen Abstand d_μ eines Punktes von Γ zum Fußpunkt des Lotes auf Γ_h gilt

$$d_\mu \leq C_1 l_\mu^2 \; .$$

Hierbei ist $2C_1$ das Maximum der zweiten Ableitung der die Randkurve beschreibenden Funktion im betrachteten Intervall. Daraus folgt für den Inhalt $|(\Omega \setminus \Omega_h)_\mu|$ von $(\Omega \setminus \Omega_h)_\mu$ die Abschätzung

$$|(\Omega \setminus \Omega_h)_\mu| \leq C_1 l_\mu^3 \; .$$

Die Anzahl μ^* der Teilgebiete $(\Omega \setminus \Omega_h)_\mu$ genügt der Abschätzung

$$\mu^* \leq \frac{C_2}{\min l_\mu} \; .$$

Abbildung 6.3 Lineare Randapproximation im quadratischen Fall.

(C_2 ist die Länge von Γ), daraus folgt für den Inhalt $|\Omega \setminus \Omega_h|$ von $\Omega \setminus \Omega_h$

$$|\Omega \setminus \Omega_h| \leq C \frac{l_\mu^3}{\min l_\mu} .$$

Wir setzen nun voraus, dass die Dreieckszerlegung quasiuniform und uniform ist, also (Z 5) und (Z 6) gelten. Dann folgt

$$|\Omega \setminus \Omega_h| \leq C h^2 .$$

Das liefert dann

$$\| u - u_p \|_1 \leq C h$$

und damit

Lemma 6.1

Approximiert man eine stückweise glatte Randkurve Γ eines konvexen Gebietes wie oben beschrieben durch ein Polygon, so gilt unter den Voraussetzungen (Z 5) und (Z 6) an die Zerlegung bei Verwendung von linearen Elementen die Fehlerabschätzung

$$\| u - u_h \|_1 \leq C h$$

bei ausreichend glatter exakter Lösung.

Die Größenordnung des Fehlers ändert sich also bei dieser Art der Approximation gegenüber dem polygonalen Fall nicht. Verwendet man dagegen quadratische Elemente (s. Abb. 6.3), so kann man zeigen, dass

$$\| u - u_h \|_{1, \Omega_h} \leq C h^{3/2} .$$

Ein numerischer Test für die Randwertaufgabe

$$-\Delta u = f \quad \text{in } \Omega , \qquad u = 0 \quad \text{on } \Gamma$$

im Einheitskreis $\Omega = \{(x, y) : x^2 + y^2 < 1\}$ mit der vorgegebenen exakten Lösung $u(x, y) = 4xy(1 - x^2 - y^2)$ zeigt, dass eine Ordnungsreduktion durch lineare

Tabelle 6.1 Konvergenz in der H^1-Norm bei linearer Randapproximation.

Level l	P_1-Element	Ordnung	P_2-Element	Ordnung
1	0.1090e+01		0.1660e+00	
2	0.5687e+00	0.94	0.5033e−01	1.72
3	0.2875e+00	0.98	0.1591e−01	1.66
4	0.1442e+00	0.99	0.5248e−02	1.60
5	0.7214e−01	1.00	0.1784e−02	1.55

Randapproximation bei quadratischen Dreieckelementen tatsächlich auftritt, s. Tabelle 6.1. Die Ordnung des Fehlers hat sich gegenüber einem polygonalen Gebiet verringert (dort war $\|u - u_h\|_1 \leq C h^2$, vgl. Tabelle 4.2); ähnlich ist die Lage für andere Elemente mit höherem Polynomgrad. Ein Ausweg aus dieser Situation sind *isoparametrische Elemente*.

6.2
Isoparametrische Elemente

Die Grundidee isoparametrischer Elemente besteht in der Erzeugung von Randelementen aus einem Referenz- bzw. Einheitselement durch eine Abbildung mit Hilfe von Funktionen aus derselben („iso") Funktionenklasse wie die Ansatzfunktionen (bisher wurden im affinen Konzept lineare Funktionen zur Abbildung verwendet), verbunden natürlich mit der Hoffnung auf eine verbesserte Randapproximation.

Wir betrachten ein Referenzelement E (ein Einheitsdreieck oder ein Einheitsquadrat) und den auf dem Referenzelement definierten Raum der Form- bzw. Ansatzfunktionen P_E. Es seien f_1, f_2 zwei Funktionen aus P_E, und durch

$$x = f_1(\xi, \eta), \quad y = f_2(\xi, \eta)$$

werde E eineindeutig auf ein Gebiet K der x-y-Ebene abgebildet. Die Wahl von $f_{1,2}$ bestimmt K, darum kennzeichnen wir $f_{1,2}$ durch einen entsprechenden Index und schreiben endgültig

$$x = f_{1,K}(\xi, \eta), \quad y = f_{2,K}(\xi, \eta). \tag{6.1}$$

K ist Element der Zerlegung. Die Form- bzw. Ansatzfunktionen auf K definieren wir folgendermaßen. Löst man (6.1) nach ξ und η auf, so gelte

$$\xi = g_{1,K}(x, y), \quad \eta = g_{2,K}(x, y). \tag{6.2}$$

Die Formfunktionen $p(x, y) \in P_K$ sind nun alle Funktionen $p_E(g_{1,K}(x, y), g_{2,K}(x, y))$, wenn $p_E(\xi, \eta)$ eine beliebige Formfunktion aus P_E ist. Die Freiheitsgrade der P_K mögen ebenfalls durch die Abbildung (6.1) induziert werden.

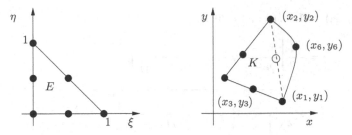

Abbildung 6.4 Quadratische Randapproximation, quadratische Elemente.

Das so beschriebene finite Element heißt *isoparametrisch*, weil gerade die Ansatzfunktionen als die die Abbildung $E \leftrightarrow K$ definierenden Funktionen benutzt werden. Isoparametrische Dreieckelemente vom Typ 1 haben wir demzufolge bereits untersucht (lineare Abbildung, Approximation durch ein Polygon). Wir beschränken uns im folgenden auf isoparametrische Dreieckelemente vom Typ 2 und isoparametrische Rechteckelemente vom Typ 2, also quadratische und biquadratische Elemente.

Sei E das Einheitsdreieck, und P_E sei der Raum der Polynome zweiten Grades auf E. Wählt man für $f_{1,K}$ und $f_{2,K}$ lineare Funktionen, so ändert sich gegenüber den bisherigen Untersuchungen nichts; man nennt diesen Fall auch den *subparametrischen*, weil ja keine „richtigen" Polynome zweiten Grades zur Abbildung benutzt werden. Im echt isoparametrischen Fall ist $f_{1,K}$ oder $f_{2,K}$ ein Polynom zweiten Grades. Sei etwa

$$x = x_3 + (x_1 - x_3)\xi + (x_2 - x_3)\eta + \left(x_6 - \frac{x_1 + x_2}{2}\right)4\xi\eta \,,$$

$$y = y_3 + (y_1 - y_3)\xi + (y_2 - y_3)\eta + \left(y_6 - \frac{y_1 + y_2}{2}\right)4\xi\eta \,. \tag{6.3}$$

E wird abgebildet auf ein Element K, begrenzt von Geraden durch (x_1, y_1), (x_3, y_3) bzw. (x_2, y_2), (x_3, y_3) und der Parabel durch (x_1, y_1), (x_6, y_6), (x_2, y_2) (s. Abb. 6.4). Insbesondere gilt

$$(0,0) \rightarrow (x_3, y_3) \,, \qquad\qquad \left(\frac{1}{2}, \frac{1}{2}\right) \rightarrow (x_6, y_6) \,,$$

$$\left(\frac{1}{2}, 0\right) \rightarrow \left(\frac{x_1 + x_3}{2}, \frac{y_1 + y_3}{2}\right) \,, \quad \left(0, \frac{1}{2}\right) \rightarrow \left(\frac{x_2 + x_3}{2}, \frac{y_2 + y_3}{2}\right) \,,$$

$$(1,0) \rightarrow (x_1, y_1) \,, \qquad\qquad (0,1) \rightarrow (x_2, y_2) \,.$$

Die sechs lokalen Basisfunktionen in E werden durch die Transformation (6.3) (nach ξ, η aufgelöst) in sechs lokale Basisfunktionen auf K abgebildet, deren sechs Freiheitsgrade sind die Funktionswerte in den sechs Knoten der Abb. 6.4.

Da die Auflösung von (6.3) nach ξ und η relativ komplizierte Ausdrücke ergibt, sind die sechs lokalen Basisfunktionen auf K ebenfalls von nicht unkomplizierter Gestalt, jedenfalls erzeugen sie nicht die Menge der Polynome zweiten Grades auf K. Ist z.B. $(x_1, y_1) = (1, 0)$, $(x_2, y_2) = (0, 1)$, $(x_3, y_3) = (0, 0)$, so gilt

$$\xi = g_{1,K}(x, y) = -\frac{1}{2}\left[\frac{x_6 - \frac{1}{2}}{y_6 - \frac{1}{2}}\, y - x + \frac{1}{4\left(y_6 - \frac{1}{2}\right)}\right]$$

$$+ \frac{1}{2}\sqrt{\left[\frac{x_6 - \frac{1}{2}}{y_6 - \frac{1}{2}}\, y - x + \frac{1}{4\left(y_6 - \frac{1}{2}\right)}\right]^2 + \frac{x}{y_6 - \frac{1}{2}}}$$

und die Basisfunktion $w_1(\xi, \eta) = 2\xi^2 - \xi$ würde abgebildet in

$$w_1(x, y) = 2(g_{1,K})^2 - g_{1,K}\,.$$

Glücklicherweise benötigt man aber gemäß des isoparametrischen Konzeptes die Formfunktionen auf K nicht explizit!

Nehmen wir einmal an, wir sollten zur Berechnung eines Beitrages zur Elementmatrix das Integral

$$\int_K \left(\frac{\partial w_1}{\partial x}\right)^2 \mathrm{d}K$$

berechnen. Dann gehen wir wieder so vor, dass wir die Variablentransformation (6.3) durchführen und über E integrieren. Aus $w_1 = 2\xi^2 - \xi$ folgt in unserem Beispiel

$$\frac{\partial w_1}{\partial x} = \frac{\partial w_1}{\partial \xi}\frac{\partial \xi}{\partial x} + \frac{\partial w_1}{\partial \eta}\frac{\partial \eta}{\partial x} = (4\xi - 1)\frac{\partial \xi}{\partial x}\,.$$

Differentiation von (6.3) liefert

$$1 = (x_1 - x_3)\frac{\partial \xi}{\partial x} + (x_2 - x_3)\frac{\partial \eta}{\partial x} + \left(x_6 - \frac{x_1 + x_2}{2}\right)4\left(\frac{\partial \xi}{\partial x}\eta + \xi\frac{\partial \eta}{\partial x}\right),$$

$$0 = (y_1 - y_3)\frac{\partial \xi}{\partial x} + (y_2 - y_3)\frac{\partial \eta}{\partial x} + \left(y_6 - \frac{y_1 + y_2}{2}\right)4\left(\frac{\partial \xi}{\partial x}\eta + \xi\frac{\partial \eta}{\partial x}\right)$$

bzw.

$$1 = \left(x_1 - x_3 + 4\left(x_6 - \frac{x_1 + x_2}{2}\right)\eta\right)\frac{\partial \xi}{\partial x}$$
$$+ \left(x_2 - x_3 + 4\left(x_6 - \frac{x_1 + x_2}{2}\right)\xi\right)\frac{\partial \eta}{\partial x}\,,$$

$$0 = \left(y_1 - y_3 + 4\left(y_6 - \frac{y_1 + y_2}{2}\right)\eta\right)\frac{\partial \xi}{\partial x}$$
$$+ \left(y_2 - y_3 + 4\left(y_6 - \frac{y_1 + y_2}{2}\right)\xi\right)\frac{\partial \eta}{\partial x}\,.$$

Die Koeffizientendeterminante dieses Gleichungssystems ist gerade die Funktionaldeterminante $D = \dfrac{\partial(x, y)}{\partial(\xi, \eta)}$ der Abbildung, die in diesem Fall anders als bei linearen Abbildungen keine Konstante ist:

$$D(\xi, \eta)$$

$$= \begin{vmatrix} x_1 - x_3 + 4\left(x_6 - \dfrac{x_1 + x_2}{2}\right)\eta & x_2 - x_3 + 4\left(x_6 - \dfrac{x_1 + x_2}{2}\right)\xi \\[2mm] y_1 - y_3 + 4\left(y_6 - \dfrac{y_1 + y_2}{2}\right)\eta & y_2 - y_3 + 4\left(y_6 - \dfrac{y_1 + y_2}{2}\right)\xi \end{vmatrix}.$$

Aus

$$\frac{\partial \xi}{\partial x} = \frac{y_2 - y_3 + 4\left(y_6 - \dfrac{y_1 + y_2}{2}\right)\xi}{D(\xi, \eta)}$$

folgt schließlich

$$\int\limits_K \left(\frac{\partial w_1}{\partial x}\right)^2 \mathrm{d}K = \int\limits_E \frac{(4\xi - 1)^2\left[y_2 - y_3 + 4\left(y_6 - \dfrac{y_1 + y_2}{2}\right)\xi\right]^2}{D(\xi, \eta)} \mathrm{d}E.$$

Der Integrand ist eine rationale Funktion in ξ und η. Wichtig für uns ist aber zunächst nur, dass man die Elementmatrizen allein aus den gegebenen Form- bzw. Ansatzfunktionen auf E und der Abbildungsvorschrift berechnen kann.

Bevor wir darauf eingehen, wie man mit Hilfe isoparametrischer Elemente den Rand konkret approximiert, noch eine Bemerkung zum isoparametrischen biquadratischen Viereckselement. Es sei E ein Einheitsquadrat und P_E der Raum Q_2 aller Polynome, die in jeder der Variablen ξ und η maximal den Grad zwei besitzen. Sind dann $f_{1,K}$ und $f_{2,K}$ ebenfalls Polynome von diesem Typ, so entsteht ein echt isoparametrisches Viereckelement, wenn $f_{1,K}$ oder $f_{2,K}$ nicht aus dem Q_1 ist. Das Bild des Einheitsquadrates ist dann ein von Parabeln begrenztes Viereck (Abb. 6.5).

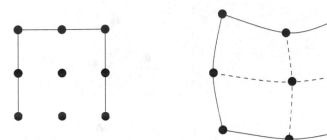

Abbildung 6.5 Isoparametrisches biquadratisches Element.

6.3
Randapproximation mit Hilfe isoparametrischer quadratischer Elemente

Es sei Ω ein stückweise glatt berandetes Gebiet. Im Inneren von Ω verwenden wir quadratische Elemente über Dreiecken, die affines Bild eines Referenzelementes sind. Am Rand jedoch nutzen wir isoparametrische quadratische Elemente mit der Abbildungsvorschrift (6.3).

Konkret werde nun der Punkt $\left(\frac{1}{2},\frac{1}{2}\right)$ abgebildet in $P_{6,K} = (x_{6,K}, y_{6,K})$ und $P_{6,K}$ sei der Punkt, wo die Mittelsenkrechte zu $P_{1,K}$, $P_{2,K}$ den Rand Γ trifft (s. Abb. 6.6).

Ω_h sei die Vereinigung aller Elemente K. Im allgemeinen gilt nun weder $\Omega_h \subset \Omega$ noch $\Omega \subset \Omega_h$, dieser Fakt verkompliziert die theoretische Analyse des Verfahrens.

Würde man die Elementmatrizen exakt ausrechnen wollen, so ergäbe sich für die K, die Punkte umfassen, die nicht in Ω liegen, die zusätzliche Schwierigkeit, eventuell Funktionen, die zunächst nur auf Ω definiert sind, auf K erweitern zu müssen. Diese Schwierigkeit kann man durch Verwendung einer geeigneten Formel zur näherungsweisen Integration umgehen.

Wir betrachten ein homogenes Dirichlet-Problem, die Koeffizientenfunktionen und die „rechte Seite" seien hinreichend glatt. Als Integrationsformel wählen wir die Formel

$$\int_E \varphi(\xi,\eta)\mathrm{d}E \approx \frac{1}{6}\left[\varphi\left(0,\frac{1}{2}\right) + \varphi\left(\frac{1}{2},\frac{1}{2}\right) + \varphi\left(\frac{1}{2},0\right)\right],$$

sie ist für Polynome zweiten Grades exakt. Dann hat man

Satz 6.1

Unter den eben skizzierten Voraussetzungen gilt für isoparametrische quadratische Elemente mit Quadratur die Fehlerabschätzung

$$\|u - u_h\|_{1,\Omega_h} \leq Ch^2.$$

Für den Beweis verweisen wir auf [19].

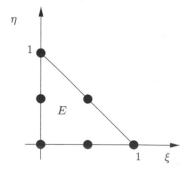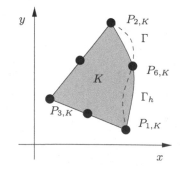

Abbildung 6.6 Isoparametrische Randapproximation.

Tabelle 6.2 Konvergenz in der H^1-Norm bei isoparametrischer Randapproximation.

Level l	isoparam. P_2-Element	Ordnung
1	0.1434e+00	
2	0.3560e−01	2.01
3	0.8777e−02	2.00
4	0.2172e−02	2.00
5	0.5397e−03	2.00

Wir wiederholen das numerische Testbeispiel aus Abschnitt 6.1, nunmehr mit isoparametrischer Randapproximation. Tabelle 6.2 zeigt, dass durch isoparametrische Randapproximation die volle Konvergenzordnung gesichert werden kann.

Wesentlich ist, dass die Verwendung isoparametrischer Elemente sogar in Verbindung mit einer relativ einfachen Quadraturformel die gleiche asymptotische Ordnung des Fehlers wie in einem polygonalen Gebiet ermöglicht.

Theoretische Aussagen, aber auch praktische Hinweise für die Realisierung der isoparametrischen Technik bei Elementen höherer Ordnung findet man auch in [45]. Alternativ gibt es auch Ansätze, bei denen der Rand exakt erfasst wird, siehe z.B. [9].

Kapitel 7
Gemischte Verfahren

7.1
Ein Strömungsproblem (Stokes-Problem)

Wir betrachten die stationäre Strömung eines inkompressiblen, viskosen Mediums für kleine Reynolds-Zahlen. Sei $u = (u_1, u_2)$ der Geschwindigkeitsvektor, p der Druck. Gesucht sind dann u und p derart, dass

$$-\Delta u + \operatorname{grad} p = f \quad \text{in } \Omega\,, \quad \operatorname{div} u = 0 \quad \text{in } \Omega\,, \quad u = 0 \quad \text{auf } \Gamma\,. \quad (7.1)$$

Dabei sind

$$\operatorname{div} u = \frac{\partial u_1}{\partial x} + \frac{\partial u_2}{\partial y}, \qquad \Delta u = \begin{pmatrix} \Delta u_1 \\ \Delta u_2 \end{pmatrix}\,, \quad \operatorname{grad} p = \begin{pmatrix} \dfrac{\partial p}{\partial x} \\ \dfrac{\partial p}{\partial y} \end{pmatrix}\,,$$

und f ein gegebener Vektor. Aus (7.1) ist ersichtlich, dass der Druck p nur bis auf eine additive Konstante bestimmt werden kann. Wir wählen diese so, dass der integrale Mittelwert über p verschwindet.

In Abschnitt 2.1 haben wir bereits eine mögliche Überführung von (7.1) in eine Variationsgleichung angegeben. Sie besitzt den Nachteil, dass die Bedingung $\operatorname{div} u = 0$ den Raum V mit charakterisiert und damit auch die Ansatzfunktionen diese Bedingung erfüllen müssten. Jetzt gehen wir auf eine zweite Möglichkeit ein. Wir multiplizieren die erste Gleichung von (7.1) mit v, die zweite mit q, integrieren über Ω und wenden Integralsätze an. Das führt zu der neuen Formulierung des Problems

$$\begin{aligned} a(u, v) + b(v, p) &= f(v) && \text{für alle } v \in V \\ b(u, q) &= g(q) && \text{für alle } q \in W \end{aligned} \quad (7.2)$$

mit

$$a(u, v) = \int_\Omega \left[\frac{\partial u_1}{\partial x}\frac{\partial v_1}{\partial x} + \frac{\partial u_1}{\partial y}\frac{\partial v_1}{\partial y} + \frac{\partial u_2}{\partial x}\frac{\partial v_2}{\partial x} + \frac{\partial u_2}{\partial y}\frac{\partial v_2}{\partial y} \right] \mathrm{d}\Omega\ ,$$

$$b(v, q) = -\int_\Omega q\,\mathrm{div}\,v\mathrm{d}\Omega\ ,$$

$$f(v) = \int_\Omega (f_1 v_1 + f_2 v_2)\mathrm{d}\Omega\ , \quad g(q) = 0\ ,$$

$$V = \{v = (v_1, v_2)\ \text{mit}\ v_1, v_2 \in H_0^1\}\ ,$$

$$W = \left\{ q \in L^2(\Omega)\ \text{mit}\ \int_\Omega q\mathrm{d}\Omega = 0 \right\}\ .$$

Es genügt tatsächlich, die zweite Gleichung in (7.2) nur für Funktionen $q \in W$ und nicht für alle $q \in L^2(\Omega)$ zu fordern. Jede Funktion $\tilde{q} \in L^2(\Omega)$ kann nämlich mit einer geeigneten reellen Konstanten q_0 in der Form $\tilde{q} = q + q_0$ mit $q \in W$ dargestellt werden und aufgrund des Gaußschen Integralsatzes und der Randbedingungen für $u \in V$ gilt

$$b(u, \tilde{q}) = b(u, q) + q_0 \int_\Omega \mathrm{div}\,u\mathrm{d}\Omega = b(u, q) \qquad \text{für alle}\ u \in V\ .$$

Führen wir, wie in Abschnitt 2.1, den Raum

$$\widetilde{V} = \{v \in V : b(u, q) = 0\ \text{für alle}\ q \in W\}$$

ein, so sehen wir, dass die zweite Gleichung von (7.2) faktisch bedeutet, dass u in $\widetilde{V}$ liegt. Wegen $b(v, p) = 0$ für alle $v \in \widetilde{V}$ folgt aus der ersten die Aufgabe

$$\text{Gesucht ist ein}\ u \in \widetilde{V}, \text{so dass}\ a(u, v) = f(v)\ \text{für alle}\ v \in \widetilde{V}\ . \tag{7.3}$$

Dies ist aber gerade die (drucklose) Formulierung des Stokes-Problems aus Abschnitt 2.1.

In technischen Anwendungen sind oft Variationsprinzipien Ausgangspunkt für Finite-Elemente-Diskretisierungen. Bei Problemen der Elastizitätstheorie sind mögliche Ausgangspunkte das Prinzip der minimalen potentiellen Energie, das Prinzip der minimalen komplementären Energie oder das Hellinger-Reißner-Prinzip (s. [49]). Im Falle des Stokes-Problems haben wir gesehen, dass die Form (7.2) in natürlicher Weise entsteht. Aus der Sicht der Variationsrechnung sind beide Formulierungen, (7.2) und (7.3), notwendige Bedingungen zur Bestimmung des Minimums $u \in \widetilde{V}$ des Funktionals

$$F(v) = \int_\Omega \left(\frac{1}{2}|\nabla v|^2 - f \cdot v \right) \mathrm{d}\Omega \Rightarrow \text{Min}, \qquad v \in \widetilde{V}\ . \tag{7.4}$$

Der Unterschied zwischen beiden Herangehensweisen besteht darin, dass man die Minimierung in (7.4) über $\widetilde{V}$ auch als Minimierung über V unter der Nebenbedingung div $v = 0$ auffassen kann. Die Einführung eines Lagrangeschen Multiplikators ergibt dann gerade die gemischte Formulierung (7.2) (s. [33] und [14]).

Das (7.2) zugeordnete diskrete Problem lautet

$$a(u_h, v_h) + b(v_h, p_h) = f(v_h) \qquad \text{für alle } v_h \in V_h \,,$$
$$b(u_h, \mu_h) = g(q_h) \qquad \text{für alle } q_h \in W_h \,. \tag{7.5}$$

Sehr wichtig ist die Beobachtung, dass man V_h und W_h nicht unabhängig voneinander wählen kann. Betrachten wir hierzu den Fall, dass $\Omega = (0, 1) \times (0, 1)$ in $N \times N$ kongruente Quadrate und jedes Quadrat in zwei Dreiecke zerlegt sei. Die Anzahl aller Dreiecke ist dann $N_T = 2N^2$, die Anzahl der inneren Knoten $N_E = (N - 1)^2$. Wir versuchen nun folgende Wahl:

$V_h = \{v_h = (v_{h1}, v_{h2})$ ist stetig auf $\overline{\Omega}$, linear auf jedem Dreieck, $v_{h|\Gamma} = 0\}$,
$W_h = \{q_h,$ wobei q_h auf jedem Dreieck konstant ist$\}$.

Damit besitzt jedes v_h genau $2N_E = 2(N - 1)^2$ Freiheitsgrade, die Nebenbedingung (div $v_h, q_h) = 0$ für alle $q_h \in W_h$ liefert genau $N_T = 2N^2$ Gleichungen. Nun gilt stets $N_T > 2N_E$, dies bedeutet, dass nur das Nullelement aus V_h allen Nebenbedingungen genügen kann; es sei denn, von den N_T Gleichungen sind mindestens $N_T - 2N_E$ linear abhängig. Eine genauere Betrachtung zeigt, dass letzteres ausgeschlossen werden kann.

Bei komplizierterer Wahl von W_h wird das Verhältnis der Freiheitsgrade in V_h zur Anzahl der Gleichungen noch ungünstiger. Somit ist die Verwendung von Dreieckelementen vom Typ 1 für die Geschwindigkeit nicht möglich. Es zeigt sich, dass das diskrete Stokes-Problem eine eindeutig bestimmte Lösung besitzt, die ste-

Tabelle 7.1 Stabile Paare finiter Dreieckelemente.

Geschwindigkeitskomponenten	P_K	Druck	P_K	Ordnung
	P_2		P_0	$O(h)$
	$4 \times P_1$		P_1	$O(h)$
	$P_1 + \{\lambda_1 \lambda_2 \lambda_3\}$		P_1	$O(h)$
	P_2		P_1	$O(h^2)$
	$P_2 + \{\lambda_1 \lambda_2 \lambda_3\}$		P_1 unstetig	$O(h^2)$

Tabelle 7.2 Stabile Paare finiter Viereckelemente.

Geschwindigkeitskomponenten	P_K	Druck	P_K	Ordnung
	Q_2		Q_0	$O(h)$
	Q_2		Q_1	$O(h^2)$
	Q_2		P_1 unstetig	$O(h^2)$

tig von den Daten abhängt, wenn die *Babuška-Brezzi-Bedingung*

$$\sup_{v_h \in V_h} \frac{b(v_h, q_h)}{\|v_h\|_V} \geq \gamma \|q_h\|_W \quad \text{für alle } q_h \in W_h \text{ mit } \gamma > 0 , \tag{7.6}$$

erfüllt ist. Im allgemeinen Fall fordert man z.B. zusätzlich noch die Positivität der Bilinearform a auf $\widetilde{V}$. Die Chance, die Babuška-Brezzi-Bedingung nachweisen zu können, steigt mit zunehmender Anzahl von Freiheitsgraden des Raumes V_h und mit abnehmender Anzahl von Freiheitsgraden des Raumes W_h. Eine Möglichkeit der Erfüllung von (7.6) ist die Anwendung von Dreieckelementen vom Typ 2 für V_h bei unverändertem W_h (s. [66]) oder von Rechteckelementen vom Typ 1 für V_h mit Elimination bestimmter (checkerboard) Moden in W_h (s. [52]). In den Tabellen 7.1 und 7.2 sind Beispiele finiter Elemente zur Approximation von Geschwindigkeit und Druck angegeben, die der Babuška-Brezzi-Bedingung genügen. Weitere Kombinationen finiter Elemente findet der Leser in [14, 31] und [64].

Wir überlegen uns nun, welche Struktur das diskrete Problem (7.5) besitzt. Sei N die Dimension von V_h, M die Dimension von W_h, die φ_i, $(i = 1, \ldots, N)$, seien eine globale Basis in V_h und die ψ_j, $(j = 1, \ldots, M)$, eine globale Basis in W_h. Wir definieren folgende Matrizen:

$$A = [a(\varphi_j, \varphi_i)]_{i,j=1,\ldots,N} ,$$
$$B = [b(\varphi_j, \psi_i)]_{i=1,\ldots,M, j=1,\ldots,N} .$$

Dann ist A symmetrisch und positiv definit. Die dem diskreten Problem entsprechende Koeffizientenmatrix besitzt die Struktur

$$\begin{bmatrix} A & B^T \\ B & 0 \end{bmatrix} , \tag{7.7}$$

sie ist symmetrisch, aber nicht positiv definit. Genügen die Räume V_h und W_h der Babuška-Brezzi-Bedingung (7.6), ist die Matrix regulär und das diskrete Problem besitzt eine eindeutige Lösung. Spezielle Lösungsverfahren für Gleichungssysteme mit einer Koeffizientenmatrix der Form (7.7) diskutieren wir in Abschnitt 7.4.

Mit Beginn der 80iger Jahre wurde nach Wegen gesucht, Geschwindigkeit und Druck der Einfachheit halber mit dem gleichen finiten Element zu diskretisieren. Solche Paare genügen in der Regel nicht der Babuška-Brezzi-Bedingung (7.6). Dies gelingt durch Änderung des diskreten Problems. Residual basierte Stabilisierungsverfahren modifizieren die dem diskreten Problem zugrunde liegende Bilinearform auf eine solche Weise, dass der Satz von Lax-Milgram für beliebige Geschwindigkeits-Druck-Paare anwendbar ist [41, 42]. Auch mit Hilfe lokaler Projektionen kann man das diskrete Problem stabilisieren und damit die Erfüllung der Babuška-Brezzi-Bedingung umgehen. Wir verweisen hier auf [30, 58].

Die stationäre Strömung eines inkompressiblen, viskosen Mediums für mittlere und hohe Reynolds-Zahlen Re wird durch die Navier-Stokes-Gleichungen

$$-\frac{1}{\mathrm{Re}}\Delta u + (u \cdot \mathrm{grad})u + \mathrm{grad}\, p = f \quad \text{in } \Omega ,$$

$$\mathrm{div}\, u = 0 \quad \text{in } \Omega , \quad u = 0 \quad \text{auf } \Gamma$$

beschrieben. Ausgangspunkt einer Finite-Elemente-Diskretisierung ist wieder eine gemischte Formulierung, die im Vergleich zum Stokes-Problem den zusätzlichen, nichtlinearen Term

$$\int_\Omega \left(u_1 \frac{\partial u_1}{\partial x} + u_2 \frac{\partial u_1}{\partial y} \right) v_1 + \left(u_1 \frac{\partial u_2}{\partial x} + u_2 \frac{\partial u_2}{\partial y} \right) v_2 \mathrm{d}\Omega$$

enthält. Wie für das Stokes-Problem kann man Paare finiter Elemente benutzen, die der Babuška-Brezzi-Bedingung (7.6) genügen oder Stabilisierungsverfahren verwenden. Für hohe Reynolds-Zahlen wächst der Einfluss des nichtlinearen konvektiven Terms und spezielle Stabilisierungstechniken werden erforderlich. Wir verweisen auf [31, 58].

7.2
Laplace-Gleichung

Wir betrachten das Dirichlet-Problem für die Laplacesche Differentialgleichung, also

$$-\Delta p = g \quad \text{in } \Omega , \quad p = 0 \quad \text{auf } \Gamma . \tag{7.8}$$

Jetzt führen wir zwei neue Unbekannte ein mit $u_1 = \dfrac{\partial p}{\partial x}$, $u_2 = \dfrac{\partial p}{\partial y}$ und schreiben die Differentialgleichung in der Form

$$u_1 - \frac{\partial p}{\partial x} = 0 ,$$

$$u_2 - \frac{\partial p}{\partial y} = 0 ,$$

$$-\frac{\partial u_1}{\partial x} - \frac{\partial u_2}{\partial y} = g .$$

Multiplikation mit v_1, v_2, μ, Integration über Ω, Summation der ersten beiden Gleichungen und partielle Integration ergeben

$$\int_\Omega (u_1 v_1 + u_2 v_2) \mathrm{d}\Omega + \int_\Omega p \left(\frac{\partial v_1}{\partial x} + \frac{\partial v_2}{\partial y} \right) \mathrm{d}\Omega = 0 \,,$$

$$\int_\Omega q \left(\frac{\partial u_1}{\partial x} + \frac{\partial u_2}{\partial y} \right) \mathrm{d}\Omega = - \int_\Omega gq \, \mathrm{d}\Omega \,.$$

Nun definieren wir zur Vereinfachung die Vektoren u und v durch $u = (u_1, u_2)$ bzw. $v = (v_1, v_2)$ und benutzen

$$\mathrm{div}\, u = \frac{\partial u_1}{\partial x} + \frac{\partial u_2}{\partial y} \,, \quad u \cdot v = u_1 v_1 + u_2 v_2 \,.$$

Dann kann man schreiben

$$\int_\Omega (u \cdot v) \, \mathrm{d}\Omega + \int_\Omega p \, \mathrm{div}\, v \, \mathrm{d}\Omega = 0 \qquad \text{für alle } v \in V \,,$$

$$\int_\Omega q \, \mathrm{div}\, u \, \mathrm{d}\Omega = - \int_\Omega gq \, \mathrm{d}\Omega \qquad \text{für alle } q \in W \,. \tag{7.9}$$

Offenbar ist (7.9) vom Typ der Gleichungen (7.2); jetzt ist

$$a(u, v) = \int_\Omega (u \cdot v) \, \mathrm{d}\Omega \,, \quad b(v, q) = \int_\Omega q \, \mathrm{div}\, v \, \mathrm{d}\Omega \,,$$

$$f(v) = 0 \,, \qquad\qquad g(q) = - \int_\Omega gq \, \mathrm{d}\Omega \,.$$

Diese Formulierung besitzt die folgenden Vorteile: Zum einen ist die Randbedingung $p|_\Gamma = 0$ „verschwunden", also „natürliche" Randbedingung geworden, zum anderen benötigt man für q, v nur die Glattheitsvoraussetzungen

$q \in W = L^2(\Omega)$

$v \in V = \{(v_1, v_2) \text{ mit } v_1 \in L^2, v_2 \in L^2 \text{ und div } v \in L^2\}$.

Dies hat zur Folge, dass es möglich ist, relativ einfache finite Elemente zu verwenden. Als Norm im Raum V verwendet man

$$\|v\|_V := \left(\int_\Omega [v_1^2 + v_2^2 + (\mathrm{div}\, v)^2] \mathrm{d}\Omega \right)^{1/2} \,.$$

Bei der Modellierung von Strömungen durch poröse Medien gelangt man zu einer ähnlichen Aufgabe. Beim Darcy-Modell sucht man die Geschwindigkeit $u = (u_1, u_2)$ und den Druck p als Lösung von

$$\sigma u + \nabla p = 0 \,, \quad \mathrm{div}\, u = g \quad \text{in } \Omega \,, \quad u \cdot n = 0 \quad \text{auf } \Gamma \,, \tag{7.10}$$

wobei $\sigma = \mu/\kappa$ und μ bzw. κ die Viskosität und die Permeabilität bezeichnen. Das Problem ist lösbar, wenn die Volumenkraft g der Bedingung

$$\int_\Omega g \, d\Omega = \int_\Omega \text{div } u \, d\Omega = \int_\Gamma u \cdot n \, d\Gamma = 0$$

genügt. Eliminiert man aus beiden Gleichungen die Geschwindigkeit, so genügt der Druck dem primalen Problem

$$-\text{div}\left(\frac{1}{\sigma}\nabla p\right) = g \quad \text{in } \Omega \,, \quad \frac{\partial p}{\partial n} = 0 \quad \text{auf } \Gamma \,.$$

In den Anwendungen ist nun aber gerade die Geschwindigkeit von Interesse, so dass sich in natürlicher Weise eine gemischte Formulierung anbietet. Multipliziert man die erste Gleichung in (7.10) mit $v = (v_1, v_2) \in V$, die zweite mit $q \in W$, integriert über Ω und nutzt die Bedingung $v \cdot n = 0$ bei der partiellen Integration aus, so entsteht wieder ein Problem vom Typ (7.2); diesmal sind

$$a(u,v) = \int_\Omega \sigma(u \cdot v)\, d\Omega \,, \quad b(v,q) = -\int_\Omega q \,\text{div } v \, d\Omega \,,$$

$$f(v) = 0 \,, \qquad\qquad g(q) = -\int_\Omega gq \, d\Omega \,,$$

mit den Räumen

$$W = \left\{ q \in L^2(\Omega) \text{ mit } \int_\Omega q \, d\Omega = 0 \right\} \,,$$

$$V = \{v = (v_1, v_2) \text{ mit } v_1 \in L^2, v_2 \in L^2, \text{ div } v \in L^2 \text{ und } v \cdot n = 0 \text{ auf } \Gamma\} \,.$$

Wir sehen, dass die „natürliche" Randbedingung der primalen Formulierung für den Druck nun den Raum V mitbestimmt. Wie beim Stokes Problem ist der Druck nur bis auf eine additive Konstante bestimmt. Diese wird wieder so gewählt, dass der integrale Mittelwert über p verschwindet. Diese Forderung findet sich in der Definition des Raumes W wieder.

Wir diskutieren nun mögliche einfache finite Elemente zur Diskretisierung des Dirichlet-Problems (7.9). Es sei Ω wieder ein zweidimensionales konvexes Polygon, Ω wird zulässig und quasiuniform in Dreiecke zerlegt. Da W der Raum $L^2(\Omega)$ ist, ist die einfachste Wahl von W_h

$$W_h = \{\mu_h, \text{ wobei } \mu_h \text{ auf jedem Dreieck } K \text{ eine Konstante ist}\} \,.$$

Schwieriger ist die Wahl von V_h, da $V_h \subset V$ gelten muss. Die Festlegung von V_h stützt sich auf folgende Aussage: Ist $v = (v_1, v_2)$ auf jedem Dreieck stetig differenzierbar, so ist div $v \in L^2(\Omega)$ genau dann, wenn $v \cdot n$ längs benachbarter Dreiecksseiten stetig ist. Die einfachste Möglichkeit ist die Wahl

$$v_{1|K} = a + bx, \quad v_{2|K} = c + by \,,$$

denn dann gilt auf einer Geraden $\alpha x + \beta y = \gamma$ mit $n = (\alpha, \beta)$

$$v \cdot n = (a + bx)\alpha + (c + by)\beta = a\alpha + c\beta + b\gamma = \text{const.}$$

Es seien die $\widetilde{b}_i$ die Mittelpunkte aller Dreiecksseiten der Zerlegung. Dann wird V_h aufgespannt durch Basisfunktionen $\psi_i = (a + bx, c + by)$ mit

$$\psi_i(\widetilde{b}_i) \cdot n = \begin{cases} 1 & \text{für} \quad i = j \\ 0 & \text{für} \quad i \neq j \, . \end{cases}$$

Die Freiheitsgrade sind also die Werte des Produktes $v \cdot n$ in den Seitenmitten der Dreiecke. Im Einheitsdreieck gilt z. B.

$$\psi_1 = (\xi, -1 + \eta) \,, \quad \psi_2 = (\xi\sqrt{2}, \eta\sqrt{2}) \,, \quad \psi_3 = (-1 + \xi, \eta) \, .$$

Da $v \cdot n$ entlang jeder Dreiecksseite konstant ist, ist damit die Stetigkeit von $v \cdot n$ längs benachbarter Dreiecksseiten und mithin div $v \in L^2(\Omega)$ gesichert. Sei M die Anzahl der Dreiecke der Zerlegung und N die Anzahl der Mittelpunkte der Dreiecksseiten. Setzt man

$$\kappa_i = \begin{cases} 1 & \text{in} \quad K_i \\ 0 & \text{sonst} \, , \end{cases}$$

so ist $\{\kappa_i | i = 1, \ldots, M\}$ Basis in W_h. Wir definieren folgende Matrizen:

$$A = [a(\psi_j, \psi_i)]_{i,j=1,\ldots,N} \,,$$
$$B = [b(\psi_j, \kappa_i)]_{\substack{i=1,\ldots,M, \\ j=1,\ldots,N}} \, .$$

Dann ist A positiv definit und symmetrisch, und die dem diskreten Problem entsprechende Koeffizientenmartix besitzt die Struktur

$$\begin{bmatrix} A & B^T \\ B & 0 \end{bmatrix} \,,$$

sie ist symmetrisch, aber nicht positiv definit. Man kann zeigen, dass die Bedingung (7.6) erfüllt ist und die eindeutige Lösbarkeit des diskreten Problems sichert. Löst man die ersten N Gleichungen nach den ersten N Variablen auf und setzt dies in die restlichen Gleichungen ein, so erhält man ein Gleichungssystem mit der Koeffizientenmatrix $C = BA^{-1}B^T$, sie ist positiv definit und symmetrisch. Ein günstiges Lösungsverfahren, bei dem C nicht explizit benötigt wird, ist das vorkonditionierte konjugierte Gradientenverfahren. Mit der Festlegung

$$\|u\|_0 = \left(\int_\Omega u_1^2 \mathrm{d}\Omega + \int_\Omega u_2^2 \mathrm{d}\Omega \right)^{1/2}$$

gilt die Fehlerabschätzung [14]

$$\|p - p_h\|_0 \leq Ch \,, \quad \|u - u_h\|_0 \leq Ch \, .$$

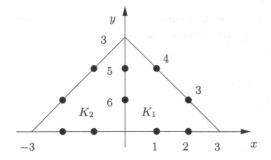

Abbildung 7.1 Beispiel für Stetigkeit der Normalkomponente $v \cdot n$.

Will man überlineare Konvergenz des Gradienten erreichen, so muss man V_h anders wählen. Sind $v_1|_K$ und $v_2|_K$ beliebige lineare Funktionen, so ist $v \cdot n$ auf dem Rand von K eine lineare Funktion in einer Variablen. Wählt man als Freiheitsgrade $v \cdot n$ in zwei Punkten jeder Dreiecksseite, so erhält man einen Finite-Elemente-Raum V_h mit der gewünschten Eigenschaft $V_h \subset V$. Man beachte, dass nicht notwendig $V_h \subset H^1(\Omega)$ gilt. Betrachtet man z.B. die beiden Dreiecke der Abb. 7.1, so gilt für die zum Knoten 1 gehörende Basisfunktion

$$\psi_1 = \left(-\frac{1}{3}x, -2 + x + \frac{2}{3}y \right)$$

im Dreieck K_1

$$\psi_1 \cdot n = 1 \quad \text{im Knoten 1}$$
$$\psi_1 \cdot n = 0 \quad \text{in den Knoten } 2, 3, 4, 5, 6 \,.$$

Im Dreieck K_2 ist ψ_1 identisch Null, auf dem Rand von K_1 gilt aber

$$\psi_{1|x=0} = \left(0, -2 + \frac{2}{3}y \right) \,;$$

die Normalkomponente $\psi_1 \cdot n = 0$ ist zwar längs der gemeinsamen Kante der Dreiecke K_1 und K_2 stetig, die Vektorfunktion ψ_1 selbst ist aber unstetig und gehört damit nicht zum $H^1(\Omega)$. Für den gewählten Raum V_h (stückweise lineare Vektorfunktionen, deren Normalkomponenten längs gemeinsamer Dreiecksseiten stetig sind), ist die Bedingung (7.6) ebenfalls erfüllt und es gilt die Fehlerabschätzung [14]

$$\|p - p_h\|_0 \leq Ch \,, \quad \|u - u_h\|_0 \leq Ch^2 \,.$$

Während also bei der primalen Methode mit linearen Ansatzfunktionen die Funktionswerte quadratisch konvergieren und der Gradient linear, ist es jetzt gerade umgekehrt: die Funktionswerte konvergieren linear, die Ableitungen quadratisch.

Johnson und Mercier [55] übertrugen diese Methode auf das Grundproblem der linearen Elastizitätstheorie, sie erhielten quadratische Konvergenz sowohl für die

Verschiebungen als auch für die Spannungen. Ausgangspunkt ist eine Formulierung des Problems, in der die Spannungen nicht eliminiert sind und die nur erste Ableitungen enthält, und zwar

$$\frac{1}{2}\left(\frac{\partial u_i}{\partial x_j} + \frac{\partial u_j}{\partial x_i}\right) = \lambda(\sigma_{11} + \sigma_{22})\delta_{ij} + \mu\sigma_{ij}$$

mit

$$\delta_{ij} = \begin{cases} 1 & \text{für } i = j \\ 0 & \text{für } i \neq j \end{cases}, \quad i, j = 1, 2,$$

$$\frac{\partial\sigma_{11}}{\partial x_1} + \frac{\partial\sigma_{12}}{\partial x_2} = -g_1,$$

$$\frac{\partial\sigma_{21}}{\partial x_1} + \frac{\partial\sigma_{22}}{\partial x_2} = -g_2.$$

7.3
Biharmonische Gleichung

7.3.1
Stetiges und diskretes Problem

Wir betrachten die Randwertaufgabe für die biharmonische Gleichung

$$\Delta^2 u = -g \quad \text{in } \Omega, \quad u = \frac{\partial u}{\partial n} = 0 \quad \text{auf } \Gamma.$$

Die dazugehörige Variationsgleichung erhält man wie üblich über das entsprechende Variationsproblem oder die zweimalige Anwendung eines Integralsatzes (vgl. Kapitel 1). Es ergibt sich

$$a(u, v) = f(v) \quad \text{für alle } v \in V \tag{7.11}$$

mit

$$a(u, v) = \int_\Omega \Delta u \Delta v \, d\Omega, \quad f(v) = \int_\Omega gv \, d\Omega.$$

Dabei ist $V = H_0^2(\Omega)$ der Teilraum aller Funktionen $v \in H^2(\Omega)$ die den Randbedingungen auf Γ genügen, kurz

$$V = \left\{v \in H^2(\Omega) : v = \frac{\partial v}{\partial n} = 0 \text{ auf } \Gamma\right\}.$$

Im folgenden zeigen wir zunächst, dass die Voraussetzungen des Satzes 2.1 für $g \in L^2(\Omega)$ erfüllt sind, (7.11) also eine eindeutige Lösung besitzt. Wir benötigen folgenden Hilfssatz (s. [1]):

Lemma 7.1 (Friedrichssche oder auch Poincarésche Ungleichung)

a) Sei $u \in H_0^1(\Omega)$. Dann existiert eine positive Konstante C mit

$$\int_{\Omega} u^2 d\Omega \leq C \int_{\Omega} \left(\frac{\partial u}{\partial x}\right)^2 + \left(\frac{\partial u}{\partial y}\right)^2 d\Omega \ .$$

b) Sei $u \in H_0^2(\Omega)$. Dann existiert eine positive Konstante C mit

$$\int_{\Omega} u^2 d\Omega \leq C \int_{\Omega} \left(\frac{\partial^2 u}{\partial x^2}\right)^2 + 2\left(\frac{\partial^2 u}{\partial x \partial y}\right)^2 + \left(\frac{\partial^2 u}{\partial y^2}\right)^2 d\Omega \ .$$

Bereits in Kapitel 4 haben wir eine Norm im $H^2(\Omega)$ eingeführt, die wir auch als Norm im $H_0^2(\Omega)$ nutzen können. Zweckmäßigerweise verwenden wir jetzt im $H_0^2(\Omega)$ eine andere Norm, die wir (da keine Verwechselungen zu befürchten sind) wieder mit $\|u\|_2$ bezeichnen, nämlich

$$\|u\|_2 = \left(\int_{\Omega} \left(\frac{\partial^2 u}{\partial x^2}\right)^2 + 2\left(\frac{\partial^2 u}{\partial x \partial y}\right)^2 + \left(\frac{\partial^2 u}{\partial y^2}\right)^2 d\Omega\right)^{1/2} \ .$$

Wegen Teil b von Lemma 7.1 folgt aus $\|u\|_2 = 0$ auch $u = 0$, damit liegt tatsächlich eine Norm vor.

Wir untersuchen nun Positivität und Stetigkeit der Bilinearform. Es ist

$$a(v, v) = \int_{\Omega} \left(\frac{\partial^2 v}{\partial x^2}\right)^2 + 2\frac{\partial^2 v}{\partial x^2}\frac{\partial^2 v}{\partial y^2} + \left(\frac{\partial^2 v}{\partial y^2}\right)^2 d\Omega \ .$$

Partielle Integration des mittleren Summanden

$$\int_{\Omega} \frac{\partial^2 v}{\partial x^2}\frac{\partial^2 v}{\partial y^2} d\Omega = -\int_{\Omega} \frac{\partial^3 v}{\partial x^2 \partial y}\frac{\partial v}{\partial y} d\Omega = \int_{\Omega} \left(\frac{\partial^2 v}{\partial x \partial y}\right)^2 d\Omega$$

ergibt

$$a(v, v) = \int_{\Omega} \left(\frac{\partial^2 v}{\partial x^2}\right) + 2\left(\frac{\partial^2 v}{\partial x \partial y}\right)^2 + \left(\frac{\partial^2 v}{\partial y^2}\right)^2 d\Omega = \|v\|_2^2 \ ,$$

d.h. die Bilinearform a ist positiv entsprechend

$$a(v, v) \geq \alpha \|v\|_2^2 \quad \text{für alle } v \in H_0^2(\Omega)$$

mit $\alpha = 1$. Die Stetigkeit von a folgt durch Anwendung der Schwarzschen Ungleichung

$$|a(u, v)| \leq \int_{\Omega} |\Delta u \Delta v| d\Omega \leq \left(\int_{\Omega} (\Delta u)^2 d\Omega\right)^{1/2} \left(\int_{\Omega} (\Delta v)^2 d\Omega\right)^{1/2}$$

$$\leq \|u\|_2 \|v\|_2 \ .$$

Zum Nachweis der Stetigkeit der Linearform wenden wir die Schwarzsche Ungleichung und danach Lemma 7.1 an:

$$|f(v)| \leq \int_{\Omega} |gv| d\Omega \leq \left(\int_{\Omega} g^2 d\Omega \right)^{1/2} \left(\int_{\Omega} v^2 d\Omega \right)^{1/2} \leq C \|g\|_0 \|v\|_2 \,.$$

Alle Bedingungen des Satzes von Lax und Milgram für das stetige Problem sind erfüllt, damit existiert eine eindeutig bestimmte Lösung u aus $H_0^2(\Omega)$.

Für konforme FEM ist charakteristisch, dass der Raum der finiten Elemente V_h Teilraum des Lösungsraumes V ist. Ist das zu lösende Randwertproblem von zweiter Ordnung und wählt man als Ansatzfunktionen auf jedem Element K stetige Funktionen, dann müssen im Falle einer konformen FEM alle in V_h liegenden Funktionen stetig auf $\overline{\Omega}$ sein. Dies führt zu Anschlussbedingungen längs der Seiten der Triangulation. Für die hier betrachteten Randwertprobleme vierter Ordnung gilt: Enthält P_K nur auf K stetig differenzierbare Funktionen, so verlangt eine konforme FEM die stetige Differenzierbarkeit aller in V_h liegenden Funktionen auf $\overline{\Omega}$. Während stetige Anschlussbedingungen relativ leicht zu realisieren sind (vgl. die Beispiele finiter Elemente in Abschnitt 2.1.6), ist die Erfüllung der stetigen Differenzierbarkeit längs der Seiten der Triangulation mit Schwierigkeiten verbunden. So zeigte Zeniśek, dass für Dreieckelemente K und Polynomräume P_K die Zahl der Freiheitsgrade, die für die Erfüllung der stetigen Differenzierbarkeit längs der Triangulation notwendig ist, mindestens 18 beträgt. Bei Verzicht auf Polynomräume P_K kommt man auch mit weniger Freiheitsgraden aus (*Hsieh-Clough-Tocher-Dreieck* mit 12 bzw. 9 Freiheitsgraden und *Zienkiewicz-Dreieck* mit 12 bzw. 9 Freiheitsgraden [19]), die Struktur der finiten Elemente wird jedoch wesentlich komplizierter.

Konforme Methoden für Randwertaufgaben vierter Ordnung untersuchen wir aus den dargelegten Gründen nicht und konzentrieren uns auf gemischte Methoden bzw. nichtkonforme Methoden (s. Abschnitt 8.3). Ein Vorteil gemischter Verfahren besteht darin, dass man die bei Gleichungen zweiter Ordnung bewährten Elemente erneut benutzen kann.

7.3.2
Formulierung als gemischtes Problem

Zunächst benötigen wir eine Umformulierung des Ausgangsproblems, das wir in diesem Abschnitt wie folgt bezeichnen möchten:

$$\Delta^2 p = -g \quad \text{in } \Omega \,, \quad p = \frac{\partial p}{\partial n} = 0 \quad \text{auf } \Gamma \,. \tag{7.12}$$

Im Unterschied zum vorherigen Abschnitt suchen wir nun eine Variationsformulierung, die keine zweiten Ableitungen enthält. Dazu führen wir $u = \Delta p$ als gleichberechtigte Unbekannte ein und schreiben die Ausgangsgleichung als Gleichungssystem

$$u - \Delta p = 0 \,, \quad -\Delta u = g \,.$$

Jetzt überführen wir sie wie üblich durch Multiplikation mit v bzw. q, wobei $q|_\Gamma = 0$, Integration und Umformung mit Hilfe eines Integralsatzes in Variationsgleichungen und erhalten

$$\int_\Omega uv\,dx + \int_\Omega \left(\frac{\partial v}{\partial x}\frac{\partial p}{\partial x} + \frac{\partial v}{\partial y}\frac{\partial p}{\partial y} \right) d\Omega = 0\,,$$

$$\int_\Omega \left(\frac{\partial u}{\partial x}\frac{\partial q}{\partial x} + \frac{\partial u}{\partial y}\frac{\partial q}{\partial y} \right) d\Omega = \int_\Omega gq\,d\Omega\,.$$

In diesen Variationsgleichungen kommen nur erste Ableitungen von u, v, p, q vor. Zu dieser Umformulierung benötigen wir nur die Bedingung $p|_\Gamma = 0$, die Randbedingung $\left.\frac{\partial p}{\partial n}\right|_\Gamma = 0$ ist „natürliche" Randbedingung geworden. Für die vorkommenden Bilinearformen führen wir die Bezeichnungen ein

$$a(u,v) = \int_\Omega uv\,d\Omega\,, \quad b(v,q) = \int_\Omega \left(\frac{\partial v}{\partial x}\frac{\partial q}{\partial x} + \frac{\partial v}{\partial y}\frac{\partial q}{\partial y} \right) d\Omega\,.$$

Sind dann noch

$$f(v) \equiv 0\,, \quad g(v) = \int_\Omega gv\,d\Omega\,,$$

so kann man die beiden Variationsgleichungen wieder schreiben als

$$a(u,v) + b(v,p) = f(v) \qquad \text{für alle } v \in V\,,$$
$$b(u,q) = g(q) \qquad \text{für alle } q \in W\,; \tag{7.13}$$

in unserem konkreten Fall ist $V = H^1(\Omega)$, $W = H_0^1(\Omega)$.

Im vorliegenden Fall ist die *Babuška-Brezzi-Bedingung* für die Räume V und W

$$\sup_{v \in V} \frac{b(v,q)}{\|v\|_V} \geq \gamma \|q\|_W \quad \text{für alle } q \in W \text{ mit } \gamma > 0$$

erfüllt. Wegen $W \subset V$ kann man nämlich $v = q$ setzen und erhält

$$\sup_{v \in V} \frac{b(v,q)}{\|v\|_1} \geq \frac{b(q,q)}{\|q\|_1} \geq \frac{1}{1+C^2} \|q\|_1\,;$$

mit der Konstanten C aus der Ungleichung von Friedrichs (Lemma 7.1a).

Leider ist die Bilinearform a weder auf $V = H^1(\Omega)$ noch auf dem kleineren Raum $\widetilde{V} = \{v \in V : b(v,q) = 0 \text{ für alle } q \in W\}$ positiv s. [14], so dass die Standardtheorie gemischter Verfahren nicht anwendbar ist. Im Unterschied zum Stokes-Problem kann hier die Lösbarkeit der stetigen Aufgabe nicht aus (7.13) direkt geschlussfolgert werden. Betrachten wir noch einmal das Gleichungssystem

$$\Delta p = u \text{ in } \Omega\,, \quad -\Delta u = g \text{ in } \Omega\,, \quad p = \frac{\partial p}{\partial n} = 0 \text{ auf } \Gamma$$

so stellt man fest, dass wir „zu viele" Randbedingungen für p und „zu wenige" für u haben. Dennoch kann (7.13) als Ausgangspunkt einer Finite-Elemente-Diskretisierung der biharmonischen Gleichung dienen, denn wir können zeigen:

☐ **Lemma 7.2**

Seien Ω ein zweidimensionales konvexes Polygon, $p \in H_0^2(\Omega)$ Lösung der Variationsgleichung

$$\int_\Omega \Delta p \Delta q \, d\Omega = \int_\Omega gq \, d\Omega \qquad \text{für alle } q \in H_0^2(\Omega)$$

und zusätzlich $p \in H^3(\Omega)$. Dann ist $u = \Delta p \in H^1(\Omega) = V$, $p \in H_0^1(\Omega) = W$ Lösung der Aufgabe (7.13).

Es seien $V_h \subset V$, $W_h \subset W$ endlichdimensionale Finite-Element-Räume. Das (7.13) zugeordnete diskrete Problem ist dann:
  Gesucht sind $u_h \in V_h$ und $p_h \in W_h$ mit

$$a(u_h, v_h) + b(v_h, p_h) = f(v_h) \qquad \text{für alle } v_h \in V_h \,,$$
$$b(u_h, q_h) = g(q_h) \qquad \text{für alle } q \in W_h \,. \tag{7.14}$$

Wir wissen bereits, dass man W_h und V_h nicht unabhängig voneinander wählen kann, vielmehr müssen W_h und V_h der *Babuška-Brezzi-Bedingung* genügen:

$$\sup_{v_h \in V_h} \frac{b(v_h, q_h)}{\|v_h\|_V} \geq \gamma \|q_h\|_W \qquad \text{für alle } q_h \in W_h \text{ mit } \gamma > 0 \,. \tag{7.15}$$

Wir verwenden eine zulässige und quasiuniforme Dreieckzerlegung und Elemente vom Typ k zur Festlegung von V_h und W_h, es gelte $q_h|_\Gamma = 0$ für $q_h \in W_h$. Wegen $W_h \subset V_h$ ist die Bedingung (7.15) erfüllt (vgl. die obigen Ausführungen im stetigen Fall). Nun ist auch die Positivität der Bilinearform a auf $\widetilde{V}_h$ gesichert, allerdings mit einer h-abhängigen Konstanten $\alpha(h) = \alpha_0 h > 0$. Genauer gilt

$$a(v_h, v_h) = \|v_h\|_0^2 \geq \alpha(h)^2 \|v_h\|_1^2 \qquad \text{für alle } v_h \in V_h \,.$$

Die direkte Anwendung der Theorie gemischter Methoden führt daher nur zu einer suboptimalen Fehlerabschätzung für Dreieckelemente vom Typ 2

$$\|p - p_h\|_1 \leq Ch \,, \quad \|u - u_h\|_0 \leq Ch \,.$$

Die Verwendung einer verfeinerten Beweistechnik (s. [25, 60]) führt unter gewissen Regularitätsannahmen zur optimalen Fehlerabschätzung

$$\|p - p_h\|_0 \leq Ch^{k+1} \,, \quad \|p - p_h\|_1 \leq Ch^k \,, \quad \|u - u_h\|_0 \leq Ch^{k-1}$$

für Dreieckselemente vom Typ k. Die Verwendung linearer Elemente erfordert eine separate Analyse, ist aber auch möglich (s. [44, 61]).

Wir überlegen uns jetzt, welche Struktur das diskrete Problem besitzt. Sei M die Dimension von W_h, $M + N$ die Dimension von V_h (N ist die Anzahl der Randknoten), die ψ_i ($i = 1, \ldots, M$) seien eine globale Basis in W_h bzw. für $i = 1, \ldots, M + N$ in V_h. Wir definieren folgende Matrizen

$$A^1 = [a(\psi_j, \psi_i)]_{i,j=1,\ldots,M} \,,$$

$$A^2 = [a(\psi_j, \psi_i)]_{i=1,\ldots,M, j=M+1,\ldots,M+N} \,,$$

$$A^3 = [a(\psi_j, \psi_i)]_{i,j=M+1,\ldots,M+N} \,,$$

$$B^1 = [b(\psi_j, \psi_i)]_{i,j=1,\ldots,M} \,,$$

$$B^2 = [b(\psi_j, \psi_i)]_{i=1,\ldots,M, j=M+1,\ldots,M+N} \,.$$

Dann sind A^1, A^3 und B^1 symmetrisch und positiv definit. Die dem diskreten Problem entsprechende Koeffizientenmatrix besitzt die Struktur

$$\begin{bmatrix} A^1 & A^2 & (B^1)^T \\ (A^2)^T & A^3 & (B^2)^T \\ B^1 & B^2 & 0 \end{bmatrix},$$

sie ist symmetrisch, aber nicht positiv definit. Aufgrund ihrer speziellen Gestalt kann man aber aus den ersten M Gleichungen die Werte von p_h in den inneren Knoten eliminieren, aus den letzten M Gleichungen die Werte von u_h in den inneren Knoten und erhält ein Gleichungssystem für die N unbekannten Werte von u_h in den Randknoten mit positiv definiter Koeffizientenmatrix.

Die Grundgleichungen für eine Kirchhoff-Platte führen auf ein Variationsproblem 4. Ordnung, das eine ähnliche Struktur wie die Variationsformulierung für die biharmonische Gleichung aufweist. Ausgehend von den Gleichungen für die Spannungsmomente M_{ij}, $i, j = 1, 2$, und die Verschiebung u,

$$\sum_{i,j=1}^{2} \frac{\partial^2 M_{ij}}{\partial x_i \partial x_j} = h \,, \quad M_{ij} = \alpha \delta_{ij} \Delta u + \beta \frac{\partial^2 u}{\partial x_i \partial x_j} \,,$$

können die Spannungsmomente M_{ij} eliminiert werden. Man erhält für die fest eingespannte Platte

$$\alpha \Delta^2 u + \beta \sum_{i,j=1}^{2} \frac{\partial^4 u}{\partial x_i^2 \partial x_j^2} = h \quad \text{in } \Omega \,, \quad u = \frac{\partial u}{\partial n} = 0 \quad \text{auf } \Gamma \,.$$

Die Lösung kann als Minimum des Funktionals

$$F(v) = \int_{\Omega} \left[\alpha (\Delta v)^2 + \beta \sum_{i,j=1}^{2} \left(\frac{\partial^2 v}{\partial x_i \partial x_j} \right)^2 - h v \right] d\Omega \Rightarrow \text{Min} \,,$$

$$v \subset H_0^2(\Omega) \,,$$

aufgefasst werden. Wegen $\Delta v = \operatorname{div} \operatorname{grad} v$ und

$$\frac{\partial^2 v}{\partial x_1^2} = \frac{\partial w_1}{\partial x_1} \,, \quad \frac{\partial^2 v}{\partial x_1 \partial x_2} = \frac{\partial w_1}{\partial x_2} = \frac{\partial w_2}{\partial x_1} \,, \quad \frac{\partial^2 v}{\partial x_2^2} = \frac{\partial w_2}{\partial x_2} \,,$$

hängen die ersten beiden Summanden des Funktionals nur vom Gradienten von v ab. Ausgangspunkt einer gemischten Formulierung ist nun die Umformulierung der Minimierungsaufgabe durch Einführung von $w = (w_1, w_2) = \text{grad } v$ als neue Unbekannte, minimiert wird nunmehr

$$F(v, w) = \int_{\Omega} \left[\alpha(\text{div } w)^2 + \frac{\beta}{4} \sum_{i,j=1}^{2} \left(\frac{\partial w_i}{\partial x_j} + \frac{\partial w_j}{\partial x_i} \right)^2 - h\,v \right] d\Omega \Rightarrow \text{Min},$$

unter der Nebenbedingung $w = \text{grad } v$. Die Einführung eines Lagrangeschen Multiplikators zur Berücksichtigung der Nebenbedingung führt dann gerade zu der gemischten Formulierung für die Kirchhoff-Platte. Hinsichtlich der zu betrachtenden Räume und möglicher finite Elemente Ansätze verweisen wir auf [11]. Erwähnt sei nur, dass ein Zusammenhang zu den in Abschnitt 8.2.2 angegebenen nichtkonformen DKT-Elementen (engl. **Discrete Kirchhoff Triangle**) besteht.

7.4
Lösung der entstehenden Gleichungssysteme

In den vorhergehenden Abschnitten haben wir gesehen, dass die Verwendung gemischter Finite-Elemente-Verfahren auf schwach besetzte Gleichungssysteme spezieller Struktur führt. Wir geben hier nur einige Verfahren an und verweisen den interessierten Leser für einen umfassenden Überblick auf [8].

Zuerst ändern wir die Bezeichnungen ein wenig, nennen die Unbekannten $x_1, \ldots, x_N$ und $y_1, \ldots, y_M$, die rechte Seite $f_1, \ldots, f_N$, die Elemente der Matrizen a_{ij} and b_{ij}; betrachten also Gleichungssysteme der Form

$$Ax + B^T y = f, \quad Bx = 0 \tag{7.16}$$

mit einer symmetrischen, positiv definiten Matrix $A = [a_{ij}]_{i,j=1,\ldots,N}$, einer Rechteckmatrix $B = [b_{ij}]_{i=1,\ldots,M, J=1,\ldots,N}$, der rechten Seite $f = [f_i]_i = 1, \ldots, N$ und dem Lösungsvektor $(x, y) = [x_i, y_j]_{i=1,\ldots,N, j=1,\ldots,M}$. Wir setzen hier voraus, dass das System (7.16) eindeutig lösbar ist. Wir haben $M < N$, oft gilt sogar $M \ll N$.

Die einfachste Idee besteht in der Elimination von x. Aus der ersten Gleichung erhalten wir $x = A^{-1}(f - B^T y)$ und eingesetzt in die zweite Gleichung

$$BA^{-1}B^T y = BA^{-1} f. \tag{7.17}$$

Ist y berechnet, ergibt sich x als Lösung von $Ax = f - B^T y$. Die Koeffizientenmatrix $S = BA^{-1}B^T$ (Schurkomplement) hat die Dimension M und ist damit viel kleiner als die (7.16) zugeordnete Koeffizientenmatrix, deren Dimension $M + N$ ist. Allerdings ist das Schurkomplement i. allg. dicht besetzt und die Berechnung bzw. Faktorisierung zu aufwändig. Ein Ausweg stellt die iterative Lösung von (7.17) dar, bei der nicht die individuellen Einträge von S sondern nur Matrix-Vektor-Produkte der Form

$$Sy = BA^{-1}B^T y$$

benötigt werden. Die Wirkung von S auf y kann nämlich mit Hilfe der Matrix-Vektor-Produkte mit B^T, B und der Lösung eines linearen Gleichungssystems mit der Koeffizientenmatrix A berechnet werden. Wegen

$$S^T = (BA^{-1}B^T)^T = BA^{-T}B^T = BA^{-1}B^T = S$$

ist das Schurkomplement S symmetrisch und zur Lösung bietet sich das PCG-Verfahren (vgl. Abschnitt 3.3.3) an. Hinsichtlich der Konstruktion geeigneter Vorkonditionierer verweisen wir auf [8].

Eng verwandt dazu ist der von Uzawa im Jahre 1958 vorgestellte Algorithmus:

1. Wähle Startwerte x^0 und y^0.
2. Für gegebenes x^k und y^k, $k \geq 0$ bestimme x^{k+1} und y^{k+1} aus

$$Ax^{k+1} = f - B^T y^k$$
$$y^{k+1} = y^k + \omega B x^{k+1}$$

Eliminieren wir die Iterierte x^{k+1}, so folgt

$$y^{k+1} = y^k + \omega(BA^{-1}f - BA^{-1}B^T y^k),$$

also die Richardson-Iteration angewandt auf die Schurkomplement-Gleichung (7.17). Im Fall des Stokes-Problems und einer der Babuška-Brezzi-Bedingung genügenden Diskretisierung ist S symmetrisch und positiv definit; seien $\lambda_{\min}(S)$ und $\lambda_{\max}(S)$ der kleinste und größte Eigenwert von S. Dann konvergiert die Richardson-Iteration für alle $0 < \omega < \lambda_{\max(S)}$ und der Spektralradius der Iterationsmatrix $I - \omega S$ wird minimal für

$$\omega_{\text{opt}} = \frac{2}{\lambda_{\min}(S) + \lambda_{\max}(S)}.$$

Ferner ist bekannt, dass es positive Konstanten C_1, C_2, unabhängig von der Feinheit des Diskretisierungsparameters h gibt, so dass $C_1 \leq \lambda_{\min} \leq \lambda_{\max} \leq C_2$. Damit ist die Konvergenzrate des Uzawa-Algorithmus unabhängig von h. Der numerische Aufwand bei der Uzawa-Iteration besteht in der Lösung des Gleichungssystems mit der Koeffizientenmaztrix A. Hier werden oftmals auch in einer „inneren Iteration" iterative Näherungsverfahren eingesetzt.

Nullraummethoden basieren darauf, dass eine Matrix Z vom Format $N \times (N-M)$ bekannt ist, so dass $BZ = 0$. Dies bedeutet, dass die Spalten von Z die „Nebenbedingung" exakt erfüllen (dies gelingt für das Stokes-Problem beispielsweise, wenn eine diskret-divergenzfreie Basis bekannt ist). Die Lösungsmenge von $Bx = 0$ kann dann in der Form $u = Zw$ mit $w \subset \mathbb{R}^{N-M}$ angegeben werden. Setzen wir dies in die erste Gleichung von (7.16) ein und multiplizieren wir dies von links mit Z^T, erhalten wir wegen

$$Z^T AZw + Z^T B^T y = Z^T AZw + (BZ)^T y = Z^T AZw$$

das reduzierte System der Ordnung $N - M$ für die Unbekannten w

$$Z^T A Z w = Z^T f .$$

Mit der Lösung w^* ist dann auch $x^* = Z w^*$ und y^* als Lösung des Systems

$$B B^T y = B(f - A x^*)$$

eine Lösung von (7.16). Das Gleichungssystem der Ordnung $N + M$ zerfällt also in die Lösung zweier Gleichungssysteme der Ordnungen $N - M$ und M jeweils mit symmetrischen, positiv definiten Koeffizienzmatrizen $Z^T A Z$ und $B B^T$. Die Hauptschwierigkeit der Methode besteht in der Bestimmung einer Basis des Nullraumes, also der Matrix Z. Dennoch kann das Konzept einer geeigneten Basistransformation mit dem Ziel der weitgehenden Entkopplung der x- bzw. y-Unbekannten im Sinne von quasi-diskret divergenzfreien Basen erfolgreich umgesetzt werden. Details findet der interessierte Leser in [47], wo ein solches Lösungsverfahren als Glätter in einem Mehrgitterverfahren eingesetzt wird.

Gekoppelte Mehrgitterverfahren [69] haben als Löser eine weite Verbreitung gefunden. Dabei wird die Mehrgitteridee aus Abschnitt 3.3.5 auf das Gesamtsystem (7.16) angewandt. Als Glätter verwendet man beispielsweise Block-Gauß-Seidel-Verfahren, die auf Vanka [70] zurückgehen. Wir beschreiben die Bildung der Blöcke für den Fall einer Diskretisierung des Stokes-Problems mit Dreieckselementen vom Typ 2 (Geschwindigkeitskomponenten) und Typ 1 (Druck). Eine Basisfunktion im Druckraum W_h ist nur in einem Patch von Dreiecken von Null verschieden und koppelt daher nur mit wenigen Freiheitsgraden der Geschwindigkeit, vgl. Abb. 7.2.

Ausgehend vom Gesamtsystem (7.16) werden nun diejenigen Zeilen von $A x + B^T y = f$ und von $B x = 0$ extrahiert, die den zugeordneten Freiheitsgraden der Geschwindigkeit und des Druckes entsprechen. In diesen Gleichungen treten weitere Kopplungen zu Freiheitsgraden auf, die nicht zum skizzierten Patch gehören, z. B. koppeln die am Rande des Patches gelegenen Geschwindigkeitsknoten mit Geschwindigkeitsknoten außerhalb des Patches oder mit den Druckknoten in den Ecken des Patches. Diese Anteile werden auf die rechte Seite eines lokalen Gleichungssystems der Form

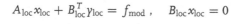

$$A_{\text{loc}} x_{\text{loc}} + B_{\text{loc}}^T y_{\text{loc}} = f_{\text{mod}} , \quad B_{\text{loc}} x_{\text{loc}} = 0$$

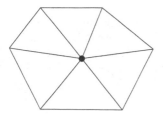
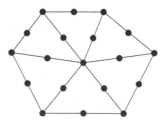

Abbildung 7.2 Beteiligte Freiheitsgrade des Drucks (links) und der Geschwindigkeit (rechts) beim Vanka-Glätter.

geschrieben. In x_{loc} und y_{loc} sind die am Patch beteiligten Unbekannten der Geschwindigkeit und des Druckes zusammengefasst. Für den in der Abb. 7.2 dargestellten Fall sind die lokalen Matrizen A_{loc}, B_{loc}^T und B_{loc} vom Format 38×38, 38×1 und 1×38. Ein Glättungsschritt besteht nun darin, nacheinander für jeden Druckfreiheitsgrad das entsprechende 39×39 System zu lösen und die zugeordneten x_{loc} und y_{loc} zu aktualisieren. Nach einigen Glättungsschritten werden dann wie üblich eine Grobgitterkorrektur (Zweigitterverfahren) oder eine Mehrgitterkorrektur (Mehrgitterverfahren) durchgeführt. Man überlegt sich leicht, dass die lokalen Systeme im dreidimensionalen Fall für Diskretisierungen höherer Ordnung eine beträchtliche Größe erreichen können. Hier sind die oben erwähnten Basistransformationen zur Reduzierung der auftretenden Kopplungen hilfreich. Für Details verweisen wir auf [47]. Alternativ können auch Diskretisierungen höherer Ordnung mit Diskretisierungen niederer Ordnung (die weniger Kopplungen aufweisen) in einem Mehrgitterverfahren kombiniert werden [43].

Kapitel 8
Nichtkonforme FEM

In der Literatur zur Methode der finiten Elemente bezeichnet man folgende drei Spezifika als *nichtkonforme* Aspekte der FEM:

a) Bilinearform und Linearform werden nur näherungsweise berechnet (numerische Integration, s. Kapitel 5)

b) inhomogene wesentliche Randbedingungen oder krummlinige Ränder werden approximiert (s. Kapitel 6)

c) $V_h \not\subset V$, d.h. die verwendeten finite Elemente sind nicht im Lösungsraum der Variationsgleichung enthalten.

Das folgende Kapitel ist speziell der Situation $V_h \not\subset V$ gewidmet. Die Verwendung von finiten Elementen, die nicht im Lösungsraum enthalten sind, kann unter anderem folgende Vorteile besitzen:

1. Verwendung einfacher C^0-Elemente anstelle von C^1-Elementen für Randwertprobleme vierter Ordnung,

2. Erhöhung der Anzahl der Freiheitsgrade, um bei gemischten Methoden die *Babuška-Brezzi-Bedingung* (7.6) zu erfüllen.

Wir erklären das Prinzip zunächst am Beispiel unstetiger finiter Elemente für die Laplace-Gleichung, diskutieren dann die Verwendung nicht stetig differenzierbarer finiter Elemente für die biharmonische Gleichung (Vorteil 1) und kommen abschliessend zu nichtkonformen Methoden für das Stokes-Problem (Vorteil 2).

8.1
Laplace-Gleichung

8.1.1
Diskretes Problem

Betrachtet wird die Randwertaufgabe

$$-\Delta u = g \quad \text{in } \Omega , \quad u = 0 \quad \text{auf } \Gamma$$

Die Finite-Elemente-Methode für Anfänger. Herbert Goering, Hans-Görg Roos und Lutz Tobiska
Copyright © 2010 WILEY-VCH Verlag GmbH & Co. KGaA, Weinheim
ISBN: 978-3-527-40964-8

mit der zugeordneten Variationsgleichung

$$\text{Gesucht ist ein } u \in V \text{ mit } \quad a(u, v) = f(v) \quad \text{für alle } v \in V . \tag{8.1}$$

Dabei ist $V = H_0^1(\Omega)$ und wie üblich

$$a(u, v) = \int\limits_{\Omega} \left(\frac{\partial u}{\partial x} \frac{\partial v}{\partial x} + \frac{\partial u}{\partial y} \frac{\partial v}{\partial y} \right) d\Omega , \quad f(v) = \int\limits_{\Omega} g v d\Omega . \tag{8.2}$$

Im Fall einer konformen FEM ist V_h Teilraum von V, und das diskrete Problem ergibt sich einfach durch Einschränkung des stetigen Problems auf V_h:

$$\text{Gesucht ist ein } u_h \in V_h \text{ mit } \quad a(u_h, v_h) = f(v_h) \quad \text{für alle } v_h \in V_h .$$

Die Bilinearform kann elementweise berechnet werden. Bei einer Zerlegung des Gebietes $\overline{\Omega} = \cup_{i=1}^{M} K_i$ gilt

$$a(u_h, v_h) = \sum_{i=1}^{M} \int\limits_{K_i} \left(\frac{\partial u_h}{\partial x} \frac{\partial v_h}{\partial x} + \frac{\partial u_h}{\partial y} \frac{\partial v_h}{\partial y} \right) dK_i . \tag{8.3}$$

Diese Darstellung der Bilinearform ist der Ausgangspunkt zur Formulierung des diskreten Problems bei einer nichtkonformen FEM.

Eine nichtkonforme Methode ist dadurch gekennzeichnet, dass V_h nicht Teilraum von V ist. Sei etwa $V_h \subset L^2(\Omega)$, $P_K \in H^1(K)$. Dann ist für $u_h, v_h \in V_h$ das Integral

$$\int\limits_{\Omega} \left(\frac{\partial u_h}{\partial x} \frac{\partial v_h}{\partial x} + \frac{\partial u_h}{\partial y} \frac{\partial v_h}{\partial y} \right) d\Omega$$

nicht definiert, definiert dagegen ist die Summe

$$\sum_{i=1}^{M} \int\limits_{K_i} \left(\frac{\partial u_h}{\partial x} \frac{\partial v_h}{\partial x} + \frac{\partial u_h}{\partial y} \frac{\partial v_h}{\partial y} \right) dK_i .$$

Während es im konformen Fall egal ist, ob man die Bilinearform gemäß (8.2) oder (8.3) einführt, garantiert im nichtkonformen Fall die Darstellung (8.3) die Möglichkeit der Erweiterung der Bilinearform auf $u_h, v_h \in V_h$ mit $V_h \subset L^2(\Omega)$, $P_K \subset H^1(K)$.

Für $v_h \in L^2(\Omega)$ ist unter der Voraussetzung $g \in L^2(\Omega)$ der Ausdruck $f(v_h)$ berechenbar. Eine nichtkonforme Methode zur Diskretisierung von (8.1) ist gekennzeichnet durch einen endlichdimensionalen Raum V_h mit $V_h \subset L^2(\Omega)$, $P_K \subset H^1(K)$ und das Verschwinden jeder Funktion $v_h \in V_h$ in den Randknoten; das diskrete Problem ist:

$$\text{Gesucht ist ein } u_h \text{ aus } V_h \text{ mit } \quad a_h(u_h, v_h) = f(v_h) \quad \text{für alle } v_h \in V_h ,$$
$$\tag{8.4}$$

wobei

$$a_h(u_h, v_h) = \sum_{i=1}^{M} \int_{K_i} \left(\frac{\partial u_h}{\partial x} \frac{\partial v_h}{\partial x} + \frac{\partial u_h}{\partial y} \frac{\partial v_h}{\partial y} \right) dK_i \, .$$

Während bei einer konformen Methode Satz 2.1 wegen $V_h \subset V$ die eindeutige Lösbarkeit des stetigen und des diskreten Problems sicherte, ist für eine nichtkonforme Methode die Lösbarkeit des diskreten Problems nicht automatisch garantiert.

Wir untersuchen, wann das diskrete Problem den Voraussetzungen des Satzes von Lax und Milgram genügt. Dazu müssen wir auf dem diskreten Raum V_h eine geeignete Norm einführen, Positivität und Stetigkeit der Bilinearform und Stetigkeit der Linearform nachweisen.

Wir führen die Bezeichnung ein

$$\|v\|_h = \left(\sum_{i=1}^{M} \int_{K_i} \left[\left(\frac{\partial v}{\partial x} \right)^2 + \left(\frac{\partial v}{\partial y} \right)^2 \right] dK_i \right)^{1/2} \, .$$

Ist v nur aus dem Raum $L^2(\Omega)$, so kann man (wegen der nicht existierenden Ableitungen) die Integrale nicht zu einem Integral über Ω zusammenfassen. Wir nehmen daher an, dass die Funktionen $v_h \in V_h$ auf jedem Element K_i zu $H^1(K_i)$ gehören. Ob nun $\| \cdot \|_h$ auf dem endlichdimensionalen Raum V_h eine Norm ist, hängt von der konkreten Wahl V_h des Raumes ab. Das einzige offene Problem bei dem Nachweis der Eigenschaften einer Norm ist, ob aus $\|v_h\|_h = 0$ die Beziehung $v_h = 0$ folgt, alle anderen Eigenschaften kann man wie üblich zeigen. Wir setzen voraus:

(NK) In V_h folge aus $\|v_h\|_h = 0$ auch $v_h = 0$.

Dann ist $\| \cdot \|_h$ eine Norm auf V_h, und bei der Konstruktion von V_h und a_h ist die Eigenschaft (NK) zu beachten. Nun gilt

$$a_h(v_h, v_h) = \|v_h\|_h^2 \quad \text{für alle } v_h \in V_h \, ,$$

a_h ist also positiv mit der von h unabhängigen Konstanten $\alpha = 1$. Die Anwendung der Dreiecksungleichung und der Ungleichung von Schwarz führen zu

$$|a_h(u_h, v_h)| \leq \sum_{i=1}^{M} \int_{K_i} \left| \frac{\partial u_h}{\partial x} \frac{\partial v_h}{\partial x} + \frac{\partial u_h}{\partial y} \frac{\partial v_h}{\partial y} \right| dK_i \leq \sum_{i=1}^{M} \|u_h\|_{h,K_i} \|v_h\|_{h,K_i}$$

$$\leq \left(\sum_{i=1}^{M} \|u_h\|_{h,K_i}^2 \right)^{1/2} \left(\sum_{i=1}^{M} \|v_h\|_{h,K_i}^2 \right)^{1/2} \leq \|u_h\|_h \|v_h\|_h$$

mit der Abkürzung

$$\|w\|_{h,K_i} := \left(\int_{K_i} \left[\left(\frac{\partial w}{\partial x} \right)^2 + \left(\frac{\partial w}{\partial y} \right)^2 \right] dK_i \right)^{1/2} \, .$$

Ferner gilt

$$|f(v_h)| \leq \sum_{i=1}^{M} \int_{K_i} |g v_h| \mathrm{d} K_i \leq \sum_{i=1}^{M} \left\{ \int_{K_i} g^2 \mathrm{d} K_i \int_{K_i} v_h^2 \mathrm{d} K_i \right\}^{1/2}$$

$$\leq \|g\|_0 \left(\sum_{i=1}^{M} \int_{K_i} v_h^2 \mathrm{d} K_i \right)^{1/2} \leq C \|g\|_0 \|v_h\|_h \,,$$

wobei wir

$$\|v_h\|_0 \leq C \|v_h\|_h \quad \text{für alle } v_h \in V_h$$

benutzt haben. Für konforme finite Elemente folgt dies aus der Friedrichsschen Ungleichung (vgl. Lemma 7.1a). Für häufig verwendete nichtkonforme Elemente findet man den Nachweis der Gültigkeit dieser Abschätzung in [40]. Damit sind a_h und f stetig auf V_h. Unter der Voraussetzung (NK) ist die Lösbarkeit des diskreten Problems also gesichert. Im Abschnitt 8.1.3 betrachten wir Beispiele nichtkonformer finiter Elemente und zeigen, dass für die entsprechenden Räume V_h die Voraussetzung (NK) erfüllt ist.

Verzichtet man auch auf die Erfüllung der Voraussetzung (NK), so gelangt man zu den „unstetigen" Galerkin-Verfahren (dG-Verfahren). Um die Lösbarkeit des diskreten Problems zu sichern, wird die obige Bilinearform a_h geeignet modifiziert. Wir beschreiben das Prinzip am Beispiel der Laplace-Gleichung

$$-\Delta u = g \quad \text{in } \Omega \,, \quad u = 0 \quad \text{auf } \Gamma$$

und verweisen hinsichtlich theoretischer Ergebnisse und Aspekte der Implementierung auf [57].

Das Gebiet Ω sei zulässig in Elemente K_i zerlegt. Multiplikation der Differentialgleichung mit einer Testfunktion $v \in H^1(K_i)$, Integration über K_i, partielle Integration und Summation über alle Elemente K_i, $i = 1, \ldots, M$, liefert zunächst

$$\sum_{i=1}^{M} \int_{K_i} \left(\frac{\partial u}{\partial x} \frac{\partial v}{\partial x} + \frac{\partial u}{\partial y} \frac{\partial v}{\partial y} \right) \mathrm{d} K_i - \sum_{i=1}^{M} \int_{\partial K_i} \frac{\partial u}{\partial n_i} v \, ds = \sum_{i=1}^{M} \int_{K_i} g v \, \mathrm{d} K_i. \quad (8.5)$$

Dabei bezeichnet n_i die äußere Normale bezüglich K_i. Unstetige finite Elemente besitzen keine Werte auf einer gemeinsamen Kante E zweier Elemente K_i und K_j, $i \neq j$. Man definiert daher den Mittelwert und den Sprung entlang $E = \partial K_i \cap \partial K_j$ durch

$$\{v\}_E = \frac{1}{2} \left(v|_{K_i} + v|_{K_j} \right) \,, \quad [v]_E = v|_{K_i} - v|_{K_j} \,.$$

Für Randkanten $E \subset \Gamma$ setzt man

$$\{v\}_E = [v]_E = v|_{K_i} \,, \quad \text{für } E = \partial K_i \cap \Gamma \,.$$

Man überzeugt sich durch Nachrechnen, dass für den Sprung eines Produktes entlang einer inneren Kante

$$[wv]_E = [w]_E \{v\}_E + \{w\}_E [v]_E$$

gilt. Für eine hinreichend glatte Lösung u ist der Sprung von $w = \dfrac{\partial u}{\partial n}$ entlang innerer Kanten Null und aus (8.5) folgt

$$\sum_{i=1}^{M} \int_{K_i} \left(\frac{\partial u}{\partial x} \frac{\partial v}{\partial x} + \frac{\partial u}{\partial y} \frac{\partial v}{\partial y} \right) \mathrm{d}K_i - \sum_E \int_E \left\{ \frac{\partial u}{\partial n} \right\}_E [v]_E \mathrm{d}s = \sum_{i=1}^{M} \int_{K_i} gv \,\mathrm{d}K_i .$$

$$(8.6)$$

Man beachte, dass auf der inneren Kante $E = \partial K_i \cap \partial K_j$ wegen

$$\left\{ \frac{\partial u}{\partial n} \right\}_E [v]_E = \frac{1}{2} \left(\frac{\partial u}{\partial n_i} + \frac{\partial u}{\partial n_i} \right) \left(v|_{K_i} - v|_{K_j} \right)$$

$$= \frac{1}{2} \left(\frac{\partial u}{\partial n_j} + \frac{\partial u}{\partial n_j} \right) \left(v|_{K_j} - v|_{K_i} \right)$$

die Wahl der zu E gehörenden Normale zwar beliebig, aber mit der Sprungrichtung gekoppelt ist. Für eine glatte Lösung u ist der Sprung über innere Kanten Null und die homogene Dirichletbedingung fordert, dass u am Rande verschwindet. Für alle Kanten ist daher $[u]_E = 0$ und wir können auf der linken Seite von (8.6)

$$\pm \sum_E \int_E \left\{ \frac{\partial v}{\partial n} \right\}_E [u]_E \mathrm{d}s + \sum_E \frac{\sigma_0}{|E|} \int_E [u]_E [v]_E \mathrm{d}s$$

mit dem Strafparameter σ_0 addieren. Das diskrete Problem der dG-Methode ist dann:

$$\text{Gesucht ist ein } u_h \text{ aus } V_h \text{ mit } \quad a_h^{\pm}(u_h, v_h) = f(v_h) \quad \text{für alle } v_h \in V_h ,$$

$$(8.7)$$

wobei

$$a_h^{\pm}(u_h, v_h) = \sum_{i=1}^{M} \int_{K_i} \left(\frac{\partial u_h}{\partial x} \frac{\partial v_h}{\partial x} + \frac{\partial u_h}{\partial y} \frac{\partial v_h}{\partial y} \right) \mathrm{d}K_i$$

$$- \sum_E \int_E \left\{ \frac{\partial u_h}{\partial n} \right\}_E [v_h]_E \mathrm{d}s$$

$$\pm \sum_E \int_E \left\{ \frac{\partial v_h}{\partial n} \right\}_E [u_h]_E \mathrm{d}s + \sum_E \frac{\sigma_0}{|E|} \int_E [u_h]_E [v_h]_E \mathrm{d}s ,$$

$$f(v_h) = \sum_{i=1}^{M} \int_{K_i} gv_h \,\mathrm{d}K_i .$$

Die Bilinearform a_h^- ist symmetrisch, a_h^+ ist unsymmetrisch, die zugeordneten dG-Verfahren werden daher auch SIPG (engl. **S**ymmetric **I**nterior **P**enalty **G**alerkin) bzw. NIPG (engl. **N**onsymmetric **I**nterior **P**enalty **G**alerkin) genannt. Der Term

$$\sum_E \frac{\sigma_0}{|E|} \int_E [u_h]_E [v_h]_E \mathrm{d}s$$

bestraft gewissermaßen im Innern die Unstetigkeit der Ansatzfunktionen und am Rande die Nichterfüllung der Randbedingung.

Für die Anwendung des Satzes von Lax-Milgram setzen wir $\sigma_0 > 0$ voraus und arbeiten mit der gitterabhängigen Norm

$$|||v_h|||_h$$

$$= \left(\sum_{i=1}^M \int_{K_i} \left[\left(\frac{\partial v_h}{\partial x}\right)^2 + \left(\frac{\partial v_h}{\partial y}\right)^2 \right] \mathrm{d}K_i + \sum_E \frac{\sigma_0}{|E|} \int_E ([v_h]_E)^2 \mathrm{d}s \right)^{1/2}.$$

Wir sehen sofort, dass für die zum NIPG-Verfahren gehörende Bilinearform

$$a_h^+(v_h, v_h) = |||v_h|||_h^2$$

gilt, sie damit auf V_h positiv ist. Zum Nachweis der Stetigkeit von $a_h^{\pm}$ benötigt man einen diskreten Spursatz der Form

$$\int_E \left(\frac{\partial v_h}{\partial n}\right)^2 \mathrm{d}s \le C h_E^{-1} \int_K \left[\left(\frac{\partial v_h}{\partial x}\right)^2 + \left(\frac{\partial v_h}{\partial y}\right)^2 \right] \mathrm{d}K, \quad \text{für } E \subset \partial K.$$

Er wird auch verwendet, um für hinreichend große σ_0 die Positivität der zum SIPG-Verfahren gehörenden Bilinearform a_h^- zu zeigen. Für das NIPG-Verfahren sind für alle $\sigma_0 > 0$, für das SIPG-Verfahren für hinreichend große $\sigma_0 > 0$ alle Bedingungen des Satzes von Lax-Milgram erfüllt und (8.7) besitzt eine eindeutig bestimmte Lösung. Mit etwas mehr Aufwand kann sogar gezeigt werden, dass für Finite-Elemente-Räume mit stückweise polynomialen Ansätzen der Ordnung $k \ge 2$ das NIPG-Verfahren auch für $\sigma_0 = 0$ eindeutig lösbar ist [57].

8.1.2
Konvergenzproblem

Die Erfüllung der Voraussetzung (NK) sichert zwar die Lösbarkeit des diskreten Problems einer nichtkonformen Methode, die Frage ob u_h für genügend kleine h zur Approximation der Lösung u des stetigen Problems geeignet ist, ist damit aber noch offen. Lange Zeit war man der Ansicht, dass das Vorgehen bei nichtkonformen Methoden mathematisch unhaltbar erscheint (vgl. etwa die Aussagen in [63, S. 57]). Insbesondere sah man den sogenannten *Patch-Test* als hinreichende Bedingung für die Konvergenz einer nichtkonformen FEM an. Wir formulieren hier eine der verschiedenen äquivalenten Varianten des Patch-Testes:

Eine nichtkonforme FEM genügt dem Patch-Test, wenn die Lösung u_h des diskreten Problems im Falle einer Polynomlösung $u \in P_k(\Omega)$ des stetigen Problems mit dieser übereinstimmt.

Dabei wird vorausgesetzt, dass alle Polynome k-ten Grades zu V_h gehören. Es ist jedoch so, dass die Erfüllung des Patch-Testes die Konvergenz der nichtkonformen FEM nicht sichert; Gegenbeispiele findet man bei Stummel [65].

Mit heutigen mathematischen Methoden sind für nichtkonforme FEM gesicherte Aussagen zur Konvergenz möglich. Grundlegend dafür ist erneut eine Verallgemeinerung des Satzes 4.1:

Satz 8.1

Die Voraussetzungen des Satzes von Lax und Milgram seien sowohl für das stetige als auch für das diskrete Problem erfüllt. Dann gibt es eine von V_h unabhängige positive Konstante C, so dass

$$\|u - u_h\|_h \leq C \left(\inf_{v_h \in V_h} \|u - u_h\|_h + \sup_{w_h \in V_h} \frac{|a_h(u, w_h) - f(w_h)|}{\|w_h\|_h} \right).$$

Zum Beweis nutzen wir die Positivität von a_h und erhalten für beliebiges $v_h \in V_h$

$$\alpha \|u_h - v_h\|_h^2 \leq a_h(u_h - v_h, u_h - v_h)$$
$$= f(u_h - v_h) - a_h(u, u_h - v_h) + a_h(u - v_h, u_h - v_h).$$

Die Stetigkeit von a_h und Division durch $\|u_h - v_h\|_h \neq 0$ liefern die Abschätzung

$$\alpha \|u_h - v_h\|_h \leq \beta \|u - v_h\|_h + \sup_{w_h \in V_h} \frac{|f(w_h) - a_h(u, w_h)|}{\|w_h\|_h}.$$

Mit Hilfe der Dreiecksungleichung folgert man

$$\|u - u_h\|_h \leq \|u - u_h\|_h + \|u_h - v_h\|_h$$
$$\leq \left(1 + \frac{\beta}{\alpha}\right) \|u - v_h\|_h + \frac{1}{\alpha} \sup_{w_h \in V_h} \frac{|f(w_h) - a_h(u, w_h)|}{\|w_h\|_h}.$$

Folglich gilt die Behauptung des Satzes mit $C = \max \left\{ 1 + \frac{\beta}{\alpha}, \frac{1}{\alpha} \right\}$.

Nach obigem Satz setzt sich der Fehler aus zwei Teilen zusammen, dem Approximationsfehler

$$\inf_{v_h \in V_h} \|u - v_h\|_h$$

und dem *Verträglichkeitsfehler* oder *Konsistenzfehler*

$$\sup_{w_h \in V_h} \frac{|f(w_h) - a_h(u, w_h)|}{\|w_h\|_h}.$$

Letzterer ist bei einer konformen FEM wegen $a_h(u, w_h) = a(u, w_h)$ identisch Null. Konkrete Konvergenzergebnisse geben wir für die folgenden Beispiele nichtkonformer Elemente in Anwendung auf die Laplace-Gleichung an.

8.1.3
Beispiele nichtkonformer finiter Dreieck- und Rechteckelemente

Wir betrachten zunächst den Fall linearer Dreieckelemente. Es sei K ein Dreieck der zulässigen Zerlegung des polygonal berandeten Gebietes Ω; b_1, b_2, b_3 seien die Eckpunkte von K und b_{12}, b_{23}, b_{13} die Seitenmitten (s. Abb. 8.1). Ein Polynom ersten Grades in x und y

$$p(x, y) = d_0 + d_1 x + d_2 y$$

ist eindeutig durch Vorgabe seiner Werte $p(b_{12})$, $p(b_{23})$, $p(b_{13})$ in den Seitenmitten bestimmt. Die d_i bestimmt man als Lösung des Gleichungssystems

$$\begin{bmatrix} 1 & x_{12} & y_{12} \\ 1 & x_{23} & y_{23} \\ 1 & x_{13} & y_{13} \end{bmatrix} \begin{bmatrix} d_0 \\ d_1 \\ d_2 \end{bmatrix} = \begin{bmatrix} p(b_{12}) \\ p(b_{23}) \\ p(b_{13}) \end{bmatrix},$$

das eindeutig auflösbar ist, wenn die drei Punkte b_{12}, b_{23}, b_{13} nicht auf einer Geraden liegen (vgl. Abschnitt 2.1). Die letzte Bedingung ist aber stets erfüllt. Wir legen fest: P_K ist die Menge aller Polynome ersten Grades $P_1(K)$ auf K mit den Freiheitsgraden $p(b_{ij}), 1 \leq i < j \leq 3$. Der Raum V_h ist dann charakterisiert durch:

(i) v_h ist auf jedem Dreieck K ein Polynom ersten Grades;
(ii) v_h ist eindeutig bestimmt durch Vorgabe von Werten in den Seitenmitten aller Dreiecke der Zerlegung;
(iii) $v_h(b_{ij}) = 0$, falls b_{ij} Randpunkt von Ω ist.

Entlang jeder Seite der Triangulation ist p ein Polynom ersten Grades in einer Veränderlichen, das nur in einem Punkt, der Seitenmitte, fest vorgeschrieben ist. Betrachtet man daher v_h auf zwei aneinandergrenzenden Dreiecken K_1, K_2, so stimmen entlang der gemeinsamen Seite $v_{h|K_1}$ und $v_{h|K_2}$ i. allg. nur in der Seitenmitte überein. Damit ist v_h i. allg. unstetig und V_h nicht in V enthalten (s. Abb. 8.2).

Nun soll geprüft werden, ob die Lösbarkeitsvoraussetzung (NK) für das diskrete Problem (NK) erfüllt ist. Auf jedem Dreieck K ist v_h ein Polynom und gehört

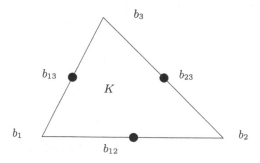

Abbildung 8.1 Freiheitsgrade des nichtkonformen linearen Dreieckelements.

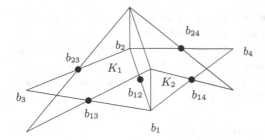

Abbildung 8.2 Zum Knoten b_{12} gehörende (unstetige) Basisfunktion.

deshalb zum Raum $H^1(K)$. Für die Voraussetzung (NK) folgt aus

$$0 = \|v_h\|_h^2 = \sum_{i=1}^{M} \int_{K_i} \left(\frac{\partial v_h}{\partial x}\right)^2 + \left(\frac{\partial v_h}{\partial y}\right)^2 \mathrm{d}K_i$$

zunächst $v_h =$ const auf jedem Dreieck K_i. Da v_h in den Seitenmitten der Triangulation auf zwei aneinandergrenzenden K_i übereinstimmt, ist v_h auf $\overline{\Omega} = \cup_{i=1}^{M} K_i$ konstant. Die homogenen Randbedingungen erzwingen schließlich $v_h = 0$ auf $\overline{\Omega}$. Das diskrete Problem (8.4) besitzt folglich eine eindeutig bestimmte Lösung.

Den Approximationsfehler schätzt man wie bei einer konformen FEM ab. Liegt die Lösung u des stetigen Problems im $H^2(\Omega)$, so gilt für eine quasiuniforme Zerlegung von $\overline{\Omega}$

$$\inf_{v_h \in V_h} \|u - v_h\|_h \leq Ch .$$

Unter gleichen Voraussetzungen an u und an die Zerlegung wird in [66] die Abschätzung hergeleitet

$$|a_h(u, w_h) - f(w_h)| \leq Ch\|w_h\|_h .$$

Daraus folgt für den Gesamtfehler der nichtkonformen FEM mit stückweise linearen Ansatzfunktionen

$$\|u - u_h\|_h \leq Ch .$$

Damit entspricht die Konvergenzordnung der der konformen Methode unter Verwendung von Dreieckelementen vom Typ 1 (vgl. Abschnitt 4.2).

Obwohl die nichtkonforme Methode keine Verbesserung hinsichtlich der zu erwartenden Konvergenzgeschwindigkeit zeigt, gibt es bei der Anwendung auf bestimmte Problemklassen Vorzüge, die die konforme Methode mit Dreieckelementen vom Typ 1 nicht hat. So ist es für die Behandlung instationärer Aufgaben günstig (vgl. Kapitel 9), wenn für zwei Basisfunktionen w_j, w_i mit $i \neq j$

$$\int_{\Omega} w_i w_j \mathrm{d}\Omega = 0 \tag{8.8}$$

gilt ($L^2(\Omega)$-*Orthogonalität*). In Abb. 8.2 ist eine Basisfunktion des nichtkonformen Raumes V_h skizziert, für die $w(b_{12}) = 1$ und $w(b_{ij}) = 0$ für $i \neq 1$ bzw. $j \neq 2$ gilt. Die Beziehung (8.8) gilt zunächst für alle $i \neq j$, für die w_i und w_j auf verschiedenen Dreieckelementen konzentriert sind. Seien w_i, w_j mit $i \neq j$ auf K_1 konzentriert, $|K_1|$ sei der Inhalt von K_1. Aus der für Polynome zweiten Grades exakten Quadraturformel (vgl. Abschnitt 5.3)

$$\int_{K_1} w_i w_j \, \mathrm{d}K_1 = \frac{|K_1|}{3} \sum_{1 \leq l < m \leq 3} w_i(b_{lm}) w_j(b_{lm}) = 0$$

folgt die Gültigkeit von (8.8). Im Fall der konformen Methode mit Dreieckelementen vom Typ 1 folgt jedoch für die durch

$$w_1(b_1) = 1, \quad w_1(b_i) = 0 \quad \text{für} \quad i \neq 1$$

$$w_2(b_2) = 1, \quad w_2(b_i) = 0 \quad \text{für} \quad i \neq 2$$

definierten Basisfunktionen

$$\int_{\Omega} w_1 w_2 \mathrm{d}\Omega = \int_{K_1} w_1 w_2 \mathrm{d}K_1 + \int_{K_2} w_1 w_2 \mathrm{d}K_2$$

$$= \frac{\mu(K_1)}{3} w_1(b_{12}) w_2(b_{12}) + \frac{\mu(K_2)}{3} w_1(b_{12}) w_2(b_{12})$$

$$= \frac{1}{12}(\mu(K_1) + \mu(K_2)) \neq 0 .$$

$L^2(\Omega)$-Orthogonalität der nodalen Basis liegt für die konforme Methode also nicht vor.

Betrachtet werden im folgenden nichtkonforme quadratische Dreieckelemente. Sei K ein Dreieck der zulässigen Zerlegung des polygonal berandeten Gebietes Ω mit den Eckpunkten b_1, b_2, b_3 und den *Gauß-Legendre Punkten* $a_1, a_2, \ldots, a_6$ (s. Abb. 8.3). In Dreieckskoordinaten gilt

$$a_1 = \left(\frac{1}{2}\left(1 + \frac{\sqrt{3}}{3}\right), \frac{1}{2}\left(1 - \frac{\sqrt{3}}{3}\right), 0 \right),$$

$$a_2 = \left(\frac{1}{2}\left(1 - \frac{\sqrt{3}}{3}\right), \frac{1}{2}\left(1 + \frac{\sqrt{3}}{3}\right), 0 \right),$$

$$a_3 = \left(0, \frac{1}{2}\left(1 + \frac{\sqrt{3}}{3}\right), \frac{1}{2}\left(1 - \frac{\sqrt{3}}{3}\right) \right), \text{ usw.}$$

Auf K sei v_h ein Polynom zweiten Grades, $v_{h|K}$ gehört damit zu $P_2(K)$:

$$p = d_0 + d_1 L_1 + d_2 L_2 + d_3 L_1^2 + d_4 L_1 L_2 + d_5 L_2^2 .$$

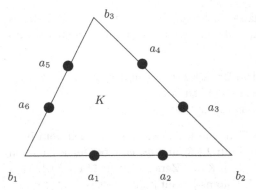

Abbildung 8.3 Nichtkonformes quadratische Dreieckelement.

Die Vorgabe von p in den Gauß-Legendre Punkten $a_1, \ldots, a_6$ führt auf das Gleichungssystem

$$
\begin{bmatrix}
1 & \kappa_1 & \kappa_2 & \kappa_1^2 & \kappa_1\kappa_2 & \kappa_2^2 \\
1 & \kappa_2 & \kappa_1 & \kappa_2^2 & \kappa_1\kappa_2 & \kappa_1^2 \\
1 & 0 & \kappa_1 & 0 & 0 & \kappa_1^2 \\
1 & 0 & \kappa_2 & 0 & 0 & \kappa_2^2 \\
1 & \kappa_2 & 0 & \kappa_2^2 & 0 & 0 \\
1 & \kappa_1 & 0 & \kappa_1^2 & 0 & 0
\end{bmatrix}
\begin{bmatrix}
d_0 \\ d_1 \\ d_2 \\ d_3 \\ d_4 \\ d_5
\end{bmatrix}
=
\begin{bmatrix}
p(a_1) \\ p(a_2) \\ p(a_3) \\ p(a_4) \\ p(a_5) \\ p(a_6)
\end{bmatrix}
\tag{8.9}
$$

zur Bestimmung der unbekannten Koeffizienten $d_0, d_1, \ldots, d_6$. Zur Abkürzung wurde

$$
\kappa_1 = \frac{1}{2}\left(1 + \frac{\sqrt{3}}{3}\right), \qquad \kappa_2 = \frac{1}{2}\left(1 - \frac{\sqrt{3}}{3}\right)
$$

gesetzt. Die Determinante der Koeffizientenmatrix des Gleichungssystems (8.9) ist jedoch Null. Addiert man z.B. die erste, dritte und fünfte Zeile und subtrahiert davon alle restlichen Zeilen, so folgt

$$
p(a_1) - p(a_2) + p(a_3) - p(a_4) + p(a_5) - p(a_6) = 0 .
$$

Dies bedeutet, dass man die Funktionswerte in den Gauß-Legendre Punkten nicht beliebig vorgeben kann, bei beliebiger Vorgabe also nicht notwendig ein Polynom zweiten Grades existieren muss. Gibt man von den Werten $p(a_i)$ nur fünf vor, so ist das entsprechende Gleichungssystem zwar lösbar, die Lösung jedoch nicht eindeutig bestimmt. Im Spezialfall $p(a_i) = 0$ gibt es neben der Lösung $p \equiv 0$ z. B. noch die Lösung

$$
p_K = -1 + 6L_1 + 6L_2 - 6L_1^2 + 6L_1 L_2 - 6L_2^2
$$

$$
= 2 - 3(L_1^2 + L_2^2 + L_3^2) .
$$

Die Schwierigkeit besteht nun darin, dass man die $p(a_i)$, $i = 1, \ldots, 6$ nicht als Freiheitgrade wählen kann. Der Raum der nichtkonformen finiten Elemente wird nun charakterisiert durch:

(i) Jedes v_h aus V_h gehört auf jedem Dreieck K zum Raum $P_2(K)$;
(ii) v_h ist stetig in den Gauß-Legendre Punkten a_i;
(iii) $v_h(a_i) = 0$, falls a_i auf dem Rand von Ω liegt.

Sei W_h der Raum konformer finiter Elemente, bestehend aus Dreiecken vom Typ 2 mit den Randwerten Null (vgl. Abschnitt 2.1.6) und w_h eine beliebige Funktion aus W_h. Addiert man auf jedem Dreieck K_i der Zerlegung von Ω ein Vielfaches des oben ermittelten nichttrivialen Polynoms p_K mit $p_K(a_i) = 0$, so liegt

$$v_h = w_h + \sum_{i=1}^{M} \alpha_{K_i} p_{K_i} \tag{8.10}$$

im Raum V_h, denn v_h ist auf jedem K_i ein Polynom zweiten Grades und stimmt in den Gauß-Legendre Punkten mit w_h überein. Man kann nun umgekehrt zeigen [27], dass jede Funktion v_h aus V_h in eindeutiger Weise in der Form (8.10) dargestellt werden kann. Damit erhöht sich die Zahl der Freiheitsgrade bei fester Zerlegung des Gebietes um M gegenüber der konformen Methode.

Es soll noch geprüft werden, ob die Voraussetzung (NK) erfüllt ist. Aus

$$0 = \|v_h\|_h^2 = \sum_{i=1}^{M} \int_{K_i} \left(\frac{\partial v_h}{\partial x}\right)^2 + \left(\frac{\partial v_h}{\partial y}\right)^2 dK_i$$

folgt zunächst, dass v_h auf jedem K_i konstant ist; wir schreiben $v_h = \text{const}$ auf K_i. Die Stetigkeit in den Gauß-Legendre Punkten liefert $v_h = \text{const}$ auf $\overline{\Omega}$ und die Randwerte ergeben $v_h = 0$. Damit gilt (NK) und die diskrete Aufgabe ist eindeutig lösbar.

Für quasiuniforme Zerlegungen von Ω und $u \in H^3(\Omega)$ gilt die Fehlerabschätzung

$$\|u - u_h\|_h \leq C h^2 .$$

Abschließend wird ein nichtkonformes Rechteckelement, das *Wilson-Rechteck* [73], vorgestellt, das zur Lösung zweidimensionaler Aufgaben der linearen Elastizitätstheorie auf Rechtecken Anwendung findet. Sei K ein Rechteck der zulässigen Zerlegung $\overline{\Omega} = \cup_{i=1}^{M} K_i$ mit den Eckpunkten a_1, a_2, a_3, a_4 und den Seitenlängen h_1, h_2. v_h sei auf K ein Polynom zweiten Grades, also $P_K = P_2(K)$. Als Freiheitsgrade werden gewählt: die Funktionswerte $p(a_i)$, $i = 1, 2, 3, 4$ und

$$\frac{h_1}{h_2} \int_K \frac{\partial^2 p}{\partial x^2} dK , \quad \frac{h_2}{h_1} \int_K \frac{\partial^2 p}{\partial y^2} dK .$$

Dadurch ist ein Polynom zweiten Grades eindeutig bestimmt. Im Fall des Einheits-quadrats $[-1, +1] \times [-1, +1]$ gilt für die Koeffizienten in

$$p = d_0 + d_1 x + d_2 y + d_3 x^2 + d_4 x y + d_5 y^2$$

$$\begin{bmatrix} 1 & 1 & 1 & 1 & 1 & 1 \\ 1 & -1 & 1 & 1 & -1 & 1 \\ 1 & -1 & -1 & 1 & 1 & 1 \\ 1 & 1 & -1 & 1 & -1 & 1 \\ 0 & 0 & 0 & 8 & 0 & 0 \\ 0 & 0 & 0 & 0 & 0 & 8 \end{bmatrix} \begin{bmatrix} d_0 \\ d_1 \\ d_2 \\ d_3 \\ d_4 \\ d_5 \end{bmatrix} = \begin{bmatrix} p(a_1) \\ p(a_2) \\ p(a_3) \\ p(a_4) \\ \int_K \frac{\partial^2 p}{\partial x^2} dK \\ \int_K \frac{\partial^2 p}{\partial y^2} dK \end{bmatrix}.$$

Der Raum V_h wird nun charakterisiert durch:

(i)   Jedes v_h aus V_h gehört auf jedem Rechteck K zum Raum $P_2(K)$;
(ii) v_h ist stetig in den Ecken der Rechteckszerlegung von $\overline{\Omega}$;
(iii) $v_h(a_i) = 0$, falls a_i Randpunkt ist.

Die Basisfunktionen in V_h bestehen aus den Basisfunktionen des aus Rechtecken vom Typ 1 gebildeten konformen Raumes (vgl. Abschnitt 2.1.6) und den für das Einheitsquadrat E definierten nichtkonformen Basisfunktionen

$$w^{(1)} = \begin{cases} \frac{1}{8}(x^2 - 1) & \text{auf } E , \\ 0 & \text{sonst} , \end{cases} \qquad w^{(2)} = \begin{cases} \frac{1}{8}(y^2 - 1) & \text{auf } E , \\ 0 & \text{sonst} . \end{cases}$$

Wir sehen, dass $w^{(1)}$ z. B. auf $y = 1$, $(-1 < x < 1)$ unstetig ist. Die Voraussetzung (NK) ist erfüllt, denn aus

$$0 = \|v_h\|_h^2 = \sum_{i=1}^{M} \int_{K_i} \left(\frac{\partial v_h}{\partial x}\right)^2 + \left(\frac{\partial v_h}{\partial y}\right)^2 dK_i$$

folgt zunächst, dass $v_h = \text{const}$ auf jedem K_i ist. Die Stetigkeit von v_h in den Ecken impliziert $v_h = \text{const}$ auf $\overline{\Omega}$ und die Randwerte schließlich $v_h = 0$. Liegt die Lösung u des stetigen Problems im $H^2(\Omega)$ und ist die Zerlegung von $\overline{\Omega}$ quasi-uniform, so gilt die Fehlerabschätzung

$$\|u - u_h\|_h \leq C h .$$

8.2
Biharmonische Gleichung

8.2.1
Stetiges und diskretes Problem

Wie wir in Abschnitt 7.3 gesehen haben, erhält man die Variationsformulierung der Randwertaufgabe für die biharmonische Gleichung

$$\Delta^2 u = -g \quad \text{in } \Omega \ , \quad u = \frac{\partial u}{\partial n} = 0 \quad \text{auf } \Gamma$$

durch zweimalige Anwendung eines Intergralsatzes. Es ergibt sich

$$a(u, v) = f(v) \quad \text{für alle } v \in V = H_0^2(\Omega) \ ,$$

mit

$$a(u, v) = \int\limits_{\Omega} \Delta u \Delta v \, d\Omega \ , \quad f(v) = \int\limits_{\Omega} g v \, d\Omega \ .$$

In Analogie zur in $H_0^2(\Omega)$ verwendeten Norm (vgl. Abschnitt 7.3.1)

$$\|v\|_2 = \left(\int\limits_{\Omega} \left(\frac{\partial^2 u}{\partial x^2} \right)^2 + 2 \left(\frac{\partial^2 u}{\partial x \partial y} \right)^2 + \left(\frac{\partial^2 u}{\partial y^2} \right)^2 dK_i \right)^{1/2}$$

nehmen wir an, dass

$$\|u\|_h = \left(\sum_{i=1}^{M} \int\limits_{K_i} \left(\frac{\partial^2 u}{\partial x^2} \right)^2 + 2 \left(\frac{\partial^2 u}{\partial x \partial y} \right)^2 + \left(\frac{\partial^2 u}{\partial y^2} \right)^2 dK_i \right)^{1/2}$$

eine Norm im endlichdimensionalen Raum V_h ist. $\overline{\Omega} = \cup_{i=1}^{M} K_i$ sei dabei eine zulässige Zerlegung von $\overline{\Omega}$ in Dreieck- oder Rechteckelemente. Für die Funktionen aus V_h ist die stetige Differenzierbarkeit entlang der Seiten der Triangulation nicht erforderlich, es genügt, wenn die zweiten partiellen Ableitungen auf jedem K_i quadratisch integrierbar sind. Dies ist der Fall, wenn u auf jedem K_i dem Raum $H^2(K_i)$ angehört.

Wählt man in ähnlicher Weise

$$a_h(u_h, v_h) = \sum_{i=1}^{M} \int\limits_{K_i} \Delta u_h \Delta v_h dK_i \ , \tag{8.11}$$

so ist die Bilinearform a_h nicht für alle nichtkonformen Finite-Elemente-Räume positiv. Für einen speziellen Fall (das sogenannte Morley-Dreieck) wird dies später gezeigt. Man verwendet daher zur Formulierung des diskreten Problems die durch einen Parameter σ $(0 < \sigma < 1)$ gekennzeichnete Bilinearform

$$a_h^\sigma(u_h, v_h) = \sum_{i=1}^{M} \int_{K_i} \Big[\sigma \Delta u_h \Delta v_h$$
$$+ (1 - \sigma) \Big(\frac{\partial^2 u_h}{\partial x^2} \frac{\partial^2 v_h}{\partial x^2} + \frac{\partial^2 u_h}{\partial y^2} \frac{\partial^2 v_h}{\partial y^2} + 2 \frac{\partial^2 u_h}{\partial x \partial y} \frac{\partial^2 v_h}{\partial x \partial y} \Big) \Big] dK_i ,$$

$$\text{(8.12)}$$

die für alle Funktionen u, v aus $V = H_0^2(\Omega)$ mit a_h und a übereinstimmt. Letzteres ergibt sich aus

$$a_h^\sigma(u, v) = \int_\Omega \Delta u \Delta v \, d\Omega$$
$$+ (1 - \sigma) \int_\Omega \Big[2 \frac{\partial^2 u}{\partial x \partial y} \frac{\partial^2 v}{\partial x \partial y} - \frac{\partial^2 u}{\partial x^2} \frac{\partial^2 v}{\partial y^2} - \frac{\partial^2 u}{\partial y^2} \frac{\partial^2 v}{\partial x^2} \Big] d\Omega$$

durch partielle Integration

$$\int_\Omega \frac{\partial^2 u}{\partial x \partial y} \frac{\partial^2 v}{\partial x \partial y} d\Omega = \int_\Omega \frac{\partial^2 u}{\partial x^2} \frac{\partial^2 v}{\partial y^2} d\Omega ,$$

$$\int_\Omega \frac{\partial^2 u}{\partial x \partial y} \frac{\partial^2 v}{\partial x \partial y} d\Omega = \int_\Omega \frac{\partial^2 u}{\partial y^2} \frac{\partial^2 v}{\partial x^2} d\Omega .$$

Die Bilinearform a_h^σ ist für jedes $\sigma < 1$ auf V_h positiv, denn es gilt

$$a_h^\sigma(u_h, u_h) \geq (1 - \sigma) \sum_{i=1}^{M} \int_{K_i} \Big[\Big(\frac{\partial^2 u_h}{\partial x^2} \Big)^2 + 2 \Big(\frac{\partial^2 u_h}{\partial x \partial y} \Big)^2 + \Big(\frac{\partial^2 u_h}{\partial y^2} \Big)^2 \Big] dK_i$$

$$\geq (1 - \sigma) \|u_h\|_h^2 .$$

Damit lautet das diskrete Problem:

Gesucht ist ein $u_h \in V_h$ mit $\quad a_h^\sigma(u_h, v_h) = f(v_h) \quad$ für alle $v_h \in V_h$.

$$\text{(8.13)}$$

Es soll nun die Anwendbarkeit des Satzes von Lax und Milgram für das diskrete Problem gezeigt werden. Die Positivität von a_h^σ wurde bereits nachgewiesen. Die Stetigkeit folgt mit Hilfe der Schwarzschen Ungleichung aus

$$a_h^\sigma(u_h, v_h) = \sum_{i=1}^{M} \int_{K_i} \Big[\frac{\partial^2 u_h}{\partial x^2} \frac{\partial^2 v_h}{\partial x^2} + \frac{\partial^2 u_h}{\partial y^2} \frac{\partial^2 v_h}{\partial y^2}$$
$$+ \sigma \Big(\frac{\partial^2 u_h}{\partial x^2} \frac{\partial^2 v_h}{\partial y^2} + \frac{\partial^2 u_h}{\partial y^2} \frac{\partial^2 v_h}{\partial x^2} \Big) + 2(1 - \sigma) \frac{\partial^2 u_h}{\partial x \partial y} \frac{\partial^2 v_h}{\partial x \partial y} \Big] dK_i ,$$

indem jeder Summand nach oben durch ein Vielfaches von $\|u_h\|_h\|v_h\|_h$ abge-
schätzt wird. Die Stetigkeit von f auf V_h ergibt sich aus der Schwarzschen Ungleichung der Friedrichsschen Ungleichung (Lemma 7.1b). Unter der Voraussetzung

(NK) In V_h folge aus $\|v_h\|_h = 0$ auch $v_h = 0$,

sind folglich alle Bedingungen für die Anwendung des Satzes von Lax und Milgram erfüllt und die diskrete Aufgabe (8.13) ist eindeutig lösbar.

8.2.2
Beispiele nichtkonformer finiter Dreieck- und Rechteckelemente

Eine konforme Methode für die biharmonische Gleichung verlangt, dass die Ansatzfunktionen entlang der Seiten der Triangulation stetig differenzierbar sind.
Wie bereits in Abschnitt 7.3.1 erwähnt, beträgt die Zahl der Freiheitsgrade für Dreieckelemente und Polynomräume mindestens 18.

Im folgenden wird ein nichtkonformes Dreieckelement, das sogenannte *Morley-
Element*, mit nur 6 Freiheitsgraden eingeführt. Seien $\overline{\Omega} = \cup_{i=1}^{M} K_i$ eine zulässige Zerlegung des Gebietes Ω in Dreiecke K_i und K ein beliebiges Dreieck mit
den Eckpunkten b_1, b_2, b_3 und den Seitenmitten b_{12}, b_{23}, b_{13}. Der Raum P_K besteht aus allen Polynomen zweiten Grades, als Freiheitsgrade werden die Funk-
tionswerte $p(b_i)$ in den Ecken des Dreiecks und die Normalableitungen $\dfrac{\partial p}{\partial n}(b_{ij})$
in den Seitenmitten vorgegeben. Wir demonstrieren am Beispiel des Dreiecks K_1
(s. Abb. 8.4), dass diese Vorgaben ein Polynom zweiten Grades eindeutig festlegen.
Mit dem Ansatz

$$p = d_0 + d_1 x + d_2 y + d_3 x^2 + d_4 x y + d_5 y^2$$

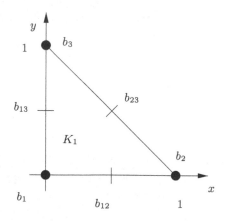

Abbildung 8.4 Morley-Element mit 6 Freiheitsgraden.

erhält man durch Vorgabe der Funktionswerte in den Ecken und der Normalableitungen in den Seitenmitten das System

$$
\begin{bmatrix}
1 & 0 & 0 & 0 & 0 & 0 \\
1 & 1 & 0 & 1 & 0 & 0 \\
1 & 0 & 1 & 0 & 0 & 1 \\
0 & 0 & -1 & 0 & -\frac{1}{2} & 0 \\
0 & \frac{1}{\sqrt{2}} & \frac{1}{\sqrt{2}} & \frac{1}{\sqrt{2}} & \frac{1}{\sqrt{2}} & \frac{1}{\sqrt{2}} \\
0 & -1 & 0 & 0 & -\frac{1}{2} & 0
\end{bmatrix}
\begin{bmatrix}
d_0 \\ d_1 \\ d_2 \\ d_3 \\ d_4 \\ d_5
\end{bmatrix}
=
\begin{bmatrix}
p(b_1) \\
p(b_2) \\
p(b_3) \\
\frac{\partial p}{\partial n}(b_{12}) \\
\frac{\partial p}{\partial n}(b_{23}) \\
\frac{\partial p}{\partial n}(b_{13})
\end{bmatrix} .
$$

Als Lösung des Gleichungssystems ergibt sich

$$
d_0 = p(b_1) ,
$$

$$
d_1 = \frac{1}{2}[p(b_2) + p(b_3) - 2p(b_1)] - \frac{\partial p}{\partial n}(b_{13}) - \frac{1}{2}\sqrt{2}\frac{\partial p}{\partial n}(b_{23}) ,
$$

$$
d_2 = \frac{1}{2}[p(b_2) + p(b_3) - 2p(b_1)] - \frac{\partial p}{\partial n}(b_{12}) - \frac{1}{2}\sqrt{2}\frac{\partial p}{\partial n}(b_{23}) ,
$$

$$
d_3 = \frac{1}{2}[p(b_2) - p(b_3)] + \frac{\partial p}{\partial n}(b_{13}) + \frac{1}{2}\sqrt{2}\frac{\partial p}{\partial n}(b_{23}) ,
$$

$$
d_4 = 2p(b_1) - p(b_2) - p(b_3) + \sqrt{2}\frac{\partial p}{\partial n}(b_{23}) ,
$$

$$
d_5 = \frac{1}{2}[p(b_3) - p(b_2)] + \frac{\partial p}{\partial n}(b_{13}) + \frac{1}{2}\sqrt{2}\frac{\partial p}{\partial n}(b_{23}) .
$$

Der Raum V_h wird nun charakterisiert durch:

(i) v_h aus V_h gehört auf jedem Dreieck K zu $P_2(K)$;

(ii) v_h ist eindeutig bestimmt durch Vorgabe der Funktionswerte in den Ecken und der Normalableitungen in den Seitenmitten aller Dreiecke der Zerlegung;

(iii) $v_h(b_i) = 0$, $\frac{\partial v_h}{\partial n}(b_{ij}) = 0$, falls b_i bzw. b_{ij} Randpunkte von Ω sind.

Zu prüfen ist, ob die Voraussetzungen zur eindeutigen Lösbarkeit des diskreten Problems erfüllt sind. Da v_h auf jedem K ein Polynom ist, gilt: $v_h|_K$ gehört zu $H^2(K)$. Aus

$$
0 = \|v_h\|_h^2 = \sum_{i=1}^{M} \int_{K_i} \left[\left(\frac{\partial^2 v_h}{\partial x^2}\right)^2 + 2\left(\frac{\partial^2 v_h}{\partial x \partial y}\right)^2 + \left(\frac{\partial^2 v_h}{\partial y^2}\right)^2 \right] dK_i
$$

folgt zunächst, dass v_h auf jedem K zu $P_1(K)$ gehört und damit in der Form

$$
p = d_0 + d_1 x + d_2 y
$$

darstellbar ist. Nun gibt es ein Dreieck K_j, bei dem mindestens eine Seite mit dem Rand von Ω übereinstimmt. Die homogenen Randbedingungen erzwingen in diesem Dreieck $v_h|_{K_j} \equiv 0$. Auf diese Weise erhält man schrittweise (von außen

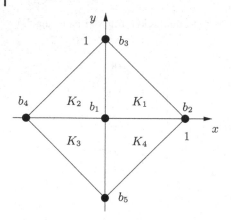

Abbildung 8.5 Zerlegung von Ω in Morley-Elemente.

nach innen) $v_h|_{K_i} \equiv 0$ für jedes i, also ist $v_h = 0$ auf $\overline{\Omega}$. Das diskrete Problem (8.13) besitzt damit eine eindeutige Lösung.

Es sei vermerkt, dass die in (8.12) angegebene Bilinearform a_h^σ i. allg. nicht durch die in (8.11) definierte Bilinearform a_h ersetzt werden kann. Sei beispielsweise Ω das in Abb. 8.5 zerlegte Quadrat. Die Funktion

$$
v_h(x, y) = \begin{cases}
x(1 - x) - y(1 - y) & \text{in } K_1 , \\
x(1 + x) + y(1 - y) & \text{in } K_2 , \\
-x(1 + x) + y(1 + y) & \text{in } K_3 , \\
-x(1 - x) - y(1 + y) & \text{in } K_4
\end{cases}
$$

gehört zu V_h. In den Ecken gilt nämlich

$$
v_h(b_i) = 0 \quad \text{für} \quad i = 1, 2, \ldots, 5
$$

und in den Seitenmitten am Rande

$$
\frac{\partial v_h}{\partial n}(b_{ij}) = 0 .
$$

Ferner ist $\dfrac{\partial v_h}{\partial n}$ in den Punkten $b_{12}, b_{13}, b_{14}, b_{15}$ stetig. Wir erhalten

$$
a_h(v_h, v_h) = \sum_{i=1}^{M} \int_{K_i} \Delta v_h \Delta v_h \, dK_i = 0 .
$$

Angenommen a_h wäre positiv, so muss notwendigerweise wegen

$$
0 = a_h(v_h, v_h) \geq \alpha \|v_h\|_h^2
$$

auch v_h Null sein. Da dies nicht der Fall ist, kann a_h nicht positiv auf V_h sein.

Wir vermerken darüber hinaus, dass die Elemente aus V_h nicht notwendig stetig sind. Betrachtet man beispielsweise das spezielle v_h auf der Kante $b_1 b_2$ (s. Abb. 8.5), so gilt

$$v_h = \begin{cases} x(1-x) & \text{in } K_1, \\ -x(1-x) & \text{in } K_4. \end{cases}$$

v_h ist also mit Ausnahme der Eckpunkte unstetig.

Für das eingeführte Morley-Dreieck hat man folgendes Konvergenzresultat: Liegt die Lösung u des stetigen Problems im $H^4(\Omega)$ und ist die Zerlegung des Gebietes quasiuniform, so gilt die Fehlerabschätzung

$$\|u - u_h\|_h \leq Ch.$$

Ist Ω ein konvexes Polygon, so liegt die Lösung u des stetigen Problems zwar immer im $H^3(\Omega)$, aber nicht notwendig im $H^4(\Omega)$. In dem Fall, dass alle Innenwinkel des Polygons kleiner als $126°$ sind, ist aber die Voraussetzung $u \in H^4(\Omega)$ gesichert.

Wir betrachten nun Rechteckelemente. Sei $\overline{\Omega} = \cup_{i=1}^{M} K_i$ eine zulässige Zerlegung von Ω in Rechteckelemente und K ein beliebiges Rechteck mit den Ecken $b_1, \ldots, b_4$. Eine konforme FEM verlangt stetige Differenzierbarkeit entlang der Kanten der Zerlegung. Dies motiviert die Wahl der 12 Freiheitsgrade

$$p(b_i), \quad \frac{\partial p}{\partial x}(b_i), \quad \frac{\partial p}{\partial y}(b_i), \quad i = 1, \ldots, 4.$$

Ein Polynom 3. Grades in x und y besitzt nur 10 unbestimmte Koeffizienten, ein Polynomn 4. Grades 15 Freiheitsgrade. Als Ansatz für die Funktionen in P_K wählen wir nun

$$p = d_0 + d_1 x + d_2 y + d_3 x^2 + d_4 xy + d_5 y^2$$
$$+ d_6 x^3 + d_7 x^2 y + d_8 xy^2 + d_9 y^3 + d_{10} x^3 y + d_{11} xy^3.$$

Entlang jeder Seite des Rechtecks ist p ein Polynom dritten Grades in einer Variablen. Die Untersuchung des durch Vorgabe der Werte $p(b_i)$, $\frac{\partial p}{\partial x}(b_i)$ und $\frac{\partial p}{\partial y}(b_i)$ entstehenden linearen Gleichungssystems zeigt, dass die $d_0, \ldots, d_{11}$ eindeutig bestimmt werden können. Damit ist V_h charakterisiert durch:

(i) v_h aus V_h gehört auf jedem Rechteck K zum Raum P_K;

(ii) v_h ist eindeutig durch Vorgabe der Werte $p(b_i)$, $\frac{\partial p}{\partial x}(b_i)$, $\frac{\partial p}{\partial y}(b_i)$ in den Ecken der Zerlegung bestimmt;

(iii) $v_h(b_i) = \frac{\partial v_h}{\partial x}(b_i) = \frac{\partial v_h}{\partial x}(b_i) = 0$, falls b_i Randpunkt von Ω ist.

Weil nun entlang einer Seite des Rechtecks v_h ein Polynom vom Grade kleiner gleich drei in einer Variablen ist und v_h deren Ableitung in den Ecken auf zwei benachbarten Rechteckelementen K_1, K_2 übereinstimmen, sind die Funktionen aus

V_h zumindest stetig auf $\overline{\Omega}$. Insbesondere gilt dann $v_h = 0$ auf dem Rand von Ω. Die Elemente aus V_h sind i. allg. aber nicht stetig differenzierbar. Letzteres folgt aus der Tatsache, dass die Normalableitung längs einer Seite des Rechtecks ein Polynom vom Grade kleiner gleich drei in einer Variablen ist, das nur in den beiden Eckpunkten zweier benachbarter Rechtecke übereinstimmt. Die Normalableitungen entlang der Kanten sind i. allg. unstetig und folglich ist V_h nicht in V enthalten.

Zur Lösbarkeit der diskreten Aufgabe sei vermerkt, dass aus

$$0 = \|v_h\|_h^2 = \sum_{i=1}^{M} \int_{K_i} \left[\left(\frac{\partial^2 v_h}{\partial x^2} \right)^2 + 2 \left(\frac{\partial^2 v_h}{\partial x \partial y} \right)^2 + \left(\frac{\partial^2 v_h}{\partial y^2} \right)^2 \right] dK_i$$

zunächst folgt, dass v_h auf jedem K_i linear ist und $\frac{\partial v_h}{\partial x}, \frac{\partial v_h}{\partial y}$ auf jedem K_i konstant sind. Aus der Stetigkeit der Ableitungen erster Ordnung in den Ecken folgt $\frac{\partial v_h}{\partial x} = \text{const}, \frac{\partial v_h}{\partial y} = \text{const}$ auf $\overline{\Omega}$. Die Randbedingungen für die Ableitungen ergeben $v_h = \text{const}$ auf $\overline{\Omega}$ und die homogenen Randwerte führen zu $v_h = 0$ auf $\overline{\Omega}$. Damit ist die Lösbarkeitsvoraussetzung (NK) erfüllt, das diskrete Problem (8.13) ist eindeutig lösbar.

Liegt die Lösung u des stetigen Problems im Raum $H^3(\Omega)$, so gilt für quasiuniforme Zerlegungen von Ω die Fehlerabschätzung

$$\|u - u_h\|_h \leq C h.$$

Sind alle Rechtecke K_i kongruent und liegt u im $H^4(\Omega)$, so hat man sogar

$$\|u - u_h\|_h \leq C h^2.$$

Für eine konforme Methode wären zusätzliche Freiheitsgrade notwendig. Ein Beispiel eines derartigen konformen Rechteckelements ist das *Bogner-Fox-Schmit-Rechteck* mit den 16 Freiheitsgraden

$$p(b_i), \quad \frac{\partial p}{\partial x}(b_i), \quad \frac{\partial p}{\partial y}(b_i), \quad \frac{\partial^2 p}{\partial x \partial y}(b_i), \quad i = 1, \ldots, 4,$$

und dem Raum $P_K = Q_3$ aller Polynome dritten Grades in jeder Variablen (vgl. [19]).

Abschließend geben wir noch ein nichtkonformes Dreieckelement für die Kirchhoff-Platte an und gehen dabei von der Variationsformulierung aus:

Gesucht ist ein $u \in V = H_0^2(\Omega)$ mit $a(\text{grad } u, \text{grad } v) = f(v)$ für alle $v \in V$. Die Bilinearform a und die Linearform f sind wie folgt gegeben:

$$a(w, z) = \int_{\Omega} \left[\alpha \, \text{div } w \, \text{div } z + \frac{\beta}{4} \sum_{i,j=1}^{2} \left(\frac{\partial w_i}{\partial x_j} + \frac{\partial w_j}{\partial x_i} \right) \left(\frac{\partial z_i}{\partial x_j} + \frac{\partial z_j}{\partial x_i} \right) \right] d\Omega,$$

$$f(v) = \int_{\Omega} h v \, d\Omega.$$

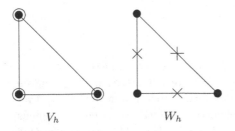

V_h W_h

Abbildung 8.6 DKT-Element für die Kirchhoff-Platte. An den mit ,x' bezeichneten Stellen ist nur die tangentielle Komponente von vorgeschrieben.

Der Raum P_K bestehe aus den reduzierten Polynomen 3. Grades, der die am Rand verschwindende Blasenfunktion $\lambda_1\lambda_2\lambda_3$ nicht enthält, so dass insgesamt 9 Freiheitsgrade festzulegen sind. Wir fordern die Stetigkeit der Funktion und die der ersten Ableitungen in den Ecken b_i, $i = 1, 2, 3$, d.h.

$$p(b_i), \quad \frac{\partial p}{\partial x_1}(b_i), \quad \frac{\partial p}{\partial x_2}(b_i), \quad i = 1, 2, 3.$$

Entlang einer Kante ist p ein Polynom 3. Grades in einer Variablen, das in den Endpunkten vorgegebene Funktionswerte und tangentielle Ableitungen hat und damit eindeutig bestimmt ist. Diese Konstruktion führt somit zu einem stetigen Finite-Elemente-Raum $V_h \not\subset H_0^2(\Omega)$. Jeder Verschiebung $u_h \in V_h$ wird nun eine (diskrete) Verdrehung $w_h(u_h)$ im Raum

$$W_h = \{w_h \in H_0^1(\Omega)^2 : w_h|_K \in (P_2)^2 \text{ und } w_h \cdot n \in P_1(E)$$

$$\text{für jede Kante } E \in \partial K \text{ und alle } K\}$$

wie folgt zugeordnet

$$w_h(b_i) = (\text{grad } u_h)(b_i) \qquad \text{für die Ecken } b_i,$$

$$w_h(b_{ij}) \cdot t = (\text{grad } u_h)(b_{ij}) \cdot t \quad \text{für die Seitenmitten } b_{ij}.$$

6Analog sei mit $z_h(v_h)$ die diskrete Verdrehung zur Verschiebung $v_h \in V_h$ bezeichnet. Die nichtkonforme Methode für die Kirchhoff-Platte unter Verwendung von DKT-Elementen lautet nun

Finde $u_h \in V_h$, so dass für alle $v_h \in V_h$

$$a_h(u_h, v_h) := a(w_h(u_h), z_h(v_h)) = f(v_h)$$

gilt. Für quasiuniforme Zerlegungen gilt die Fehlerabschätzung [11]

$$\|u - u_h\|_h \leq Ch.$$

Abschließend diskutieren wir nichtkonforme Methoden für das Stokes-Problem.

8.3
Stokes-Problem

Ein Vorzug der nichtkonformen gegenüber der konformen FEM besteht darin, dass bei gleicher Zerlegung des Gebietes mehr Freiheitsgrade zur Verfügung stehen. Wir vergleichen beispielsweise das konforme Dreieckelement vom Typ 1 mit dem nichtkonformen linearen Dreieckelement bei einer Zerlegung des Einheitsquadrates in $N \times N$ kongruente Quadrate der Seitenlänge $1/N$, wobei jedes Quadrat durch eine ihrer Diagonalen in zwei Dreiecke zerlegt wird. Die Freiheitsgrade der konformen Methode sind die Funktionswerte in den Ecken der Zerlegung, deren Anzahl ist N^2. Die Freiheitsgrade der nichtkonformen Methode sind die Funktionswerte in den Seitenmitten, dies sind $2(N + 1)N + N^2 = 3N^2 + 2N$, also deutlich mehr. Dies kann verwendet werden, um die Anzahl der Freiheitsgrade für die Geschwindigkeit und damit die Chance zur Erfüllung der Babuška-Brezzi-Bedingung (7.6) zu erhöhen.

Aus Abschnitt 7.3 wissen wir bereits, dass wir konforme Dreieckselemente vom Typ 1 für die Geschwindigkeitskomponenten und stückweise konstante Elemente für den Druck nicht verwenden können. W_h lassen wir unverändert, für die Geschwindigkeit verwenden wir die nichtkonformen, stückweise linearen Ansatzfunktionen aus Abschnitt 8.1.3 (vgl. Abb. 8.1). Die Bilinearformen $a_h(u_h, v_h)$ und $b_h(v_h, p_h)$ mögen sich aus a bzw. b ergeben, indem man die Integration über Ω ersetzt durch Integration über die einzelnen Dreiecke der Zerlegung und summiert. Das diskrete Problem ist dann

$$
\begin{aligned}
a_h(u_h, v_h) + b_h(v_h, p_h) &= (g, v_h) && \text{für alle } v_h \in V_h \,, \\
b_h(u_h, q_h) &= 0 && \text{für alle } q_h \in W_h \,.
\end{aligned}
\tag{8.14}
$$

Da $v_h \in V_h$ ein zweidimensionaler Vektor ist, verwenden wir als Basis in V_h

$$\{(w_i, 0), (0, w_i)\}$$

mit den Basisfunktionen w_i gemäß Abschnitt 8.1.3 (vgl. Abb. (8.2)). Zur Lösung des diskreten Problems (8.14) eignen sich die in Abschnitt 7.4 beschriebenen Verfahren.

Um Verfahren höherer Ordnung zu erzielen, müssen beide Fehler, der Approximationsfehler und der Verträglichkeitsfehler, von höherer Ordnung sein. In der Tabelle 8.1 sind mögliche Kombinationen finiter Elemente für Geschwindigkeit und Druck angegeben, die der Babuška-Brezzi-Bedingung genügen und eine bestimmte Konvergenzordnung sichern. Die in der Tabelle verwendeten Abkürzungen b und $\tilde b$ bezeichnen die Funktionen

$$b = \lambda_1 \lambda_2 \lambda_3 \qquad \tilde b = (\lambda_1 - \lambda_2)(\lambda_2 - \lambda_3)(\lambda_3 - \lambda_1) \,,$$

wobei λ_1, λ_2, λ_3 die Dreieckskoordinaten sind. Die Freiheitsgrade der Geschwindigkeitskomponenten beim ersten, zweiten und vierten Paar sind die Funktionswerte in den gekennzeichneten Punkten. Insbesondere stimmt das Element für

Tabelle 8.1 Stabile Paare nichtkonformer finiter Dreieckelemente.

Geschwindigkeit	P_K	Druck	P_K	Ordnung
	P_1 nichtkonform		P_0	$O(h)$
	P_2 nichtkonform		P_1 unstetig	$O(h^2)$
	$P_2 + \{\tilde{b}\}$		P_1 unstetig	$O(h^2)$
	$P_3 + \{\lambda_1 b, \lambda_2 b\}$		P_2 unstetig	$O(h^3)$
	$P_3 + \{\lambda_1 \tilde{b}, \lambda_2 \tilde{b}\}$		P_2 unstetig	$O(h^3)$

die Geschwindigkeitskomponenten des zweiten Paares mit dem in Abschnitt 8.1.3 angegebenen nichtkonformen Element (vgl. Abb. 8.3) überein. Beim dritten und fünften Paar verwendet man dagegen Integralmittel über die Dreiecksseiten bzw. Integralmittel über das Dreieck selbst. Bezeichnen wir die Dreiecksseite, auf der die Dreieckskoordinate $\lambda_i = 0$ ist, mit s_i, $i = 1, 2, 3$ (modulo 3), so sind die 7 Freiheitsgrade beim dritten Element gegeben durch

$$\frac{1}{|s_i|} \int_{s_i} v \, \mathrm{d}s_i \,, \quad \frac{1}{|s_i|} \int_{s_i} v \lambda_{i+1} \mathrm{d}s_i \,, \quad i = 1, 2, 3 \,, \quad \frac{1}{|K|} \int_K v \, \mathrm{d}K \,.$$

Hier haben wir mit $|s_i|$ die Länge der Dreiecksseite s_i und mit $|K|$ den Flächeninhalt von K bezeichnet. Der zugehörige Raum P_K besteht aus Funktionen der Form

$$v = d_0 \lambda_1 \lambda_2 \lambda_3 + d_1 \lambda_1 + d_2 \lambda_2 + d_3 \lambda_3 + d_4 \lambda_1 \lambda_2 + d_5 \lambda_2 \lambda_3 + d_6 \lambda_1 \lambda_3 \,,$$

wobei die 7 Koeffizienten $d_0, \ldots, d_6$ sich eindeutig durch Vorgabe beliebiger Werte für die 7 Freiheitsgrade bestimmen lassen. Wir bemerken für dieses Element noch, dass die Einschränkung dieser Funktionen auf eine Dreiecksseite ein Polynom zweiten Grades darstellt, das durch die Vorgabe der beiden Integralmittel auf dieser Seite nicht eindeutig bestimmt ist, d.h. die Stetigkeit längs einer Dreiecksseite benachbarter Elemente ist nicht gesichert. Es handelt sich also um ein nichtkonformes Element, das vom im Abschnitt 2.1.6 beschriebenen Dreieckelement vom Typ 2* (vgl. Tabelle 2.1) verschieden ist, insbesondere gilt $V_h \not\subset H^1(\Omega)$. Für weitere Verallgemeinerungen und Details der Fehlerabschätzung von Dreieckselementen verweisen wir auf [20, 48].

Tabelle 8.2 Stabile Paare nichtkonformer finiter Viereckselemente.

Geschwindigkeit	P_K	Druck	P_K	Ordnung
	Q_1^{rot}		Q_0	$O(h)$
	$P_2 + \{x^2y, xy^2, x^3y - xy^3\}$		P_1 unstetig	$O(h^2)$
	$P_2 + \{x(x^2-y^2), y(x^2-y^2), x^3y - xy^3\}$		P_1 unstetig	$O(h^2)$
	$P_2 + \{x^3, y^3, x^3y - xy^3\}$		P_1 unstetig	$O(h^2)$

Wir diskutieren abschließend ein einfaches nichtkonformes Viereckelement [56], das kombiniert mit stückweise konstanter Druckapproximation der Babuška-Brezzi-Bedingung (7.6) genügt. Wir bezeichnen die Seiten $x = 1$, $y = 1$, $x = -1$, $y = -1$ des Einheitsquadrates mit $s_1, \ldots, s_4$ und wählen als Ansatz für die Funktionen in P_K

$$v = d_0 + d_1 x + d_2 y + d_3(x^2 - y^2) \,.$$

Die P_K erzeugenden Funktionen 1, x, y, $x^2 - y^2$ erhält man aus dem Ansatzraum der bilinearen Funktionen 1, ξ, η, $\xi\eta$ durch Drehung des Koordinatensystems $\xi = x + y$ und $\eta = x - y$, man sprich daher auch vom „bilinear-rotiertem" Element Q_1^{rot}. Durch Vorgabe der Integralmittel über jede Kante

$$\frac{1}{|s_i|} \int_{s_i} v \, \mathrm{d}s_i \,, \quad i = 1, \ldots, 4 \,,$$

können d_0, d_1, d_2 und d_3 eindeutig bestimmt werden. Entlang der Kante s_1 gilt $x = 1$ und die alleinige Vorgabe von

$$\frac{1}{|s_1|} \int_{s_1} v \mathrm{d}s_1 = \frac{1}{2} \int_{-1}^{+1} (d_0 + d_3 + d_2 y - d_3 y^2) \mathrm{d}y = d_0 + \frac{2}{3} d_3$$

sichert im allg. nicht die Stetigkeit über Elementkanten hinweg. Wegen $V_h \not\subset H_0^1(\Omega)$ handelt es sich also um ein nichtkonformes finites Element.

Tabelle (8.2) zeigt weitere stabile Kombinationen finiter Elemente auf Vierecken für Geschwindigkeit und Druck. Die 9 Freiheitsgrade der Geschwindigkeitskomponenten beim zweiten, dritten und vierten Paar sind gegeben durch

$$\frac{1}{|s_i|}\int\limits_{s_i} v\,\mathrm{d}s_i\ ,\quad \frac{1}{|s_j|}\int\limits_{s_j} y\,v\,\mathrm{d}y\ ,\quad \frac{1}{|s_k|}\int\limits_{s_k} x\,v\,\mathrm{d}x\ ,\quad \frac{1}{|K|}\int\limits_{K} v\ \mathrm{d}K$$

mit $i = 1,\ldots,4$, $j = 1,3$, $k = 2,4$.

Hinsichtlich der Details verweisen wir auf [46].

Kapitel 9
Nichtstationäre (parabolische) Aufgaben

9.1
Das stetige, das semidiskrete und das diskrete Problem

Wir betrachten folgende Randwertaufgabe für die Wärmeleitungsgleichung:
   Gesucht sei eine Funktion $u = u(x, y, t)$ mit

$$\frac{\partial u}{\partial t} - \triangle u = f \quad \text{in } Q = \{(x, y, t) \text{ mit } (x, y) \in \Omega, 0 < t < T\} \,,$$

$$u = 0 \quad \text{auf } S_T = \{(x, y, t) \text{ mit } (x, y) \in \Gamma = \partial\Omega, 0 \leq t \leq T\} \,,$$

$$u = u_0 \quad \text{für } t = 0 \text{ und } (x, y) \in \Omega \,.$$

$$(9.1)$$

Erneut ist es zweckmäßig, für eine FEM-Diskretisierung von einer schwachen Formulierung des Problems auszugehen. Dazu wird die Differentialgleichung mit einer Funktion v multipliziert (zusätzlich sei $v|_\Gamma = 0$), dann über Ω integriert, und es wird wie immer umgeformt:

$$-\int_\Omega \triangle u \cdot v \, \mathrm{d}\Omega = \int_\Omega \left(\frac{\partial u}{\partial x} \frac{\partial v}{\partial x} + \frac{\partial u}{\partial y} \frac{\partial v}{\partial y} \right) \mathrm{d}\Omega \,.$$

Erneut führen wir die Bilinearform $a(\cdot, \cdot)$ ein durch

$$a(u, v) := \int_\Omega \left(\frac{\partial u}{\partial x} \frac{\partial v}{\partial x} + \frac{\partial u}{\partial y} \frac{\partial v}{\partial y} \right) \mathrm{d}\Omega \,.$$

Zweckmäßigerweise verwenden wir jetzt noch die Abkürzung

$$\int_\Omega \frac{\partial u}{\partial t} v \, \mathrm{d}\Omega = \left(\frac{\partial u}{\partial t}, v \right)$$

mit dem Skalarprodukt $(\cdot, \cdot)$ des Raumes L^2 der quadratisch integrierbaren Funktionen. Schreiben wir noch

$$\int_\Omega f(x, y, t)v(x, y)\mathrm{d}\Omega = (f, v)$$

Die Finite-Elemente-Methode für Anfänger. Herbert Goering, Hans-Görg Roos und Lutz Tobiska
Copyright © 2010 WILEY-VCH Verlag GmbH & Co. KGaA, Weinheim
ISBN: 978-3-527-40964-8

so können wir (9.1) umformulieren zu:

Gesucht ist eine Funktion u, so dass u für alle t im $H_0^1(\Omega)$ liegt und

$$\left(\frac{\partial u}{\partial t}, v\right) + a(u, v) = (f, v) \qquad \text{für alle } v \in H_0^1(\Omega) \text{ und } t \text{ mit } 0 < t < T,$$

$$u = u_0 \qquad \text{für } t = 0.$$

$$(9.2)$$

Man kann analog wie in Kapitel 2 allgemeinere Differentialausdrücke in den räumlichen Veränderlichen x, y und allgemeinere Randbedingungen betrachten.

Es sei allgemein V der Funktionenraum $H_0^1(\Omega)$, $H^1(\Omega)$ oder ein Raum zwischen diesen beiden Räumen, $a(u, v)$ eine auf V definierte Bilinearform, die positiv, symmetrisch und stetig ist (Symmetrie vorauszusetzen ist nicht unbedingt nötig).

Unser stetiges Ausgangsproblem ist:

Gesucht ist eine Funktion u, so dass u für alle t in V liegt, $\dfrac{\partial u}{\partial t}$ im $L^2(\Omega)$ und

$$\left(\frac{\partial u}{\partial t}, v\right) + a(u, v) = (f, v) \qquad \text{für alle } v \in V,$$

$$u = u_0 \qquad \text{für } t = 0.$$

$$(9.3)$$

Wir setzen voraus, dass f für alle t im $L^2(\Omega)$ liegt und dass $u_0 \in L^2(\Omega)$.

Man diskretisiert nun (9.3) im Raum mit Hilfe einer FEM. Es sei V_h der entsprechende endlichdimensionale Finite-Elemente-Raum, $V_h \subset V$ (die Methode sei konform).

Dann ist das *semidiskrete Problem* gekennzeichnet durch:

Gesucht ist eine Funktion u_h, so dass u_h für alle t in V_h liegt und

$$\left(\frac{\partial u_h}{\partial t}, v_h\right) + a(u_h, v_h) = (f, v_h) \qquad \text{für alle } v_h \in V_h,$$

$$(u_{h|t=0}, v_h) = (u_0, v_h) \qquad \text{für alle } v_h \in V_h.$$

$$(9.4)$$

Die Formulierung (9.4) ist Ausgangspunkt theoretischer Untersuchungen, praktisch benötigt man folgende Umformulierung gemäß den Überlegungen in Abschnitt 2.1. Man sucht eine Näherung u_h mit dem Ansatz

$$u_h = \sum_{j=1}^{N} u_j(t) w_j$$

mit den unbekannten Funktionen $u_j(t)$ und den Basisfunktionen w_j von V_h. Da (9.4) für alle $v_h \in V_h$ gilt, kann man $v_h = w_i$ setzen und erhält

$$\left(\frac{\partial u_h}{\partial t}, w_i\right) + a(u_h, w_i) = (f, w_i), \quad i = 1, \dots, N,$$

$$(u_{h|t=0}, w_i) = (u_0, w_i).$$

Setzt man für u_h den obigen Ansatz ein und nutzt die Eigenschaften von Bilinearformen aus, so entsteht

$$\sum_{j=1}^{N}(w_j, w_i)u'_j(t) + \sum_{j=1}^{N} a(w_j, w_i)u_j(t) = (f, w_i), \quad i = 1, \ldots, N,$$

$$\sum_{j=1}^{N}(w_j, w_i)u_j(0) = (u_0, w_i).$$

Wir führen nun folgende Abkürzungen ein:

$$A_h = [a_{ij}]_{i,j=1,\ldots,N}, \qquad a_{ij} = a(w_j, w_i),$$
$$D_h = [d_{ij}]_{i,j=1,\ldots,N}, \qquad d_{ij} = (w_j, w_i),$$
$$f_i(t) = (f, w_i), \qquad g_i = (u_0, w_i),$$
$$\tilde{u}(t) = [u_j(t)]_{j=1,\ldots,N}, \qquad \tilde{f}_h(t) = [f_i(t)]_{i=1,\ldots,N},$$
$$g = [g_i]_{i=1,\ldots,N}.$$

Dann kann man das semidiskrete Problem schreiben als

$$D_h \frac{d\tilde{u}(t)}{dt} + A_h \tilde{u}(t) = \tilde{f}_h(t),$$
$$D_h \tilde{u}(0) = g. \tag{9.5}$$

Dies ist ein System von Differentialgleichungen, dem entspricht auch die Bezeichnung semidiskretes Problem. A_h (wegen der vorausgesetzten Symmetrie der Bilinearform) und D_h sind positiv definite, symmetrische Matrizen; in praktischen Fällen ist ihre Dimension groß.

Das System (9.5) kann man im allgemeinen nicht exakt lösen. Deshalb ersetzt man die Zeitableitung durch eine geeignete Diskretisierung und kommt so zum *diskreten Problem*, einer Folge von Gleichungssystemen auf jeder Zeitschicht. Da die Diskretisierung der Zeitableitung nicht problemlos ist, widmen wir dieser Frage den folgenden Abschnitt.

9.2
Numerische Integration von Anfangswertaufgaben: eine Übersicht

Die Semidiskretisierung linearer parabolischer Anfangs-Randwertaufgaben führt auf eine Anfangswertaufgabe für ein Differentialgleichungssystem der Form

$$\frac{du_h}{dt} - B_h u_h + \hat{f}_h(t)\gamma, \quad u_h(0) = u_0. \tag{9.6}$$

Denn wenn man in (9.5) mit D_h^{-1} multipliziert, erhält man ein derartiges System.

Allgemeiner führt die Semidiskretisierung (nichtlinearer) parabolischer Ausgangsaufgaben zu einem Differentialgleichungssystem

$$\frac{du_h}{dt} = F_h(t, u_h), \quad u_h(0) = u_0. \tag{9.7}$$

Nun könnte man daran denken, irgendein bekanntes Verfahren zur Lösung von Anfangswertaufgaben zur Diskretisierung von (9.7) einzusetzen. Die erzeugten Systeme sind allerdings *steife Systeme*. Dies erkennt man daran, dass z. B. im symmetrischen Fall die Matrix B_h reelle, negative Eigenwerte besitzt, unter denen es Eigenwerte moderater Größe und betragsmäßig große Eigenwerte gibt (von der Ordnung $O(1/h^2)$ für elliptische Probleme zweiter Ordnung). Im nächsten Abschnitt werden wir diese Aussage für ein Beispiel noch verifizieren.

Um zu vermeiden, extrem kleine Schrittweiten verwenden zu müssen, werden für steife Systeme Verfahren mit besonderen Stabilitätseigenschaften eingesetzt. Im folgenden skizzieren wir eine Übersicht von bekannten Verfahren für Anfangswertaufgaben, nämlich Einschrittverfahren, Mehrschrittverfahren und diskontinuierliche Galerkin-Verfahren mit besonderer Berücksichtigung von für steife Probleme wünschenswerten Stabilitätseigenschaften. Betrachtet wird die Anfangswertaufgabe

$$\frac{du}{dt} = f(t, u(t)), \quad u(0) = u_0.$$

Wir diskutieren zunächst *Einschrittverfahren* (ESV) zur Zeitdiskretisierung, gekennzeichnet durch

$$u_{n+1} = u_n + \tau \phi(\tau, u_n, u_{n+1})$$

(u_n sei der Näherungswert für $u(t_n)$ mit $t_n = n\tau$ bei Verwendung eines Gitters mit der äquidistanten Schrittweite τ; die Funktion ϕ repräsentiert ein spezielles Verfahren).

Zunächst drei Definitionen:

Ein Verfahren besitzt die *Konvergenzordnung p* auf dem Intervall $[0, T]$, wenn für hinreichend glattes u eine Konstante C (von u abhängig) existiert mit

$$|u(t_n) - u_n| \leq C\tau^p \quad \forall n \text{ mit } 0 \leq t_n \leq T.$$

Ein Verfahren heißt *numerisch kontraktiv*, falls

$$|\tilde{u}^{n+1} - u^{n+1}| \leq \kappa |\tilde{u}^n - u^n|$$

gilt, wobei κ eine Konstante ist ($0 < \kappa \leq 1$) und $\tilde{u}^n$, u^n die von demselben Verfahren erzeugten Näherungswerte zu verschiedenen Anfangswerten sind.

Man sagt, ein Verfahren sei *A-stabil*, wenn es für das Testproblem

$$u' = \lambda u \quad \text{mit} \quad \text{Re } \lambda \leq 0$$

kontraktiv ist. Wendet man ein Einschrittverfahren auf die Testgleichung $u' = \lambda u$ an, so erhält man durch Auflösung der Verfahrensvorschrift nach u_{n+1} eine Gleichung der Form

$$u_{n+1} = R(\tau\lambda)u_n$$

mit der *Stabilitätsfunktion* $R(\cdot)$. A-Stabilität ist äquivalent zu der Forderung

$$|R(z)| \leq 1 \quad \text{für alle } z \quad \text{mit} \quad \text{Re } z \leq 0 .$$

Betrachten wir als Beispiel einmal die folgenden einfachen Einschrittverfahren:

das explizite Euler-Verfahren $\quad u_{n+1} = u_n + \tau f(t_n, u_n)$,

das implizite Euler-Verfahren $\quad u_{n+1} = u_n + \tau f(t_{n+1}, u_{n+1})$,

die Mittelpunktregel $\quad u_{n+1} = u_n$

$$+ \tau f\left(\frac{t_n + t_{n+1}}{2}, \frac{u_n + u_{n+1}}{2}\right) .$$

Angewandt auf $u' = \lambda u$ führen diese Verfahren auf

$$u_{n+1} = (1 + \tau\lambda)u_n , \qquad \text{also} \quad R(z) = 1 + z ,$$
$$u_{n+1} = [1/(1 - \tau\lambda)]u_n , \qquad \text{also} \quad R(z) = 1/(1 - z) ,$$
$$u_{n+1} = [(2 + \tau\lambda)/(2 - \tau\lambda)]u_n , \qquad \text{also} \quad R(z) = (2 + z)/(2 - z) .$$

Bei entsprechender Interpretation in der komplexen z-Ebene sieht man, dass das implizite Euler-Verfahren und die Mittelpunktregel A-stabil sind, das explizite Verfahren nicht.

Die drei genannten Verfahren sind Spezialfälle des θ-*Schemas*

$$u_{n+1} = u_n + \tau f((1 - \theta)t_n + \theta t_{n+1}, (1 - \theta)u_n + \theta u_{n+1})$$

A-Stabilität liegt für $1/2 \leq \theta \leq 1$ vor, für $\theta = 1/2$ ist die Ordung des Verfahrens 2, ansonsten 1.

Da die A-Stabilität eines Verfahrens eine sehr starke Forderung ist, sind weitere Stabilitätsbegriffe ratsam.

Ein Verfahren heißt A_0-*stabil*, wenn gilt

$$|R(z)| \leq 1 \quad \text{für reelle } z \text{ mit} \quad z < 0 .$$

Weitere Stabilitätsbegriffe sind folgendermaßen definiert: Ein Verfahren heißt

- *L-stabil*, wenn es A-stabil ist und zusätzlich $\lim_{z \to \infty} R(z) = 0$ gilt,
- *stark A_0-stabil*, wenn
  $|R(z)| < 1$ für $z < 0$ gilt und $R(\infty) < 1$,
- *stark Λ_δ-stabil* für $0 < \delta < \pi/2$, wenn
  $|R(z)| < 1$ für alle z aus $\{z : |\arg z - \pi| \leq \delta\}$ gilt und $|R(\infty)| < 1$,
- *L_δ-stabil*, wenn es A_δ-stabil ist und $R(\infty) = 0$ gilt.

Beim θ-Schema hat man für $\theta > 1/2$ zusätzlich zur A-Stabilität auch L-Stabilität.

Zur Diskretisierung von linearen Systemen steifer Differentialgleichungen sind Verfahren mit Stabilitätseigenschaften zu favorisieren, die sich im Raum zwischen

A_0-Stabilität und A-Stabilität bewegen, oft ist L-Stabilität wünschenswert. Explizite Einschrittverfahren (dies sind Verfahren, in denen die das Verfahren erzeugende Funktion ϕ nicht von u_{n+1} abhängt) erfüllen diese Bedingung grundsätzlich nicht. Damit scheiden im allgemeinen auch die weithin bekannten expliziten Runge-Kutta-Verfahren zur Behandlung steifer Probleme aus.

In der Klasse der impliziten *Runge-Kutta-Verfahren* haben wir bereits mit dem impliziten Euler-Verfahren (Ordnung 1) und der Mittelpunktsregel (Ordnung 2) zwei A-stabile Verfahren kennengelernt, es gibt aber sogar A-stabile Verfahren beliebig hoher Ordnung. Beispiele dafür sind die Gauß-, Radau- und Lobatto-Verfahren. Die s-stufigen Varianten besitzen die Ordnungen $2s$, $2s-1$ bzw. $2s-2$. Wir verweisen auf [36] und [37] und deuten hier das Runge-Kutta-ABC nur an.

Ein s-stufiges *Runge-Kutta-Verfahren*, gekennzeichnet durch $\dfrac{c \mid A}{\mid b}$, wird beschrieben durch den Formelsatz

$$u_{n+1} = u_n + \tau \sum_{i=1}^{s} b_i k_i \quad \text{mit} \quad k_i = f\left(t_n + c_i \tau, u_n + \tau \sum_{j=1}^{s} a_{ij} k_j\right).$$

Bei den obengenannten Verfahren sind die c_i Nullstellen von Polynomen, die in gewisser Weise aus den Legendre-Polynomen entstehen. Es gilt z. B. für die s-stufigen Gauß-Verfahren

$$P_s^*(c_i) = 0 \quad \text{mit} \quad P_s^*(x) = P_s(2x - 1),$$

wobei P_s das Legendre-Polynom s-ten Grades ist.

Mit

$$C = \mathrm{diag}(c_i)$$
$$S = \mathrm{diag}(1, 1/2, \cdots, 1/s)$$
$$V = \begin{bmatrix} 1 & c_1 & \cdots & c_1^{s-1} \\ 1 & c_2 & \cdots & c_2^{s-1} \\ \vdots & \vdots & & \vdots \\ 1 & c_s & \cdots & c_s^{s-1} \end{bmatrix}$$

gilt für die Gauß-Verfahren ferner

$$b = (V^T)^{-1} S (1, \cdots, 1)^T$$
$$A = C V S V^{-1}.$$

Gauß-Verfahren mit s Stufen besitzen, wie schon erwähnt, die Ordnung $2s$. Für die Werte $s = 1$ bzw. $s = 2$ z. B. haben sie die Gestalt

$$
\begin{array}{c|c}
\frac{1}{2} & \frac{1}{2} \\
\hline
& 1
\end{array}
\qquad
\begin{array}{c|cc}
\frac{1}{2} - \frac{1}{6}\sqrt{3} & \frac{1}{4} & \frac{1}{4} - \frac{1}{6}\sqrt{3} \\
\frac{1}{2} + \frac{1}{6}\sqrt{3} & \frac{1}{4} + \frac{1}{6}\sqrt{3} & \frac{1}{4} \\
\hline
& \frac{1}{2} & \frac{1}{2}
\end{array}
$$

Stabilitätsuntersuchungen werden dadurch erleichtert, dass man die Stabilitäts-funktion $R(\cdot)$ von Runge-Kutta-Verfahren explizit angeben kann:

$$R(z) = 1 + b^T (z^{-1} I - A)^{-1} e \quad (e = (1, \cdots, 1)^T) .$$

Für nichtlineare Probleme vermeidet man gern die bei impliziten Runge-Kutta-Verfahren notwendige Lösung nichtlinearer Gleichungssysteme. In der Klasse der linear impliziten Verfahren sind insbesondere die *Rosenbrock-Verfahren* populär. Sie besitzen die Struktur

$$u_{n+1} = u_n + \tau \sum_{i=1}^{s} b_i k_i^*$$

$$k_i^* = f \left(t_n + \alpha_i \tau, u_n + \tau \sum_{j=1}^{i-1} \alpha_{ij} k_j^* \right)$$

$$+ \tau f_u(t_n, u_n) \sum_{j=1}^{i} \gamma_{ij} k_j^* + \tau \gamma_i f_t(t_n, u_n)$$

mit

$$\alpha_i = \sum_{j=1}^{i-1} \alpha_{ij} , \quad \gamma_i = \sum_{j=1}^{i} \gamma_{ij} .$$

In jedem Schritt ist jetzt tatsächlich nur ein lineares Gleichungssystem zu lö-sen, allerdings benötigt man die partiellen Ableitungen f_u, f_t (im System-Fall die entsprechenden Jacobi-Matrizen) im Verfahren. In der Klasse der Rosenbrock-Verfahren gibt es Verfahren mit einer Ordnung $p \leq s$, die L_δ-stabil sind.

Eine Alternative zu Einschrittverfahren sind *Mehrschrittverfahren* (MSV). Diese besitzen allgemein die Struktur

$$\frac{1}{\tau} \sum_{j=0}^{k} \alpha_j u_{m+j} = \sum_{j=0}^{k} \beta_j f(t_{m+j}, u_{m+j}) .$$

Nach einem Satz von Dahlquist gilt jedoch [37]: *Kein explizites MSV ($\beta_k = 0$) ist A-stabil; darüber hinaus besitzen A-stabile k-Schrittverfahren maximal die Ordnung 2.*

Das uns bereits bekannte implizite Euler-Verfahren

$$\frac{u_{m+1} - u_m}{\tau} = f(t_{m+1}, u_{m+1})$$

ist A-stabil; ebenso das *BDF-Verfahren* (auch Rückwärtsdifferenzenverfahren ge-nannt) der Ordnung 2:

$$\frac{3u_{m+2} - 4u_{m+1} + u_m}{2\tau} = f(t_{m+2}, u_{m+2}) .$$

Die BDF-Verfahren entstehen durch einseitige Mehrpunkt-Approximationen der ersten Ableitung und besitzen allgemein die Struktur

$$\frac{1}{\tau} \sum_{l=1}^{k} \frac{1}{l} \Delta^l u_{m+k} = f(t_{m+k}, u_{m+k}) .$$

Hierbei ist Δ der rückwärtige Differenzenoperator. Die Verfahren mit $k \geq 3$ sind durch folgende Parameterkonstellationen gekennzeichnet:

k	β_k	α_0	α_1	α_2	α_3	α_4	α_5
1	1	-1					
2	2/3	1/3	$-4/3$				
3	6/11	$-2/11$	9/11	$-18/11$			
4	12/25	3/25	$-16/25$	36/25	$-48/25$		
5	60/137	$-12/137$	75/137	$-200/137$	300/137	$-300/137$	
6	60/147	10/147	$-72/147$	225/147	$-400/147$	450/147	$-360/147$

A-Stabilität liegt nur für $k = 1$ und $k = 2$ vor. Für $k = 3, 4$ ist der A-Stabilitätsbereich jedoch recht groß und wird erst für $k = 5$ und dann für $k = 6$ kleiner:
$A(\alpha)$-Stabilität der BDF-Formeln:

k	1	2	3	4	5	6
α	$90°$	$90°$	$86.03°$	$73.35°$	$51.84°$	$17.84°$

Wegen ihrer ausgeprägten Stabilitätseigenschaften werden BDF-Verfahren oft zur Diskretisierung steifer Probleme eingesetzt.

Abschließend stellen wir Verfahren mit ganz anderem Herangehen an die Diskretisierung von Anfangswertaufgaben vor, die „unstetigen" Galerkin-Verfahren (dG-Verfahren). Wir betrachten erneut die Anfangswertaufgabe

$$\frac{du}{dt} = f(t, u(t)) , \quad u(0) = u_0 .$$

Nehmen wir einmal an, wir wollen mit dem Galerkin-Herangehen eine Näherung im Intervall $[t_n, t_{n+1}]$ der Länge τ berechnen. Ist U diese Näherung und ein Polynom vom Grade q, so nehmen wir $U(t_n)$ als gegeben an (wie das für $n = 0$ der Fall ist) und berechnen U mit Hilfe der „schwachen" Formulierung

$$\int_{t_n}^{t_{n+1}} (U' - f(t, U))v \, dt = 0 .$$

Welche Testfunktionen v sind sinnvoll? Da schon ein Freiheitsgrad von U durch die Anfangsbedingung verbraucht ist, testen wir mit beliebigen Polynomen vom

Grad $q - 1$. Das beschriebene Vorgehen definiert ein *stetiges* Galerkin-Verfahren zur Lösung von Anfangswertaufgaben.

Ein Beispiel: Setzt man für $q = 1$ an

$$U(t) = U_n \phi_n + U_{n+1} \phi_{n+1}$$

mit den üblichen eindimensionalen nodalen Basisfunktionen ϕ_k für lineare Elemente, so liefert die Galerkin-Gleichung für konstantes v

$$U_{n+1} - U_n = \int_{t_n}^{t_{n+1}} f(t, U(t)) \mathrm{d}t .$$

Bei Anwendung der Mittelpunkts-Quadraturformel entsteht dann das uns schon wohlbekannte Einschritt-Verfahren (Mittelpunktregel)

$$U_{n+1} - U_n = \tau f \left(\frac{t_n + t_{n+1}}{2} , \frac{U_n + U_{n+1}}{2} \right) .$$

Diese stetigen Galerkin-Verfahren sind aber nicht so populär wie die „unstetigen", die wir eigentlich erklären wollen.

Beim unstetigen Galerkin-Verfahren oder *dG-Verfahren* approximiert man auch durch Polynome vom Grad q, lässt aber die Stetigkeit in den Gitterpunkten t_n fallen und benötigt deshalb eine modifizierte schwache Formulierung, um das Geschehen auf zwei benachbarten Teilintervallen miteinander zu koppeln. Dazu ist etwas Notation nötig. Es seien

$$v_n^+ := \lim_{t \to t_n + 0} v \quad \text{and} \quad v_n^- := \lim_{t \to t_n - 0} v$$

die einseitigen Grenzwerte der eventuell in t_n unstetigen Funktion v und zudem

$$[v]_n := v_n^+ - v_n^-$$

der entsprechende Sprung. Dann ist die auf einer modifizierten schwachen Formulierung beruhende Galerkin-Methode unseres unstetigen Verfahrens:

Gesucht ist ein Polynom U vom Grade q auf (t_n, t_{n+1}) für $n = 0, 1, 2, \cdots$ mit

$$\int_{t_n}^{t_{n+1}} (U' - f(t, U)) v \mathrm{d}t + [U_n] v_n^+ = 0 \tag{9.8}$$

für alle Polynome v vom Grad q auf (t_n, t_{n+1}). U_n^- spielt jetzt die Rolle des Anfangswertes auf (t_n, t_{n+1}); die diskrete Lösung ist an den Stützstellen t_n unstetig. Für $n = 0$ berücksichtigen wir die Anfangsbedingung: $U_0^- = u_0$.

Als Beispiele betrachten wir die Fälle $q = 0$ und $q = 1$.

Ist $q = 0$, so berechnen wir eine stückweise konstante Approximation. Diese sei definiert durch $U = U_{n+1}$ auf (t_n, t_{n+1}). Dann liefert (9.8) mit $v = 1$

$$U_{n+1} - U_n = \int_{t_n}^{t_{n+1}} f(t, U_{n+1}) \mathrm{d}t .$$

Approximiert man das Integral mit einer Einpunkt-Quadraturformel (Stützstelle t_{n+1}), so entsteht das implizite Euler-Verfahren.

Ist $q = 1$, so setzen wir wie im obigen Beispiel des stetigen Verfahrens

$$U(t) = U_n^+ \phi_n + U_{n+1}^- \phi_{n+1} \quad \text{auf} \quad (t_n, t_{n+1})$$

und setzen nacheinander in (9.8) erst $v = 1$, dann $v = (t - t_n)/\tau$. Wir erhalten die Gleichungen

$$U_{n+1}^- - U_n^- = \int_{t_n}^{t_{n+1}} f(t, U(t))\mathrm{d}t$$

und

$$U_{n+1}^- - U_n^+ = 2 \int_{t_n}^{t_{n+1}} f(t, U(t))(t - t_n)/\tau \mathrm{d}t$$

(der Faktor zwei entsteht durch $\int_{t_n}^{t_{n+1}}(t - t_n) = \tau^2/2$). Anwendung der Trapezregel zur Approximation der Integrale liefert

$$U_{n+1}^- - U_n^- = \frac{\tau}{2}\left(f(t_n, U_n^+) + f(t_{n+1}, U_{n+1}^-)\right)$$

und

$$U_{n+1}^- - U_n^+ = \tau f(t_{n+1}, U_{n+1}^-).$$

Das Ergebnis kann man als implizites Runge-Kutta-Verfahren schreiben:

$$U_{n+1}^- = U_n^- + \frac{\tau}{2}(k_1 + k_2)$$

mit

$$k_1 = f\left(t_n, U_n^- + \frac{\tau}{2}(k_1 - k_2)\right), \quad k_2 = f\left(t_{n+1}, U_n^- + \frac{\tau}{2}(k_1 + k_2)\right).$$

Man kann nachrechnen, dass dieses Verfahren A-stabil ist.

Für die dG-Verfahren mit beliebigem q gelten ähnliche Fehlerabschätzungen wie für implizite Runge-Kutta-Verfahren, bei dG-Verfahren sind die Anforderungen an die Glattheit der Lösung dabei etwas schwächer. Es gibt zudem Superkonvergenzresultate für den Fehler in den Stützstellen t_n (in den Stützstellen ist der Fehler signifikant kleiner als in anderen Punkten). Der große Vorteil von dG-Verfahren besteht darin, dass allgemeine Strategien für die a posteriori Fehlerkontrolle (die wir für elliptische Probleme in Kapitel 10 skizzieren werden) auf dG-Verfahren angewendet werden können und so eine mathematisch rigoros abgesicherte Zeitschrittweitensteuerung möglich ist.

9.3
Die Diskretisierung des semidiskreten Problems mit dem θ-Schema

Wir gehen aus vom semidiskreten Problem

$$D_h \frac{\mathrm{d}\tilde{u}(t)}{\mathrm{d}t} + A_h \tilde{u}(t) = \tilde{f}_h(t) \,,$$

$$D_h \tilde{u}(0) = g \,. \tag{9.9}$$

A_h und D_h seien positiv definite, symmetrische Matrizen, die Eigenwerte von A_h und D_h sind also positiv.

Zunächst verifizieren wir für ein einfaches Modellproblem die Aussage, dass es sich bei dem semidiskreten Problem um ein steifes Differentialgleichungssystem handelt. Wir betrachten dazu den einfachsten möglichen Fall linearer eindimensionaler Ansatzfunktionen auf einem äquidistanten Gitter. Dann gilt

$$D_h = \frac{h}{6} \begin{bmatrix} 4 & 1 & & \\ 1 & 4 & & \\ & & & 1 \\ & & 1 & 4 \end{bmatrix}, \quad A_h = \frac{1}{h} \begin{bmatrix} 2 & -1 & & \\ -1 & 2 & & \\ & & & -1 \\ & & -1 & 2 \end{bmatrix}.$$

Die Eigenwerte von D_h kann man explizit ausrechnen oder mit einem Satz von Gerschgorin abschätzen. Nach Gerschgorin gilt für alle Eigenwerte λ einer Matrix mit den Elementen c_{ij}

$$|c_{ii} - \lambda| \le \sum_{j \ne i} |c_{ij}| \,.$$

Für unsere konkrete Matrix D_h ergibt dies

$$\left| \lambda - \frac{2}{3}h \right| \le \frac{1}{3}h \,,$$

also

$$\frac{h}{3} \le \lambda \le h \,.$$

Das bedeutet: Alle Eigenwerte von D_h besitzen die gleiche Größenordnung (für $h \to 0$).

Für die Matrix A_h liefert der Satz von Gerschgorin

$$\left| \lambda - \frac{2}{h} \right| \le \frac{2}{h} \,,$$

also

$$0 \le \lambda \le \frac{4}{h} \,.$$

Diese Abschätzung lässt noch keine zwingenden Schlüsse zu über die Größenordnung der Eigenwerte.

Deshalb nutzen wir jetzt doch die allgemeine explizite Formel für die Eigenwerte einer Tridiagonalmatrix vom Format $N - 1$ mit konstanten Einträgen α, β, γ (β steht auf der Hauptdiagonalen, α unterhalb):

$$\lambda_k = \beta + 2\sqrt{\alpha\gamma}\,\operatorname{sign}(\alpha)\cos(k\pi/N)\,, \quad 1 \le k \le N - 1\,.$$

Mit $\beta = 2/h^2$ und $\alpha = \gamma = -1/h^2$ erhält man für die Eigenwerte von A_h

$$\lambda_k = \frac{4}{h}\sin^2\frac{k\pi h}{2}\,, \quad k = 1, \ldots, N - 1\,.$$

Aus $Nh = 1$ folgt

$$\frac{\pi}{2}h \le \frac{k\pi h}{2} \le \frac{\pi}{2} - h\frac{\pi}{2}\,.$$

Für kleine h gilt demnach für den kleinsten Eigenwert

$$\lambda_1 = \frac{4}{h}\sin^2\frac{\pi h}{2} \approx \pi^2 h\,,$$

für den größten

$$\lambda_{N-1} = \frac{4}{h}\sin^2\left(\frac{\pi}{2} - \frac{\pi h}{2}\right) = \frac{4}{h}\cos^2\frac{\pi h}{2} \approx \frac{4}{h}\,.$$

Die Eigenwerte von A_h sind also für kleine h von der Größenordnung her sehr verschieden und die Matrix $B_h = D_h^{-1}A_h$ besitzt eine Kondition der Größenordnung $O(1/h^2)$.

Die an diesem Beispiel gewonnenen Aussagen gelten auch in allgemeineren Fällen, das semidiskrete Problem ist ein steifes System.

Es ist daher zweckmäßig, zur Diskretisierung von (9.9) ein z. B. A-stabiles Verfahren zu verwenden. Wir diskutieren hier und im folgenden Abschnitt nur den relativ einfachen Fall des θ-Schemas. Es sei jetzt U^k die Approximation von $\tilde{u}$ für $t = t_k$ (wir setzen die Indizes bezüglich der Zeit nach oben, um keine Verwechslung mit dem Index h bei der Diskretisierung im Raum zuzulassen). Dann sieht das diskrete Problem folgendermaßen aus:

$$D_h\frac{U^{k+1} - U^k}{\tau} + A_h\left((1 - \theta)U^k + \theta\,U^{k+1}\right)$$
$$= (1 - \theta)\tilde{f}(t_k) + \theta\,\tilde{f}(t_{k+1})\,,$$
$$D_h u_0 = g\,, \quad 1/2 \le \theta \le 1\,. \tag{9.10}$$

In jedem Zeitschritt ist ein Gleichungssystem mit der positiv definiten Koeffizientenmatrix $D_h + \tau\theta A_h$ zu lösen. Für den Fehler bezüglich der Zeitdiskretisierung erwarten wir die Ordnung 2 für $\theta = 1/2$ (Crank-Nicolson-Variante), ansonsten die Ordnung 1.

9.4
Eine Gesamtfehlerabschätzung für das θ-Schema

Im Fall einfacher Diskretisierungen bezüglich der Zeit kann man den Gesamtdiskretisierungsfehler direkt abschätzen, ohne die Aufspaltung in räumlichen und zeitlichen Diskretisierungsfehler (und gewisse damit verbundene Schwierigkeiten) in Kauf nehmen zu müssen. Wir erläutern dies am Beispiel der Diskretisierung mit finiten Elementen im Raum und einem simplen ESV zur Zeitdiskretisierung, dem θ-Schema.

Es sei τ wieder die Zeitschrittweite, U^k eine Approximation von $u(\cdot)$ in $t_k = k\tau$ (in V_h). U^{k+1} genüge für alle $v_h \in V_h$ der Beziehung

$$\left(\frac{U^{k+1} - U^k}{\tau}, v_h\right) + a(\theta\, U^{k+1} + (1-\theta)\, U^k, v_h) = \left(\hat{f}^k, v_h\right),$$

$$U^0 = u_h^0 \qquad (9.11)$$

mit $\hat{f}^k := \theta\, f^{k+1} + (1-\theta)\, f^k$.

Für jedes k ist (9.11) ein diskretes elliptisches Problem, eindeutig lösbar nach dem Lax-Milgram-Lemma. Die Koeffizientenmatrix des auf jeder Zeitschicht zu lösenden Gleichungssystems kennen wir schon mit $D_h + \tau\theta\, A_h$.

Bei der Fehlerabschätzung spielt die *Ritz-Projektion* R_h in den Finiten-Elemente-Raum eine wichtige Rolle. Für gegebenes $w \in V$ ist $R_h w \in V_h$ definiert durch

$$a(R_h w, v_h) = a(w, v_h) \quad \text{für alle } v_h \in V_h .$$

Da diese Beziehung die Orthogonalität

$$a(w - R_h w, v_h) = 0$$

impliziert, kann man den Fehler $w - R_h w$ genau so abschätzen wie den Fehler bei einer Finiten-Element-Methode für ein elliptisches Problem.

Jetzt verwenden wir die trickreiche Fehlerzerlegung

$$u(t_k) - U^k = (u(t_k) - R_h u(t_k)) + (R_h u(t_k) - U^k)$$

und setzen $\rho^k = R_h u(t_k) - U^k$. Dann gilt für den Projektionsfehler wie gerade ausgeführt eine Standard-Abschätzung im Fall von P_r-Elementen:

$$\|u(t_k) - R_h u(t_k)\| \le C h^{r+1} \|u(t_k)\|_{r+1}$$
$$\le C h^{r+1}\left[\|u_0\|_{r+1} + \int_0^{t_k} \|u_t\|_{r+1}\mathrm{d}s\right].$$

Als nächstes wird eine Gleichung für ρ^k gewonnen. Definition des stetigen und des diskreten Problems und Ausnutzung der Eigenschaften der Ritz-Projektion liefern nach einigen Umformungen

$$\left(\frac{\rho^{k+1} - \rho^k}{\tau}, v_h\right) + a(\theta\rho^{k+1} + (1-\theta)\rho^k, v_h) = (w^k, v_h) \qquad (9.12)$$

mit der Abkürzung

$$w^k := \frac{R_h u(t_{k+1}) - R_h u(t_k)}{\tau} - \left[\theta\, u_t(t_{k+1}) + (1-\theta)u_t(t_k)\right].$$

Es ist nicht schwierig, w^k abzuschätzen, wenn man es in der Form

$$w^k = \left(\frac{R_h u(t_{k+1}) - R_h u(t_k)}{\tau} - \frac{u(t_{k+1}) - u(t_k)}{\tau}\right)$$
$$+ \left(\frac{u(t_{k+1}) - u(t_k)}{\tau} - \left[\theta\, u_t(t_{k+1}) + (1-\theta)u_t(t_k)\right]\right)$$

schreibt. Im zweiten Summanden benötigt man dazu nur eine Taylor-Entwicklung; im ersten Summanden S_1 wird nach der Umformung

$$S_1 = \frac{1}{\tau}\int_{t_k}^{t_{k+1}} \left[(R_h - I)u(s)\right]' ds$$

ausgenutzt, dass Ritz-Projektion und Ableitungsbildung bezüglich t kommutieren.

Zur Abschätzung von ρ^{k+1} setzen wir in (9.12) $v_h := \theta\rho^{k+1} + (1-\theta)\rho^k$ und lassen den $a(\cdot,\cdot)$ entsprechenden nichtnegativen Summanden einfach weg. Zum anderen formen wir für $\theta \geq 1/2$ folgendermaßen um:

$$(\rho^{k+1} - \rho^k, \theta\rho^{k+1} + (1-\theta)\rho^k)$$
$$= \theta\|\rho^{k+1}\|^2 + (1-2\theta)(\rho^{k+1}, \rho^k) - (1-\theta)\|\rho^k\|^2$$
$$\geq \theta\|\rho^{k+1}\|^2 + (1-2\theta)\|\rho^{k+1}\|\,\|\rho^k\| - (1-\theta)\|\rho^k\|^2$$
$$= (\|\rho^{k+1}\| - \|\rho^k\|)(\theta\|\rho^{k+1}\| + (1-\theta)\|\rho^k\|).$$

Die Schwarz-Ungleichung liefert dann

$$\|\rho^{k+1}\| - \|\rho^k\| \leq \tau\|w^k\|$$

bzw.

$$\|\rho^{k+1}\| \leq \|\rho^k\| + \tau\|w^k\|.$$

Daraus ergibt sich

$$\|\rho^{k+1}\| \leq \|\rho^0\| + \tau\sum_{l=1}^{k}\|w^l\|. \tag{9.13}$$

Damit erhält man folgende Gesamtfehlerabschätzung:

Bei entsprechenden Glattheitsvoraussetzungen an die exakte Lösung gilt für den Fehler bei der vollständigen Diskretisierung mittels finiter P_r-Elemente im Raum und dem θ-Schema mit $\theta \geq 1/2$ zur Zeitdiskretisierung die Fehlerabschätzung

$$\|u(t_k) - U^k\| \leq \|u_h^0 - u_0\| + Ch^{r+1}\left(\|u_0\|_{r+1} + \int_0^{t_k}\|u_t\|_{r+1}ds\right)$$
$$+ \tau\int_0^{t_k}\|u_{tt}\|ds. \tag{9.14}$$

Ist u_0 entsprechend glatt, so besitzt der erste Summand ebenfalls die Ordnung $O(h^{r+1})$. Für lineare finite Elemente ist $r = 1$. Im Fall $\theta = 1/2$ (Crank-Nicolson-Variante) kann die Ordnung 2 in τ bei entsprechend stärkeren Voraussetzungen an die Glattheit der exakten Lösung nachgewiesen werden. Konvergenzaussagen für $0 < \theta < 1/2$ erfordern Schrittweitenbeschränkungen vom Typ $\tau \le ch^2$.

Für $\theta > 1/2$, aber nicht für $\theta = 1/2$, kann man strengere Stabilitätsabschätzungen als (9.13) beweisen (dann hat man den $a(\cdot, \cdot)$ entsprechenden Term zu berücksichtigen), die die dämpfende Wirkung auf den Einfluss der Anfangsbedingungen zeigen (hier macht sich bemerkbar, dass man für $\theta = 1/2$ keine L-Stabilität hat).

Wie steht es mit Verfahren höherer Ordnung für die Zeitdiskretisierung?

Hinreichende Bedingungen dafür, dass ein Verfahren der Ordnung p in der Zeit zu einer Gesamtfehlerabschätzung vom Typ

$$\|u(t_k) - U^k\| \le C(h^r + \tau^p)$$

führt, werden in Kapitel 7, 8 und 9 von [68] für Einschrittverfahren angegeben, deren Stabilitätsfunktion für steife Probleme typische Bedingungen erfüllt; in Kapitel 10 für BDF-Verfahren und in Kapitel 12 für dG-Verfahren. Diese Bedingungen sind restriktiv; im allgemeinen muss bei Verfahren höherer Ordnung mit Ordnungsreduktionen gerechnet werden, siehe [50, 51].

Kapitel 10
Gittergenerierung und Gittersteuerung

In Kapitel 2 haben wir einige Aspekte der Realisierung einer Finiten-Element-Methode schon kurz diskutiert. Jetzt kommen wir ausführlicher auf das Problem der Gittererzeugung zurück. Verfeinert man das Gitter zur Verbesserung der FEM-Lösung gleichmäßig, so würden sich die Dimension des sich ergebenden Gleichungssystems und die Rechenzeit beachtlich erhöhen. Es ist daher zweckmäßig, das Gitter dem zu lösenden Problem anzupassen und es nur dort lokal zu verfeinern, wo starke Veränderungen der Lösung vorhanden sind. In dieser Hinsicht müssen bei der Realisierung einer Finiten-Element-Methode insgesamt die folgenden Teilprobleme bearbeitet werden:

1. Erzeugung eines Ausgangsgitters.
2. (Lokale) Bewertung eines vorhandenen Gitters mittels verfügbarer Informationen (z. B. auf der Basis der zugehörigen Näherungslösung).
3. Veränderung vorhandener Gitter, insbesondere Verfeinerung von Gittern.

Finite-Element-Methoden (und deren Implementierungen) nennt man *adaptiv*, wenn die obigen Teilprobleme 1–3 automatisch im Programm gelöst werden. Das erste Programm dieser Struktur war PLTMG [6]. Heutzutage ist die Anwendung adaptiver Strategien Standard.

In Abschnitt 10.1 diskutieren wir die mehr geometrischen Probleme 1 und 3, in Abschnitt 10.2 das Problem 2 der Fehlerschätzung. Wir beschränken uns dabei auf den zweidimensionalen, stationären Fall und Dreiecksgitter.

10.1
Erzeugung und Verfeinerung von Dreiecksgittern

Gittergeneratoren bilden einen eigenständigen Anteil eines Finiten-Element-Programms, wobei vielfältige Kompromisse bezüglich Universalität, einfacher Anwendbarkeit, überschaubarer Datenstruktur, Robustheit und Stabilität eines derartigen Programms erforderlich sind. Gittergeneratoren basieren daher auf einen hohen Anteil heuristischer Überlegungen.

Die Finite-Elemente-Methode für Anfänger. Herbert Goering, Hans-Görg Roos und Lutz Tobiska
Copyright © 2010 WILEY-VCH Verlag GmbH & Co. KGaA, Weinheim
ISBN: 978-3-527-40964-8

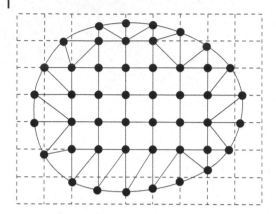

Abbildung 10.1 Ausgangsgitter (1).

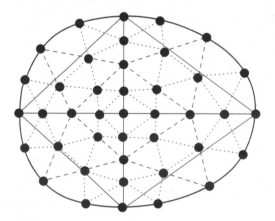

Abbildung 10.2 Ausgangsgitter (2).

Einfache Techniken zur Generierung eines Ausgangsgitters bilden die folgenden beiden Strategien:

Strategie 1: Das Grundgebiet Ω wird zunächst mit einem feinen regelmäßigen Gitter überdeckt. Anschließend erfolgt eine lokale Anpassung an den Rand Γ durch Verschiebung von randnahen Gitterpunkten. Abbildung 10.1 illustriert diese Technik.

Strategie 2: Das Grundgebiet Ω wird mit einem groben zulässigen Ausgangsgitter überdeckt und anschließend gleichmäßig verfeinert. Dabei erfolgt eine lokale Verbesserung der Approximation des Randes. Die auftretenden Dreiecke und Vierecke werden durch Seitenhalbierung in jeweils vier Dreiecke bzw. Vierecke zerlegt. Diese Art der Verfeinerung des groben Ausgangsgitters sichert die Zulässigkeit aller erzeugten Zerlegungen. Abbildung 10.2 gibt von einer Grundzerlegung ausgehend das durch zwei Verfeinerungen erzeugte Gitter an.

Es gibt eine Reihe weiterer Strategien, siehe [28] und die dort angegebene Literatur.

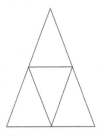 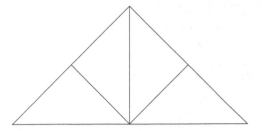

Abbildung 10.3 Modifizierte reguläre Zerlegung.

Mathematisch fundierte Untersuchungen zu Bewertungskriterien für Dreiecksgitter gibt es dagegen nur wenige. Benutzt man z. B. das max-min-Winkelkriterium (der minimale Innenwinkel soll also maximiert werden), so ist folgendes bekannt: Erweist sich eine Triangulation einer gegebenen Punktmenge als lokal optimal bezüglich des max-min-Winkelkriteriums, dann ist diese Triangulation eine *Delaunay-Triangulation*. Außerdem ist diese Triangulation auch global optimal bezüglich des genannten Kriteriums. Dieser Fakt erklärt die Popularität von *Delaunay-Triangulationen*, gekennzeichnet dadurch, dass jeder Kreis, auf dessen Rand drei Gitterpunkte liegen, keine weiteren Gitterpunkte enthält, siehe z. B. [53, 72].

Wir kommen jetzt zu der Frage, wie eine vorliegende Triangulation verfeinert werden soll. Zu beachten ist dabei insbesondere unsere Forderung (Z 4) der Zulässigkeit, ferner, dass keine zu spitzen oder zumindest keine zu stumpfen Dreiecke entstehen dürfen. Manchmal fordert man zusätzlich, dass ineinander geschachtelte Gitter erzeugt werden. Eine der weit verbreiteten Strategien zur Verfeinerung orientiert sich an dem Programmsystem PLTMG. Die grundlegenden Zerlegungen eines Dreiecks sind dabei die folgenden:

R1. Zerlegung eines Dreiecks durch Halbierung aller Seiten in 4 kongruente Dreiecke.

Diese Zerlegung wird *regulär (rot)* genannt. In einigen Programmen wird die Regel R1 für stumpfwinklige Dreiecke modifiziert gemäß Abb. 10.3.

R2. Zerlegung eines Dreiecks in 2 Dreiecke durch Halbierung einer Seite.

Diese *irreguläre (grüne)* Zerlegung führt zu Paaren „grüner" Dreiecke, die in den nachfolgenden Abbildungen durch eine unterbrochene Linie markiert sind.

Die irreguläre Unterteilung wird nur zur Sicherung der Zulässigkeit der Zerlegung eingesetzt. Abbildung 10.4 zeigt die Erzeugung benachbarter grüner Dreiecke bei einmaliger regulärer Zerlegung eines Dreiecks.

Probleme ergeben sich nun aber, wenn ein irregulär unterteiltes Dreieck weiter zu verfeinern ist. Dann wird zunächst diese irreguläre Unterteilung wieder entfernt und regulär verfeinert. Es kann sein, dass zur Erzeugung einer zulässigen Zerlegung weitere Zerlegungen von Dreiecken notwendig sind. Dieser Prozess (das Schließen der Triangulation) erfordert weitere Regeln:

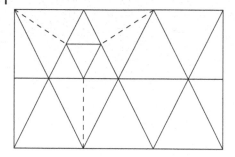

Abbildung 10.4 Sicherung der Zulässigkeit.

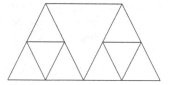
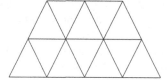

Abbildung 10.5 Regel 3a.

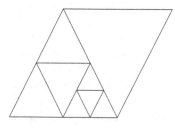
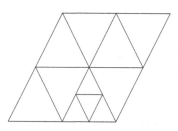

Abbildung 10.6 Regel 3b.

R3. a) Alle Dreiecke, die mindestens zwei unterteilte Kanten haben, werden regulär verfeinert.

R3. b) Alle Dreiecke, die eine Kante enthalten, die zweimal unterteilt ist, werden regulär verfeinert.

Alternativ zur eben beschriebenen *Rot-Grün-Verfeinerung* wird auch durch *Bisektion* verfeinert. Dies bedeutet im zweidimensionalen Fall die Zerlegung eines Dreiecks durch Einfügen einer Seitenhalbierenden. Realisiert sind entsprechende Strategien z. B. im System ALBERT, neuerdings **ALBERTA**, **A**daptive multi**L**evel using **B**isection and **E**rror control by **R**esidual **T**echniques for scientific **A**pplications (siehe htpp//:www.mathematik.uni-freiburg.de/IAM/Research/ oder [59]). Strategien zur Sicherung der Zulässigkeit der Zerlegung werden sowohl für den zwei- als auch für den weitaus komplizierteren dreidimensionalen Fall in [7] behandelt. Parallele Algorithmen zur adaptiven Netzgenerierung findet man etwa in [76].

10.2
Fehlerschätzung und Gittersteuerung

Seit Ende der 70-iger Jahre wird daran gearbeitet, den Fehler $\|u-u_h\|$ einer Finiten-Elemente-Approximation u_h durch eine aus u_h *berechenbare* Größe η abzuschätzen, die zudem eine *lokale* Struktur besitzt:

$$\|u - u_h\| \leq D\eta .$$ (10.1)

Gilt für den *Fehlerschätzer* η mit Konstanten D_1, D_2

$$D_1 \eta \leq \|u - u_h\| \leq D_2\eta ,$$ (10.2)

so heißt η *effizient* und *zuverlässig* (Zuverlässigkeit ist durch die Abschätzung nach oben, Effizienz durch die nach unten charakterisiert). Später wurde die Grundidee dahingehend modifiziert, eine Norm des Fehlers durch ein Fehlerfunktional $J(u - u_h)$ zu ersetzen. Dabei repräsentiert das Funktional J die Größe, an der man bei der praktischen Berechnung in erster Linie interessiert ist (wir kommen später darauf zurück).

Mit Hilfe eines Fehlerschätzers kontrolliert man die Lösung im Rahmen eines *adaptiven* FEM-Algorithmus nach folgendem Grundschema:

(1) Löse das Problem auf dem aktuellen Gitter
(2) Schätze den Fehler auf einem Element K mit Hilfe des lokalen Schätzers η_K
(3) Verfeinere (Vergröbere) das Gitter auf der Basis der Information aus Schritt 2 und wiederhole die Prozedur.

Die Konvergenz eines derartigen Algorithmus wurde im mehrdimensionalen Fall erstmals 1996 [23] bewiesen, obwohl praktisch schon viele Jahre zuvor adaptive Strategien erfolgreich eingesetzt wurden. Mittlerweile gibt es zahlreiche weitere Arbeiten zur Konvergenzproblematik adaptiver Algorithmen.

Für die Auswahl der Elemente in Schritt 3 des Algorithmus sind verschiedene Kriterien denkbar. In den obigen Konvergenzbeweisen wird folgende Reduktionsstrategie zur Gittersteuerung verfolgt:

Man bestimme zu einem festen Parameter $0 < \theta < 1$ eine derartige Teilmenge $\mathcal{T}^*$ der aktuellen Triangulierung $\mathcal{T}$, so dass gilt

$$\left(\sum_{K \in \mathcal{T}^*} \eta_K^2 \right)^{1/2} \leq \Theta\eta , \quad \text{wobei} \quad \eta = \left(\sum_{K \in \mathcal{T}} \eta_K^2 \right)^{1/2} .$$

Wir wollen allerdings technische Details adaptiver Algorithmen nicht weiter verfolgen und konzentrieren uns auf das Kernstück solcher Algorithmen, den Fehlerschätzer.

Inzwischen gibt es eine große Zahl möglicher Fehlerschätzer. Im Abschnitt 10.2.1 beschreiben wir den klassischen residualen Schätzer und zielorientierte Schätzer. In Abschnitt 10.2.2 erläutern wir dann Schätzer, die auf Superkonvergenz bzw. Mittelungstechniken beruhen. Weitere Schätzer und eine

Diskussion von Zusammenhängen zwischen verschiedenen Schätzern findet man in [2, 5, 71].

Der Einfachheit halber konzentrieren wir uns auf die Diskretisierung des Modellproblems

$$-\Delta u = f \quad \text{in } \Omega, \quad u = 0 \quad \text{auf } \partial\Omega \tag{10.3}$$

in einem polygonalen, zweidimensionalen Gebiet Ω mittels linearer finiter Elemente.

10.2.1
Residuale und zielorientierte Fehlerschätzer

Ist $\tilde{x}$ eine Näherungslösung des Gleichungssystems $Ax = b$, so ist es naheliegend, den Fehler $x - \tilde{x}$ mit Hilfe der Gleichung

$$A(x - \tilde{x}) = b - A\tilde{x}$$

über das Residuum $b - A\tilde{x}$ zu kontrollieren, denn es ist ja

$$x - \tilde{x} = A^{-1}(b - A\tilde{x}) .$$

Etwas ähnliches streben wir für finite Elemente an.

Für die Finite-Elemente-Approximation $u_h \in V_h$ von (10.3) gilt für beliebiges $v \in V$

$$(\nabla(u - u_h), \nabla v) = (f, v) - (\nabla u_h, \nabla v) = \langle R(u_h), v \rangle . \tag{10.4}$$

Zur Abkürzung benutzen wir jetzt die Schreibweise ∇w für den Gradienten von w, also den Vektor, dessen Komponenten die partiellen Ableitungen von w sind. Das Residuum $R(u_h)$ ist nun leider ein Element des Dualraumes H^{-1} von V, dies erklärt auch die Notation $\langle w, v \rangle$: ein lineares Funktional w (als Element des Dualraumes) wird auf ein Element des gegebenen Raumes angewandt). Theoretisch gilt dann

$$|u - u_h|_1^2 \leq \|R(u_h)\|_{-1} \|u - u_h\|_1 ,$$

aber die Berechnung der H^{-1}-Norm des Residuums ist praktisch kaum zu verwirklichen. Deshalb strebt man eine Abschätzung der Form

$$|\langle R(u_h), v \rangle| \leq C\eta \|v\|_1$$

an. Denn dann folgt mit Hilfe der Friedrich'schen Ungleichung

$$\|u - u_h\|_1 \leq C\eta .$$

Ausgangspunkt für eine derartige Abschätzung ist eine Umformung mittels partieller Integration:

$$\langle R(u_h), v \rangle = \sum_K \int_K (f + \Delta u_h)v\,\mathrm{d}K - \sum_K \int_{\partial K} (n \cdot \nabla u_h)v\,\mathrm{d}\partial K$$

(für lineare Elemente gilt natürlich $\Delta u_h = 0$; wir notieren diesen Term trotzdem, weil er bei Elementen höherer Ordnung auftritt). Jetzt führen wir elementorientierte und kantenorientierte Residuen ein durch

$$r_K(u_h) := (f + \Delta u_h)|_K \quad \text{und} \quad r_E(u_h) := [n_E \cdot \nabla u_h]_E .$$

Dabei benutzen wir das Symbol $[\cdot]_E$ für den Sprung der (unstetigen) Normalableitung von u_h über der Kante E. Damit gilt

$$\langle R(u_h), v \rangle = \sum_K \int_K r_K v \, dK - \sum_E \int_E r_E v \, dE .$$

Die Darstellung (10.4) erlaubt es, wegen der Fehlerorthogonalität eine beliebige Funktion $v_h \in V_h$ ins Spiel zu bringen:

$$\langle R(u_h), v \rangle = \sum_K \int_K r_K (v - v_h) \, dK - \sum_E \int_E r_E (v - v_h) \, dE .$$

Dann folgt

$$|\langle R(u_h), v \rangle| \leq \sum_K \|r_K\|_{0,K} \|v - v_h\|_{0,K} + \sum_E \|r_E\|_{0,E} \|v - v_h\|_{0,E} . \tag{10.5}$$

Eine grundlegende Schwierigkeit besteht nun darin, dass wir Abschätzungen für beliebiges $v \in V$ benötigen und deshalb für v_h nicht die (im allgemeinen nicht definierte) Standard-Interpolierende wählen können. Deshalb nutzt man *verallgemeinerte Interpolierende* bzw. *Quasiinterpolierende*. Für die Formulierung von Approximationsaussagen für derartige Interpolierende führen wir folgende Bezeichnungen ein:

- ω_K: Menge aller Elemente, die mit dem Element K eine gemeinsame Ecke besitzen
- ω_E: Menge aller Elemente, die mit der Kante E eine gemeinsame Ecke besitzen.

Wir setzen voraus, dass die Triangulation quasiuniform ist. Damit ist die Anzahl der Elemente, die zu ω_K oder zu ω_E gehören, gleichmäßig nach oben beschränkt. h_K sei der Durchmesser von K, h_E die Länge von E. Dann ist folgendes bekannt: *Es gibt zu jedem $v \in V$ eine Quasiinterpolierende $I_h v \in V_h$ mit*

$$\|v - I_h v\|_{0,K} \leq C h_K |v|_{1,\omega_K} \quad \text{und} \quad \|v - I_h v\|_{0,E} \leq C h_E^{1/2} |v|_{1,\omega_E} \tag{10.6}$$

Für den an weiteren Details interessierten Leser weisen wir darauf hin, dass eine mögliche Konstruktion von $I_h v$ z. B. für lineare Elemente in folgenden zwei Schritten realisiert wird:

(1) Zu einem gegebenen Knoten x^* sei w_{x^*} die Menge aller Elemente, die x^* als Ecke bsitzen. P_{x^*} sei die L^2-Projektion von v auf die auf ω_{x^*} konstanten Funktionen.

(2) Es sei $I_h v := \sum_j (P_j v)(x_j) \varphi_j$ mit der üblichen nodalen Basis $\{\varphi\}$ von V_h.

Die Fehlerabschätzungen ergeben sich durch Anwendung ähnlicher Argumente wie bei der Standard-Interpolierenden.

Mit Hilfe dieser Quasiinterpolierenden können wir die Abschätzung (10.5) fortsetzen:

$$|\langle R(u_h), v \rangle| \leq C \left\{ \sum_K h_K^2 \|r_K\|_{0,K}^2 + \sum_E h_E \|r_E\|_{0,E}^2 \right\}^{1/2} \|v\|_1 \, .$$

Damit sind wir am Ziel und definieren einen *residualen Schätzer* durch

$$\eta^2 := \sum_K \eta_K^2 \quad \text{und} \quad \eta_K^2 := h_K^2 \|r_K\|_{0,K}^2 + \frac{1}{2} \sum_{E \subset K} h_E \|r_E\|_{0,E}^2 \, . \tag{10.7}$$

Dieser Schätzer ist berechenbar, lokal und wegen der Art der Konstruktion zuverlässig. Offen ist seine Effizienz.

Der Nachweis der Effizienz wird mit einer von Verfürth [71] stammenden Technik realisiert. Wir konzentrieren uns exemplarisch auf die Elementresiduen und nehmen zur Vereinfachung an, dass f auf jedem Element K konstant sei (ansonsten entstehen zusätzliche Terme). Mit der Blasenfunktion $b_K = 27\lambda_1\lambda_2\lambda_3$ (die λ_i sind die baryzentrischen Koordinaten auf K, b_K verschwindet also auf dem Rand von K) setzen wir

$$v_K = r_K b_K = f_K b_K$$

in (10.4) ein. Dann folgt

$$\int_K \nabla(u - u_h) \nabla v_K \mathrm{d}K = \int_K r_K v_K \mathrm{d}K \, .$$

Wegen $(r_K, v_K) = c\|r_K\|_{0,K}^2$ ergibt sich dann

$$c\|r_K\|_{0,K}^2 \leq |u - u_h|_{1,K} |r_K b_K|_{1,K} \, .$$

Nun ersetzt man im letzten Faktor mit Hilfe einer lokalen inversen Ungleichung die H^1-Seminorm durch die L^2-Norm und erhält die gewünschte Ungleichung

$$h_K \|r_K\|_{0,K} \leq C |u - u_h|_{1,K} \, . \tag{10.8}$$

Analog beweist man mit einer kantenorientierten Blasenfunktion eine ähnliche Abschätzung für die Kantenresiduen und erhält dann insgesamt eine Abschätzung des Fehlers nach unten durch den Schätzer, also Effizienz.

Bisher waren die Fehlerschätzer an der H^1-Seminorm des Fehlers orientiert. Natürlich gibt es auch Fehlerschätzer bezüglich anderer Normen. Oft ist man aber primär an speziellen, lösungsabhängigen Funktionalen interessiert. In der Strömungsmechanik z. B. ist der Auftriebskoeffizient bei der Umströmung eines Körpers ein Oberflächenintegral über eine Normalkomponente eines Elementes des Spannungstensors. Dann ist es sinnvoll, das entsprechende Fehlerfunktional zu minimieren und nicht den Fehler bei der Berechnung von Geschwindigkeit und Druck.

Allgemeiner als bisher in diesem Abschnitt betrachten wir jetzt die Finite-Elemente-Diskretisierung von

$$a(u, v) = f(v) \quad \text{für alle} \quad v \in V .$$ (10.9)

Mit einem gegebenen linearen Funktional $J(\cdot)$ suchen wir einen Schätzer für die Differenz $J(u) - J(u_h)$. Zwei Beispiele: Ist man z. B. an der L^2-Norm des Fehlers interessiert, so führt man das Funktional $J(v) := (u - u_h, v)$ ein. Wenn man den Fehler in einem Punkt $a \in \Omega$ mit der Toleranz ϵ kontrollieren möchte, so setzt man

$$J(v) := |B_\epsilon|^{-1} \int_{B_\epsilon} v \, \mathrm{d} B_\epsilon .$$

Hier ist B_ϵ eine Kugel um a mit dem Radius ϵ und es gilt $J(v) \to v(a)$ für $\epsilon \to 0$.

Im allgemeinen Fall wird folgendes Hilfsproblem betrachtet:

Gesucht ist $w \in V$ mit $a(v, w) = J(v)$ für alle $v \in V$.

Ähnlich wie beim Dualitätstrick für L^2-Abschätzungen ist dies ein duales oder adjungiertes Hilfsproblem zu (10.9). Aus

$$J(u) - J(u_h) = J(u - u_h) = a(u - u_h, w)$$

folgt dann für ein beliebiges $w_h \in V_h$ die Identität

$$J(u) - J(u_h) = a(u - u_h, w - w_h) .$$ (10.10)

Für unser Beispiel (10.1) folgt dann wie beim oben hergeleiteten residualen Schätzer

$$|J(u) - J(u_h)| \leq \sum_K \|r_K\|_{0,K} \|w - w_h\|_{0,K} + \sum_E \|r_E\|_{0,E} \|w - w_h\|_{0,E} .$$

Abhängig von der konkreten Aufgabe gibt es verschiedene Möglichkeiten, $\|w - w_h\|$ zu berechnen oder abzuschätzen [5]. In manchen Fällen bleibt nichts anderes übrig, als das duale Problem ebenfalls numerisch zu lösen. Die skizzierte Technik wird auch DWR-Methode genannt (engl. **D**ual **W**eighted **R**esiduals).

10.2.2
Schätzer, basierend auf Superkonvergenz und Mittelung

Bei numerischen Studien zum Vergleich verschiedener Fehlerschätzer [4] schnitt der *ZZ-Schätzer*, benannt nach Zienkiewicz-Zhu, besonders gut ab. Die Grundidee dieses Schätzers für den Fehler $|u - u_h|_1$ bezüglich der H^1-Seminorm besteht darin, in $\nabla u - \nabla u_h$ den Gradienten von u durch eine aus u_h berechnete Rekonstruktion $R u_h$ zu ersetzen. Dann definiert man einen lokalen Fehlerschätzer durch

$$\eta_K := \| R_h u_h - \nabla u_h \|_{0,K} \,. \tag{10.11}$$

Wählt man $R u_h \in V_h$ und setzt mit irgendeinem Projektor P

$$R u_h := \sum_j (P u_h)(x_j)\, \varphi_j \,,$$

so hat man verschiedene Möglichkeiten für eine sinnvolle Definition des Projektors P. Nimmt man die L^2-Projektion von ∇u_h auf ω_{x_j}, so ergibt sich mit

$$(P u_h)(x_j) = \frac{1}{|\omega_{x_j}|} \sum_{K \subset \omega_{x_j}} \nabla u_h|_K |K|$$

der ZZ-Schätzer.

Es stellt sich heraus, dass bei dieser Wahl $R u_h$ in manchen Fällen eine superkonvergente Approximation von ∇u ist. Das bedeutet: Ist u ausreichend glatt, so gilt unter gewissen Voraussetzungen an das Gitter

$$\| \nabla u - R_h u_h \|_0 \le C h^2 \,.$$

Dies nennt man ein *Superkonvergenz*-Resultat. Diese Bezeichnung wird deutlich durch den Vergleich mit der Abschätzung

$$\| \nabla u - \nabla u_h \|_0 \le C h \,.$$

In Kapitel 4 von [2] wird im Detail diskutiert, welche Eigenschaften Rekonstruktionsoperatoren besitzen sollten und wie Superkonvergenzeigenschaften dann zu sinnvollen Fehlerschätzern führen. Der Haken dabei ist, dass Superkonvergenzresultate relativ uniforme Gitter erfordern.

Überraschend wurde in [17, 18] konstatiert, dass *jeder* Mittelungsprozess zu einem zuverlässigen Fehlerschätzer führt und dass Superkonvergenz nicht zur Erklärung der positiven Eigenschaften von ZZ-Schätzern herangezogen werden muss. Zur Erklärung dieses Sachverhaltes gehen wir aus von der Definition eines Fehlerschätzers durch die Bestapproximation

$$\eta := \min_{q_h \in V_h} \| \nabla u_h - q_h \| \,.$$

Das praktisch wichtige dieser Definition ist, dass die im nachfolgenden Resultat angegebene Abschätzung (10.12) trivialerweise gültig bleibt, wenn man irgendeinen konkreten Mittelungsoperator (z. B. den oben angegebenen $R u_h$) statt der Bestapproximation verwendet. Konkret gilt:

Ist der L^2-Projektor auf der gegebenen Triangulation H^1-stabil, so folgt

$$\| \nabla (u - u_h) \|_0 \le c\eta + HOT \,, \tag{10.12}$$

HOT repräsentiert Terme höherer Ordnung.

Wie verifiziert man (10.12)? Wir bezeichnen den L^2-Projektor in V_h mit Q. Dieser ist definiert durch

$$(Qw, v_h) = (w, v_h) \quad \forall v_h \in V_h \,,$$

H^1-Stabilität bedeutet die Existenz einer Konstanten c mit

$$\|Qw\|_1 \le c\|w\|_1 \,.$$

Wir setzen $e := u - u_h$ und starten unsere Überlegungen mit der Identität

$$\|e\|_0^2 = (\nabla u - q_h, \nabla(e - Qe)) + (q_h - \nabla u_h, \nabla(e - Qe)) \,.$$

Der zweite Summand wird einfach mit der vorausgesetzten H^1-Stabilität und der Ungleichung von Schwarz abgeschätzt:

$$|(q_h - \nabla u_h, \nabla(e - Qe))| \le c\eta \|\nabla e\|_0 \,.$$

Zur Abschätzung des ersten Termes formen wir mit partieller Integration um und fügen noch $\Delta u_h (= 0)$ ein:

$$(\nabla u - q_h, \nabla(e - Qe)) = (f, e - Qe)$$
$$+ \sum_K \int_K \nabla \cdot (q_h - \nabla u_h)(e - Qe) \mathrm{d}K \,.$$

Dann folgt bei Anwendung einer lokalen inversen Ungleichung zur Umrechnung verschiedener Normen und von einer Standardabschätzung für den Approximationsfehler ($\|e - Qe\|_{0,K} \le ch_K |e|_{1,K}$) die Ungleichung

$$|(\nabla u - q_h, \nabla(e - Qe))| \le \|f - Qf\|_0 \|e - Qe\|_0 + c\|q_h - \nabla u_h\|_0 |e|_1 \,.$$

Zusammenfassen der Teilergebnisse liefert die Behauptung (10.12).

Bedingungen für die H^1-Stabilität der L^2-Projektion werden in [15] angegeben. Fakt ist die Gültigkeit dieser Eigenschaft für uniforme Triangulationen, aber auch für lokal adaptiv verfeinerte Gitter, wenn das Verhältnis der lokalen Schrittweiten benachbarter Elemente nicht zu stark variiert.

Weitere konkrete Mittelungsoperatoren werden in [16–18] diskutiert.

Anhang A
Hinweise auf Software und ein Beispiel

Es gibt inzwischen extrem viel Software zur Finiten-Element-Methode, bisher erwähnt haben wir bereits **PLTMG** und **ALBERTA**. An zahlreichen Universitäten findet man in den mathematischen Fachbereichen mehr oder weniger frei verfügbare Software, z.B. **AMDiS** an der TU Dresden, **MooNMD** (Mathematics and object oriented Numerics at MagDeburg) an den Universitäten in Magdeburg, Kassel und am Weierstraß-Institut für Angewandte Analysis und Stochastik in Berlin, **DUNE** (Distributed and Unified Numerics Environment) in Stuttgart, Berlin und Freiburg, **DEAL.ll** (A finite element Differential Equation Analysis Library) in Heidelberg und Siegen. Diese Liste stellt nur eine Auswahl dar, für spezielle Anwendungsfelder gibt es auch spezielle Entwicklungen, etwa **FEATFLOW** zur Strömungssimulation an der TU Dortmund. Daneben gibt es kommerzielle Pakete wie etwa FEMLAB® bzw. COMSOL® oder die Partial Differential Equation Toolbox.

1999 publizierten Alberty, Carstensen und Funken in [3] ein 50-Zeilen MATLAB®-Programm zur Finiten-Element-Methode. Da jedermann darauf leichten Zugriff hat, möchten wir abschließend an einem Beispiel erklären, wie man damit eine elliptische Randwertaufgabe numerisch lösen kann. Als Testbeispiel betrachten wir das Problem

$$-\Delta u = f \quad \text{in } \Omega \subset R^2$$

mit Dirichlet- und Neumann-Randbedingungen

$$u = u_{\mathrm{D}} \quad \text{auf } \Gamma_{\mathrm{D}} \quad \text{und} \quad \partial_n u = g \quad \text{auf } \Gamma_{\mathrm{N}} \,.$$

Dabei geben wir uns die exakte Lösung vor

$$u_{\mathrm{exakt}} = \mathrm{e}^x \cos(y) \,,$$

und wählen als Gebiet Ω das Dreieck mit den Eckpunkten $(0,0)$, $(1,0)$ und $(1,1)$. Es sei ∂_n die Richtungsableitung in Richtung des äußeren Normalenvektors n von Ω. Zum Schluss fixieren wir die Randbedingungen gemäß der vorgegebenen exakten Lösung. Natürlich gibt es verschiedene Varianten, wir wählen die folgenden zwei:

(D) $\Gamma_{\mathrm{D}} = \partial\Omega$ (und damit $\Gamma_{\mathrm{N}} = \emptyset$), also reine Dirichlet-Bedingungen
(G) Γ_{N} ist die Gerade mit den Endpunkten $(0,0)$ und $(1,0)$ und $\Gamma_{\mathrm{D}} = \partial\Omega \setminus \Gamma_{\mathrm{N}}$, also gemischte Bedingungen.

Die Finite-Elemente-Methode für Anfänger. Herbert Goering, Hans-Görg Roos und Lutz Tobiska
Copyright © 2010 WILEY-VCH Verlag GmbH & Co. KGaA, Weinheim
ISBN: 978-3-527-40964-8

Für die vorgegebene exakte Lösung sind $f = 0$, $u_D = u_{exakt}|_{\Gamma_D}$ und $g = 0$. Die schwache Formulierung unseres Problems ist

Finde $u \in H^1(\Omega)$ mit $u|_{\Gamma_D} = u_D$, so dass

$$\int_\Omega \operatorname{grad} u \cdot \operatorname{grad} v \, d\Omega = \int_\Omega f v \, d\Omega + \int_{\Gamma_N} g v \, d\Gamma \quad \text{für alle } v \in V_D \,,$$

wobei $V_D = \{v \in H^1(\Omega) : v|_{\Gamma_D} = 0\}$.

Wir diskretisieren mit einer konformen Methode, konkret mit

(A) linearen Dreieckelementen oder

(B) mit Dreieckelementen am Rand und Viereckelemente (hybride Elemente).

Für Probleme dieses Typs kann das MATLAB-Programm `fem2d` aus [3] benutzt werden (für Details zu den Files, die bereit gestellt werden müssen, s. [3]).

Bemerkung: Da die von uns betrachtete Differentialgleichung homogen ist, ebenso die Neumann-Randbedingung im Fall (G), hat die in [3] implementierte numerische Quadratur für mögliche inhomogene Gleichungen und mögliche inhomogene Neumann-Randbedingungen keinen Einfluss.

A.1
Notwendige Files für das MATLAB-Programm `fem2d`

Für das Matlab-Programm `fem2d` sind zwei bzw. drei m-Files zu erstellen, die die elliptische Randwertaufgabe genauer beschreiben. Erstens muss die „rechte" Seite f der inhomogenen Gleichung $-\Delta u = f$ in `f.m` berechnet werden und zweitens der inhomogene Teil u_D der Dirichlet-Randbedingung $u = u_D$ in `u_d.m` bereitgestellt werden. Drittens benötigt man im Fall $\Gamma_N \neq \emptyset$ das g im Fall einer inhomogenen Neumann-Randbedingung $\partial_n u = g$ in `g.m`.

In unserem Fall sind das konkret die Programme

```
% f.m
function VolumeForce = f(x);
VolumeForce = zeros(size(x,1),1);
```

und

```
% u_d.m
function DirichletBoundaryValue_u_d = u_d(x);
DirichletBoundaryValue_u_d = exp(x(:,1)).*cos(x(:,2));
```

sowie

```
% g.m
function Stress = g(x);
Stress = zeros(size(x,1),1);
```

Bemerkungen:

1. Im Fall (D) der Dirichlet-Bedingung wird `g.m` nicht benötigt.
2. Zur Beschreibung der elliptischen Randwertaufgabe gehören auch noch die Beschreibung des Gebietes Ω und die Charakterisierung, auf welchem Teil

des Randes welche Art von Randbedingungen gegeben sind. Für das Matlab-Programm fem2d wird das indirekt über die diskrete Aufgabe beschrieben, die natürlich von den verwendeten Elementen abhängt oder zumindest von deren Eckpunkten (s. die nachfolgenden Files dirichlet.dat und neumann.dat).

Außerdem sind dat-Files zu erstellen, die folgendes beschreiben:

- die Lage der Eckpunkte der Dreiecke bzw. Vierecke in coordinates.dat,
- die Dreiecks- bzw. Viereckszerlegung in elements3.dat bzw. elements4.dat,
- die Lage der Dirichlet-Randbedingung in dirichlet.dat,
- im Fall $\Gamma_N \neq \emptyset$ die Lage der Neumann-Randbedingung in neumann.dat.

Grundsätzlich verwenden wir hinsichtlich der Lage und Nummerierung der Eckpunkte der Dreiecke bzw. Vierecke die Darstellung der Abb. A.1.
Bemerkung: Für das gegebene Gebiet Ω ist eine Zerlegung in nur achsenparallele Viereckselemente nicht möglich. Deshalb verwenden wir dort, wo es notwendig ist, nämlich am Rand zwischen den Punkten $(0,0)$ und $(1,1)$, Dreiecke.

Für die Dreieckszerlegung (A) verwenden wir die in Abb. A.2(A) angegebene (mit der dort fixierten Nummerierung). Für die gemischte Zerlegung (B) benutzen wir die in Abb. A.2(B) angegebene Zerlegung in Dreiecke und Vierecke (mit der dort ebenfalls fixierten Nummerierung).

Die die Zerlegung des Gebietes beschriebenen Files sind damit

```
% coordinates.dat       % elements3.dat        % elements3.dat
% Fall (A) und (B)      % Fall (A)             % Fall (B)
   1    0.0   0.0          1    1    2    7       1    1     2    7
   2    0.2   0.0          2    2    8    7       2    7     8   12
   3    0.4   0.0          3    2    3    8       3   12    13   16
   4    0.6   0.0          4    3    9    8       4   16    17   19
   5    0.8   0.0          5    3    4    9       5   19    20   21
   6    1.0   0.0          6    4   10    9
   7    0.2   0.2          7    4    5   10     % elements4.dat
   8    0.4   0.2          8    5   11   10     % Fall (B)
   9    0.6   0.2          9    5    6   11       1    2    3     8    7
  10    0.8   0.2         10    7    8   12       2    3    4     9    8
  11    1.0   0.2         11    8   13   12       3    4    5    10    9
  12    0.4   0.4         12    8    9   13       4    5    6    11   10
  13    0.6   0.4         13    9   14   13       5    8    9    13   12
  14    0.8   0.4         14    9   10   14       6    9   10    14   13
  15    1.0   0.4         15   10   15   14       7   10   11    15   14
  16    0.6   0.6         16   10   11   15       8   13   14    17   16
  17    0.8   0.6         17   12   13   16       9   14   15    18   17
  18    1.0   0.6         18   13   17   16      10   17   18    20   19
  19    0.8   0.8         19   13   14   17
  20    1.0   0.8         20   14   18   17
  21    1.0   1.0         21   14   15   18
                          22   16   17   19
                          23   17   20   19
                          24   17   18   20
                          25   19   20   21
```

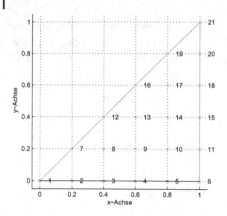

Abbildung A.1 Lage und Nummerierung der Eckpunkte der Dreiecke bzw. Vierecke.

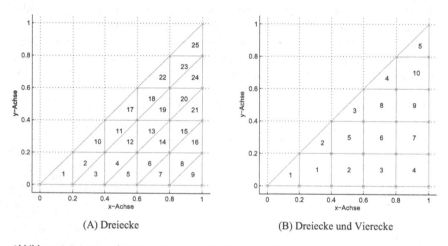

(A) Dreiecke   (B) Dreiecke und Vierecke

Abbildung A.2 Lage und Nummerierung der Dreiecke bzw. Vierecke.

Bemerkungen:

1. Die jeweils erste Spalte in den dat-Files gibt jeweils eine Nummer an; die Knotennummer, die Nummer des Dreiecks, die Nummer des Vierecks.
2. Die Eckpunkte der Dreiecke und Vierecke müssen mathematisch positiv durchlaufen werden (s. fem2d), die Funktionaldeterminate ist dann positiv (vgl. Abschnitt 2.2).

Die Beschreibung des Typs der Randbedingung entlang der durch Angabe der Knotennummern beschriebenen Randkanten erfolgt in den Files

% dirichlet.dat % Fall (D)			% dirichlet.dat % Fall (G)			% neumann.dat % Fall (G)		
1	1	2	1	6	11	1	1	2
2	2	3	2	11	15	2	2	3
3	3	4	3	15	18	3	3	4
4	4	5	4	18	20	4	4	5
5	5	6	5	20	21	5	5	6
6	6	11	6	21	19			
7	11	15	7	19	16			
8	15	18	8	16	12			
9	18	20	9	12	7			
10	20	21	10	7	1			
11	21	19						
12	19	16						
13	16	12						
14	12	7						
15	7	1						

Für das Aufstellen der Gleichungen sind die Unbekannten noch zu nummerieren, denn in den Dirichletknoten 1, 2, 3, 4, 5, 6, 7, 11, 12, 15, 16, 18, 19, 20, 21, Fall (D), bzw. 1, 6, 7, 11, 12, 15, 16, 18, 19, 20, 21, Fall (G), ist die Lösung ja bereits bekannt. Abhängig von den Randbedingungen (D) oder (G) verwenden wir die Zuordnung

bei (D): $1 \leftrightarrow 8, 2 \leftrightarrow 9, 3 \leftrightarrow 10, 4 \leftrightarrow 13, 5 \leftrightarrow 14, 6 \leftrightarrow 17$,

bei (G): $1 \leftrightarrow 2, 2 \leftrightarrow 3, 3 \leftrightarrow 4, 4 \leftrightarrow 5, 5 \leftrightarrow 8, 6 \leftrightarrow 9, 7 \leftrightarrow 10, 8 \leftrightarrow 13, 9 \leftrightarrow 14, 10 \leftrightarrow 17$.

A.2
Einige numerische Ergebnisse

Zunächst schauen wir uns einmal die exakte Lösung auf dem Dreiecksgitter an, genauer ihre Interpolierende, sie ist in Abb. A.3 dargestellt. Als nächstes geben wir die Koeffizientenmatrizen der zu lösenden Gleichungssysteme an.

`lineare Elemente und Problem (D)`

$$A = \begin{bmatrix} 4 & -1 & 0 & 0 & 0 & 0 \\ -1 & 4 & -1 & -1 & 0 & 0 \\ 0 & -1 & 4 & 0 & -1 & 0 \\ 0 & -1 & 0 & 4 & -1 & 0 \\ 0 & 0 & -1 & -1 & 4 & -1 \end{bmatrix},$$

`hybride Elemente und Problem (D)`

$$A = \begin{bmatrix} 3 & -1/3 & 0 & 1/3 & 0 & 0 \\ -1/3 & 8/3 & -1/3 & -1/3 & -1/3 & 0 \\ 0 & -1/3 & 8/3 & -1/3 & -1/3 & 0 \\ -1/3 & -1/3 & -1/3 & 3 & -1/3 & -1/3 \\ 0 & -1/3 & -1/3 & -1/3 & 8/3 & -1/3 \\ 0 & 0 & 0 & -1/3 & -1/3 & 3 \end{bmatrix},$$

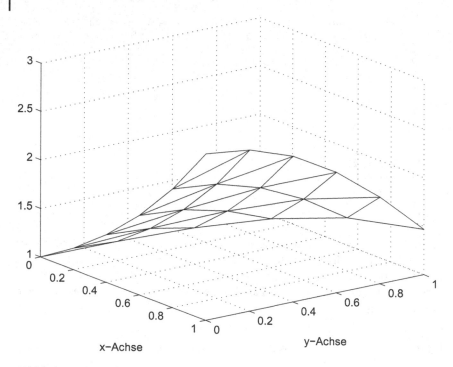

Abbildung A.3 Interpolierende der exakten Lösung auf dem Dreiecksgitter.

lineare Elemente und Problem (G)

$$
A = \begin{bmatrix}
2 & -1/2 & 0 & 0 & 0 & 0 & 0 & 0 & 0 & 0 \\
-1/2 & 2 & -1/2 & 0 & -1 & 0 & 0 & 0 & 0 & 0 \\
0 & -1/2 & 2 & -1/2 & 0 & -1 & 0 & 0 & 0 & 0 \\
0 & 0 & -1/2 & 2 & 0 & 0 & -1 & 0 & 0 & 0 \\
0 & -1 & 0 & 0 & 4 & -1 & 0 & 0 & 0 & 0 \\
0 & 0 & -1 & 0 & -1 & 4 & -1 & -1 & 0 & 0 \\
0 & 0 & 0 & -1 & 0 & -1 & 4 & 0 & -1 & 0 \\
0 & 0 & 0 & 0 & 0 & -1 & 0 & 4 & -1 & 0 \\
0 & 0 & 0 & 0 & 0 & 0 & -1 & -1 & 4 & -1 \\
0 & 0 & 0 & 0 & 0 & 0 & 0 & 0 & -1 & 4
\end{bmatrix}.
$$

Nun betrachten wir den Fehler, genauer die Differenz $u_h - u_p$ (u_p ist die Interpolierende der exakten Lösung). In Abb. A.4 ist dieser Fehler für die Zerlegung in Dreiecke dargestellt. Der Fehler für die hybride Zerlegung in Dreiecke und Vierecke ist in Abb. A.5 dargestellt, aber nur für die Dirichlet-Bedingung (D).

Der Finite-Elemente-Fehler in der Maximumnorm wird in unserem Fall in einem Eckpunkt der Zerlegung angenommen, es sei

$$
e_{max} = \max_k |u(z_k) - u_{h,k}|
$$

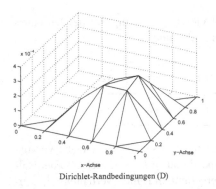

Dirichlet-Randbedingungen (D)

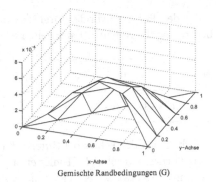

Gemischte Randbedingungen (G)

Abbildung A.4 Der Fehler für die Zerlegung in Dreiecke.

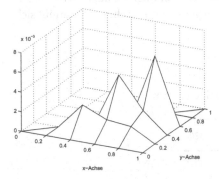

Abbildung A.5 Der Fehler für die Zerlegung in Dreiecke und Vierecke für die Randbedingung (D).

(z_k ist dabei ein Eckpunkt eines Dreieck oder eines Vierecks aus der Menge aller möglichen Eckpunkte und $u_{h,k}$ ist der zugehörige mit der FEM berechnete Näherungswert). Dann erhält man konkret folgende Zahlenwerte:

Fall	Dirichlet + △	Dirichlet + hybrid	gemischt + △	gemischt + hybrid
e_{max}	0.00033	0.00072	0.0067	0.0068

Nun schauen wir uns zum Abschluss noch an, wie der punktweise Fehler sich bei Gitterverfeinerung verhält. Konkret sei $h = 1/N$ mit Start $N = 5$ und $N_{neu} = 2 * N_{alt}$. Für den Fall der Dreieckszerlegung und der Dirichlet-Bedingung (D) erhält man:

N	5	10	20	40	80	160	320
e_{max}	3.3e−4	9.3e−5	2.3e−5	5.9e−6	1.5e−6	3.7e−7	9.2e−8

Für den Fall der hybriden Dreiecks- und Viereckszerlegung mit der Dirichlet-Bedingung (D) verhält sich der Fehler etwas schlechter:

N	5	10	20	40	80	160	320
e_{max}	6.7e−3	2.4e−3	7.7e−4	2.2e−4	6.1e−5	1.6e−5	4.3e−6

Verhält sich der Fehler bei Gitterverfeinerung nun so, wie die Theorie voraussagt? Theoretisch sollte der Fehler etwa proportional zu h^2 sein, sich also bei Halbierung von h etwa wie ein Viertel des vorhergehenden Fehlers verhalten. Ein kurzer Blick auf die obigen Tabellen zeigt, dass dies so in etwa stimmt.

Möchte man diese Aussage quantifizieren, so kann man die *numerische Konvergenzrate* (auch: EOC experimental order of convergence) berechnen. Sie ergibt sich aus

$$EOC = \frac{\ln e_{max,h} - \ln e_{max,h/2}}{\ln 2}.$$

Aus der ersten der obigen Tabellen ergibt sich dann z.B.

N	5	10	20	40	80	160	320
EOC		1.83	2.02	1.96	2.00	2.02	2.01

Verhalten sich die numerischen Ergebnisse so, wie man es auf der Basis paralleler theoretischer Untersuchungen erwartet, so ist die Arbeit getan.

P.S. Das Titelbild stellt die Lösung (rechts unten), das verwendete Gitter (links unten) und den Fehler der Diskretisierung einer elliptischen Aufgabe mit finiten Elementen dar. Das Gitter ist eine zulässige Mischung aus Rechtecken und Dreiecken (Delaunay-Triangulation), verwendet werden bilineare bzw. lineare Elemente. Während der Fehler in dem aus Rechtecken bestehenden Teilgebiet sehr glatt ist, ist das auf den Dreiecken und im Übergangsbereich von Rechtecken und Dreiecken nicht der Fall.

Literaturnachweis

1 Adams, R.A. (1975) *Sobolev spaces*, Academic Press, New York.
2 Ainsworth, M. und Oden, J.T. (2000) *A posteriori error estimation in finite element analysis*, Wiley.
3 Alberty, J., Carstensen, C., und Funken, S. (1999) Remarks around 50 lines of MATLAB. *Numerical Algorithms*, **20**, 117–137.
4 Babuška, I., Strouboulis, T., und Upadhyag, C.S. (1994) A model study of the quality of a posteriori error estimators for linear elliptic problems in the interior of patchwise uniform grids of triangles. *Comput. Meth. Appl. Mech. Engng.*, **114**, 307–378.
5 Bangerth, W. und Rannacher, R. (2003) *Adaptive finite element methods for differential equations*, Birkhäuser, Basel.
6 Bank, R.E. (2007) *PLTMG user's guide (ed. 10.0)*, Departm. of Mathematics, University of California at San Diego.
7 Bänsch, E. (1991) Local mesh refinement in 2 and 3 dimensions. *IMPACT of Comput. Sci. Engrg.*, **3**, 181–191.
8 Benzi, M., Golub, G.H., und Liesen, J. (2005) Numerical solution of saddle point problems. *Acta Numerica*, pp. 1–137.
9 Bernardi, C. (1989) Optimal finite element interpolation on curved domains. *SIAM J. Numer. Anal.*, **26**(5), 1212–1240.
10 Bornemann, F., Erdmann, B., und Kornhuber, R. (1992) Adaptive multilevel methods in three space dimensions, SC 92-14, Konrad-Zuse Zentrum Berlin.
11 Braess, D. (1997) *Finite Elemente*, Springer-Verlag, Berlin.
12 Bramble, J.H., Pasciak, J.E., und Xu, J. (1990) Parallel multilevel preconditioners. *Math. Comp.*, pp. 1–22.
13 Brenner, S.C. und Scott, L.R. (1994) *The mathematical theory of finite element methods*, Springer-Verlag.
14 Brezzi, F. und Fortin, M. (1991) *Mixed and hybrid finite element methods*. Springer-Verlag, Berlin.
15 Carstensen, C. (2002) Merging the Bramble–Pasciak–Steinbach and Crouzeix–Thomee criterion for h^1-stability of the l_2-projection onto finite element spaces. *Math. Comp.*, **71**, 157–163.
16 Carstensen, C. (2004) Some remarks on the history and future of averaging techniques in a posteriori finite element error analysis. *ZAMM*, **84**, 3–21.
17 Carstensen, C. und Bartels, S. (2002) Each averaging technique yields reliable a posteriori error control in FEM on unstructured grids i. *Math. Comp.*, **71**, 945–969.
18 Carstensen, C. und Bartels, S. (2002) Each averaging technique yields reliable a posteriori error control in FEM on unstructured grids ii. *Math. Comp.*, **71**, 971–994.
19 Ciarlet, P. (1978) *The finite element method for elliptic problems*. North-Holland

Die Finite-Elemente-Methode für Anfänger. Herbert Goering, Hans-Görg Roos und Lutz Tobiska
Copyright © 2010 WILEY-VCH Verlag GmbH & Co. KGaA, Weinheim
ISBN: 978-3-527-40964-8

Publishing Company, Amsterdam, New York, Oxford.

20 Crouzeix, M. und Raviart, P.A. (1973) Conforming and nonconforming finite element methods for solving the stationary Stokes equations I. *RAIRO Anal. Numér.*, **7**, 33–76.

21 Davis, T.A. (2004) Algorithm 832: Umfpack v4.3 – an unsymmetric-pattern multifrontal method. *ACM Trans. Math. Softw.*, **30**, 196–199.

22 Davis, T.A. (2004) A column pre-ordering strategy for the unsymmetric-pattern multifrontal method. *ACM Trans. Math. Softw.*, **30**, 165–195.

23 Dörfler, W. (1996) A convergent adaptive algorithm for Poisson's equation. *SIAM J. Num. Anal.*, **33**, 1106–1124.

24 Duff, I.S. und Reid, J.K. (1983) The multifrontal solution of indefinite sparse symmetric linear equations. *ACM Trans. Math. Softw.*, **9**, 302–325.

25 Falk, J. und Osborn, J. (1980) Error estimates for mixed methods. *RAIRO, Anal. Numer.*, **14**, 249–277.

26 Fedorenko, R.P. (1961) A relaxation method for solving elliptic difference equation. *USSR Comp. Math. and Math. Phys.*, **4**, 1092–1096.

27 Fortin, M. und Soulie, M. (1983) A nonconforming piecewise quadratic finite element on triangles. *Intern. J. Num. Methods in Engineering*, **19**, 502–520.

28 Frey, P.J. (2008) *Mesh generation*. Wiley, Oxford, 2 edition.

29 Frommer, A. (1990) *Lösung linearer Gleichungssysteme auf Parallelrechnern*. Vieweg, Braunschweig.

30 Ganesan, S., Matthies, G., und Tobiska, L. (2008) Local projection stabilization of equal order interpolation applied to the Stokes problem. *Math. Comp.*, **77**(264), 2039–2060.

31 Girault, V. und Raviart, P.-A. (1986) *Finite Element Methods for Navier–Stokes equations*. Springer-Verlag, Berlin-Heidelberg-New York.

32 Grisvard, P. (1985) *Elliptic problems in nonsmooth domains*, Pitman, Boston.

33 Großmann, C. und Roos, H.G. (2005) *Numerik partieller Differentialgleichungen*, Teubner, Stuttgart, 3 edition.

34 Hackbusch, W. (1985) *Multi-Grid Methods and Applications*, Springer-Verlag, Berlin-Heidelberg-New York.

35 Hackbusch, W. (1991) *Iterative Lösung großer schwach besetzter Gleichungssysteme*, Teubner, Stuttgart.

36 Hairer, E., Norsett, S.P., und Wanner, G. (1987) *Solving ordinary differential equations I. Nonstiff problems*, Springer-Verlag, Berlin.

37 Hairer, E. und Wanner, G. (1991) *Solving ordinary differential equations II*, Springer, Berlin.

38 Haverkamp, R. (1983) *Zur genauen Ordnung der gleichmäßigen Konvergenz von H_0^1-Projektionen*, Workshop, Bad Honef.

39 Heath, M.T., Esmond, N.G., und Peyton, B.W. (1991) Parallel algorithmus for sparse linear systems. *SIAM Review*, **33**, 420–460.

40 Heywood, J.G. und Rannacher, J.G. (1982) Finite element approximation of the nonstationary Navier–Stokes problem. i. Regularity of solutions and second order error estimates for spatial discretization. *SIAM J. Numer. Anal.*, **19**(2), 275–311.

41 Hughes, T.J.R., Franca, L.P., und Balestra, M. (1986) A new finite element formulation for computational fluid dynamics. V. Circumventing the Babuška–Brezzi condition: a stable Petrov–Galerkin formulation of the Stokes problem accommodating equal-order interpolations. *Comput. Methods Appl. Mech. Engrg.*, **59**, 85–99.

42 Hughes, T.J.R., Franca, L.P., und Balestra, M. (1987) Errata: A new finite element formulation for computational fluid dynamics. V. Circumventing the Babuška–Brezzi condition: a stable Petrov–Galerkin formulation of the Stokes problem accommodating equal-order interpolations. *Comput. Methods Appl. Mech. Engrg.*, **62**(1), 111.

43 John, V., Knobloch, P., Matthies, G., und Tobiska, L. (2002) Non-nested multi-level solvers for finite element discretisations of mixed problems. *Computing*, **68**(4), 313–341.

44 Johnson, C. und Mercier, B. (1978) Some equilibrium finite element methods

for two-dimensional elasticity problems. *Numerische Mathematik*, **30**, 103–116.

45 Lenoir, M. (1986) Optimal isoparametric finite elements and error estimates for domains involving curved boundaries. *SIAM J. Numer. Anal.*, **23**(3), 562–580.

46 Matthies, G. (2007) Inf-sup stable non-conforming finite elements of higher order on quadrilaterals and hexahedrals. *M2AN*, **41**, 855–874.

47 Matthies, G. und Schieweck, F. (2006) A multigrid method for incompressible flow problems using quasi divergence free functions. *SIAM J. Sci. Comput.*, **28**(1), 141–171 (electronic).

48 Matthies, G. und Tobiska, L. (2005) Inf-sup stable non-conforming finite elements of arbitrary order on triangles. *Numer. Math.*, **102**(2), 293–309.

49 Nečas, J. und Hlaváček, I. (1981) *Mathematical theory of elastic and elastico-plastic bodies*, Elsevier, Amsterdam.

50 Ostermann, A. und Roche, M. (1992) Runge-Kutta methods for partial differential equations and fractional orders of convergence. *Math. Comp.*, **59**, 403–420.

51 Ostermann, A. und Roche, M. (1993) Rosenbrock methods for partial differential equations and fractional orders of convergence. *SIAM J. Numer. Anal.*, **30**(4), 1084–1098.

52 Pitkaranta, J. (1982) On a mixed finite element method for the Stokes problem in R^3. *R.A.I.R.O Analyse numerique*, **16**, 275–291.

53 Preparata, F.P. und Shamos, M.I. (1985) *Computational geometry. An introduction*, Springer-Verlag, Berlin.

54 Puttonen, J. (1983) Simple and effective bandwidth reduction algorithm. *Intern. J. Num. Methods in Engineering*, **19**, 1139–1152.

55 Rannacher, R. (1979) On nonconforming and mixed finite element methods for plate bending problems. *R.A.I.R.O. Analyse numerique*, **13**, 369–387.

56 Rannacher, R. und Turek, S. (1992) A simple nonconforming finite quadrilateral Stokes element. *Numer. Meth. Part. Diff. Equat.*, **8**, 97–111.

57 Rivière, B. (2008) *Discontinuous Galerkin Methods for Solving Elliptic and Parabolic Equations*, SIAM.

58 Roos, H.-G., Stynes, M., und Tobiska, L. (2008) *Robust numerical methods for singularly perturbed differential equations. Convection-diffusion-reaction and flow problems*. Number 24 in SCM. Springer-Verlag.

59 Schmidt, A. und Siebert, K.G. (2005) *Design of adaptive finite element software*, Springer.

60 Scholz, R. (1976) Approximation von Sattelpunkten mit finiten Elementen. *Bonner Mathematische Schriften*, **89**, 54–66.

61 Scholz, R. (1978) A mixed method for fourth order problems using linear finite elements. *RAIRO, Anal. Numer.*, **12**, 85–90.

62 Schwarz, H.R. (1991) *FORTRAN-Programme der Methode der finiten Elemente*, Teubner, Stuttgart.

63 Schwarz, H.R. (1991) *Methode der finiten Elemente*, Teubner, Stuttgart.

64 Shaidurov, V.V. und Tobiska, L. (1992) A survey of finite element spaces for incompressible viscous flows satisfying the stability condition. Part I. *Sibir. Math. J.*, 6.

65 Stummel, F. (1980) The limitations of the patch-test. *Intern. J. Num. Methods in Engineering*, **15**, 177–188.

66 Temam, R. (1979) *Navier–Stokes equations*, North Holland Publishing Company, Amsterdam, New York, Oxford.

67 Thomasset, F. (1981) *Implementation of finite element methods for the Navier–Stokes equations*, Springer-Verlag, Berlin, New York, Heidelberg.

68 Thomee, V. (1997) *Galerkin finite element methods for parabolic problems*, Springer.

69 Turek, S. (1999) *Efficient solvers for incompressible flow problems*, volume 6 of *Lecture Notes in Computational Science and Engineering*. Springer-Verlag, Berlin. An algorithmic and computational approach, With 1 CD-ROM ("Virtual Album": UNIX/LINUX, Windows, POWERMAC; "FEATFLOW 1.1": UNIX/LINUX).

70 Vanka, S.P. (1986) Block-implicit multigrid solution of Navier–Stokes equations in primitive variables. *J. Comput. Phys.*, **65**, 138–158.

71 Verfürth, V. (1996) *A review of a posteriori error estimation and adaptive mesh-refinement techniques*, Wiley/Teubner, Stuttgart.

72 Watson, D.F. (1981) Computing the N-dimensional Delaunoy tesselation with application to Voronoi polytopes. *Comp. J.*, **24**, 167–172.

73 Wilson, E.L. und Taylor, R.L. (1971) Incompatible displacement models. In *Proceedings of a Symposium on Numerical and Computer Methods in Structural Engineering*, University of Illinois.

74 Yserentant, H. (1986) On the multi-level splitting of finite element spaces. *Num. Math*, **49**, 379–412.

75 Yserentant, H. (1990) Two preconditioners based on the multi-level splitting of finite element spaces. *Num. Math.*, **58**, 163–184.

76 Zhang, L.-B. (2009) A parallel algorithm for adaptive local refinement of tetrahedral meshes using bisection. *Numer. Math. Theor. Meth. Appl.*, **2**(1), 65–89.

Index

symbols
θ-Schema 181, 189

a
A-Stabilität 180
adaptiver Algorithmus 197
ALBERTA 196
Anfangswertaufgabe 179

b
Babuška-Brezzi-Bedingung 134
Bandbreite 56
Bandmatrix 56
baryzentrische Koordinaten 27
Basisfunktion 8
– hierarchische 78
BDF-Verfahren 183
biharmonische Gleichung 140
Bilinearform 3, 5–6

c
Cholesky-Verfahren 58

d
Darcy-Modell 136
Delaunay-Triangulation 195
dG-Verfahren 185
Dreieckskoordinaten 27
Dualitätstrick 97
DWR-Methode 201

e
Einheitselement 38
Einschrittverfahren 180
Elemente
– DKT- 171
– Dreieck- 26
– isoparametrische 124
– Morley 166
– nichtkonforme 158
– Quader- 35
– Rechteck- 32
– Tetraeder- 35
Elementmatrix 37

f
Fehlerabschätzung
– a posteriori 197
– a priori 85
Fehlerorthogonalität 87
Fehlerschätzer 197
– durch Mittelung 202
– effizienter 197
– residualer 200
– zielorientierter 201
– Zienkiewicz-Zhu 201
– zuverlässiger 197
FEM-Algorithmus
– adaptiver 197
Finite-Element-Methode
– gemischte 131
– konforme 19
– nichtkonforme 151
Formfunktion
– globale 8
Freiheitsgrade 26
Frontlösungsmethode 60
Funktionenraum 7

g
Galerkin-Verfahren 86
Gauß-Algorithmus 53
Gittergenerator 193
Gittergenerierung 193
Gittersteuerung 197
Gleichungssystem
– schwach besetzt 51

Die Finite-Elemente-Methode für Anfänger. Herbert Goering, Hans-Görg Roos und Lutz Tobiska
Copyright © 2010 WILEY-VCH Verlag GmbH & Co. KGaA, Weinheim
ISBN: 978-3-527-40964-8

i
Interpolationsfehler   92, 96
Interpolierende
 – verallgemeinerte   199

k
Kirchhoff-Platte   145, 170
Kondition   72, 188
Konsistenzfehler nichtkonformer
 Verfahren   157
Konvergenzordung   85
Konvergenzsatz   100
Krylov-Raum   74

l
L-Stabilität   181
linear unabhängig   8
lineare Einschrittverfahren   65
lineare Elastizität   23, 139
Linearform   2–3

m
Maximalwinkelbedingung   97
Maximumnorm   104
Mehrgitterverfahren   80
Mehrschrittverfahren   183
Minimalwinkelbedingung   97

n
Navier-Stokes-Gleichung   135

o
Ordnungsreduktion   191

p
Patch-Test   156
PLTMG   193
Problem
 – diskretes   1, 8
 – semidiskretes   178
 – stetiges   7

q
Quadraturfehler   108
Quadraturformel   107
 – für Dreiecke   115
 – für Rechtecke   118
 – Gauß-Legendre   118
 – Newton-Cotes   116
Quasi-Optimalität Galerkin-Verfahren   87
Quasiinterpolierende   199

r
Randapproximation   121

Randbedingung
 – natürliche   6
 – wesentliche   6
residualer Fehlerschätzer   200
Richardson-Iteration   65
Ritz-Projektion   189
Rosenbrock-Verfahren   183
Rot-Grün-Verfeinerung   196
Runge-Kutta-Verfahren   182

s
Satz
 – Bramble-Hilbert   110
 – Cea   87
 – Lax-Milgram   19
Skalarprodukt   13
Sobolev-Raum   12, 17
Stabilitätsfunktion   181
steife Systeme   180
Stokes-Problem   24, 131, 172
Superkonvergenz   202

u
Ungleichung
 – Dreiecks-   13
 – Friedrichs   140
 – Poincaré   140
 – Schwarz   13
Uzawa-Algorithmus   147

v
Variationsgleichung   2–6
verallgemeinerte Ableitung   14
Verfahren
 – θ-Schema   181
 – A-stabil   180
 – A_0-stabil   181
 – BDF   183
 – CG-   71
 – Cholesky-   58
 – Crank-Nicolson   188
 – dG   154, 185
 – direkte   51
 – Euler explizit   181
 – Euler implizit   181
 – Gauß-Seidel-   68
 – gemischte   131
 – GMRES   74
 – iterative   51, 65
 – Jacobi-   67
 – Mehrgitter   80
 – Mittelpunktregel   181
 – NIPG   156
 – numerisch kontraktiv   180

– Rosenbrock 183
– Runge-Kutta 182
– SIPG 156
– SOR 69
– vorkonditionierte 75
Verfeinerung
– Bisektion 196
– Rot-Grün 196

w

Wärmeleitungsgleichung 177

z

Zerlegung
– Delaunay 195
– quasiuniforme 100
– shape-regular 100
– uniforme 100
– zulässige 24
zielorientierter Fehlerschätzer 201
Zweigitterverfahren 80